全国高等院校工程管理专业应用型系列规划教材

建筑工程计量与计价

杨会云　李文芳　主编

科学出版社

北　京

内 容 简 介

本书全面系统地介绍了建筑工程(含装饰装修)计量与计价的基本原理和具体方法。在系统讲解工程造价计价的基础知识、工程定额原理与应用、工程单价的确定、工程量清单计价方法、建筑面积计算规则的基础上,以《建设工程工程量清单计价规范》(GB/T50500—2008)为依据,对比定额计量与计价规定,结合大量有代表性的案例,深入细致地讲解了土石方与桩基础工程、砌筑工程、混凝土及钢筋混凝土工程、屋面及防水保温工程、装饰装修工程和措施项目的计量与计价方法。各章均配有复习思考题和习题,以便于读者把握知识要点。

本书可作为高等院校工程管理、工程造价、土木工程及其他相关专业的教材或教学参考书,也可作为建设、设计、施工、监理、工程造价管理、财务金融等部门从事工程造价、经济核算和工程招投标工作人员的参考书。

图书在版编目 CIP 数据

建筑工程计量与计价/杨会云,李文芳主编. —北京:科学出版社,2010.6
(全国高等院校工程管理专业应用型系列规划教材)
ISBN 978-7-03-027662-9

Ⅰ.①建… Ⅱ.①杨… ②李… Ⅲ.①建筑工程-计量-高等学校-教材
②建筑工程-工程造价-高等学校-教材 Ⅳ.①TU723.3

中国版本图书馆 CIP 数据核字(2010)第 092612 号

责任编辑:童安齐 王晶晶 / 责任校对:王万红
责任印制:吕春珉 / 封面设计:耕者设计工作室

科 学 出 版 社 出版
北京东黄城根北街 16 号
邮政编码:100717
http://www.sciencep.com
铭浩彩色印装有限公司印刷
科学出版社发行 各地新华书店经销
*
2010 年 6 月第 一 版 开本:787×1092 1/16
2019 年 1 月第七次印刷 印张:19 1/2
字数:443 000
定价:45.00元
(如有印装质量问题,我社负责调换〈铭浩〉)
销售部电话 010-62134988 编辑部电话 010-62137026(BA08)

前　言

随着我国建筑行业市场化进程的推进和工程造价管理领域改革的不断深入,尤其是工程量清单计价的日益推广和完善,工程造价的计价已经改变了长期以来形成的由政府定价的做法,取而代之的是市场定价的模式。在这种背景下,对工程造价管理人员的专业素质和技能的要求越来越高。作为向社会输送建设管理人才的工程管理专业,工程造价管理是其专业知识体系中最重要的内容之一,而合理、准确地进行工程计量与计价则是工程造价管理的精髓所在。本书从应用型工程管理人才的教学需要出发,以建筑工程(含装饰装修)为研究对象,详尽地讲解了工程计量与计价的基本原理和具体计算方法。

本书的编写全部由长期从事工程造价教学和指导工程实践的一线教师完成。全书共分11章,第1章概要介绍工程造价计价基础知识;第2章和第3章分别从工程造价的"量"和"价"两个方面讲解工程定额原理和工程单价的确定;第4章讲解工程量清单计价的原理与方法。第5章至第11章分别讲解工程量清单计价中的建筑面积、土石方与桩基础工程、砌筑工程、混凝土及钢筋混凝土工程、屋面及防水保温工程、装饰装修工程和措施项目的计量与计价方法,各章均遵循清单规则讲解——工程计量方法——工程计价要点——工程实例分析的思路编写,力求做到理论阐述系统、方法讲解清晰、实例选择典型、问题分析透彻,注重实践性与可操作性,旨在培养学生从事工程造价计价的基本技能与动手能力。

本书由东北林业大学杨会云、长江大学李文芳任主编,兰州交通大学王宏辉、黄山,山东理工大学孙广伟参加编写。具体编写分工为:第1~3章由杨会云编写;第4、5章由王宏辉编写;第6、10章由黄山编写;第7章由孙广伟编写;第8、9、11章由李文芳编写。全书由杨会云统稿。

本书承蒙哈尔滨工业大学张守健教授主审。在编写过程中,我们参考了很多已出版的教材、著作,在此对其作者表示衷心感谢!

由于编者学识及水平有限,书中不足与疏漏之处在所难免,恳请读者批评指正。

编　者
2010 年 4 月

目　　录

第1章 绪 论

本章提示：

本章在讲解工程造价的概念和计价特征的基础上，分析了工程造价计价的基本原理，介绍了工程造价的构成内容；从计价方法上，阐述了传统计价模式的预算单价法和实物法以及工程量清单计价模式的基本原理，分析了两种计价模式的区别与联系；对各种计价依据做了总体介绍。通过本章的学习，使读者掌握工程造价的基本概念和费用构成，理解工程造价计价的基本理论和方法，为后续章节学习奠定基础。

1.1 工程造价计价概述

1.1.1 工程造价的概念

工程造价就是工程的建造价格，是指为完成一个工程的建设，预期或实际所需的全部费用的总和。"工程造价"一词的含义可以分别从业主和承包商这两个不同的角度定义。

从投资者——业主的角度来定义，工程造价是指工程的建设成本，即建设一项工程预期或实际开支的全部固定资产投资费用。从这个角度定义，工程造价与建设投资的概念是相同的。业主从事工程建设活动的最终目的是形成固定资产，尽管在建设项目的竣工决算中，按照新的财务制度和企业会计准则核算新增资产价值时，建设项目的投资并没有全部形成新增固定资产价值，但这些费用是完成固定资产建设所必需的。因此，从这个意义上讲，工程造价就是建设项目固定资产投资。

从工程承发包的角度来定义，工程造价是指工程价格，即为建成一项工程，预计或实际在土地市场、设备市场、技术劳务市场，以及承包市场等交易活动中所形成的建筑安装工程的价格或建设工程总价格。它是以工程这种特定的商品形式作为交易对象，通过招投标、承发包或其他交易方式，在进行多次预估的基础上，最终由市场形成价格。在这里，招投标的标的可以是一个建设项目，也可以是一个单项工程，还可以是整个建设工程中的某个阶段，如建设项目的可行性研究、建设项目的设计以及建设项目的施工阶段等。

工程造价的两种含义，是从不同角度把握同一事物的本质。对于建设工程的投资者来讲，面对市场经济条件下的工程造价就是项目投资，是"购买"项目要付出的价格；对于承包商、供应商和规划、设计等机构来说，工程造价也是他们作为市场供给主体出售商品和劳务的价格总和。

1.1.2 工程造价的计价特征

由于建筑产品具有固定性、多样性、体积庞大的特点，决定了建筑产品的生产具有单件性、流动性、露天性、连续性,以及生产周期长、生产过程综合性强的特点。这些特点使得工程造价的计价具有以下明显特征。

1. 计价的单件性

建筑产品的多样性和生产的单件性决定了每个建筑产品都必须单独设计和独立施工才能完成;即使设计方案相同,也会因建设的时间、地点、施工单位、施工方法、施工机械,以及材料、设备的来源和运输方式不同,导致其工程造价有所差异。因此,每项建设工程都必须单独计算造价。

2. 计价的多次性

建筑产品建设规模庞大、组成结构复杂、建设周期长、资源消耗量大、造价高昂,这些特点决定了工程造价的计价应按建设程序分阶段进行,即从建设项目投资决策阶段工程造价的预测估算开始,到工程实际造价的确定为止的整个建设期间,工程造价要在不同阶段多次计价,形成一个逐步深化、细化和逐步接近实际造价的过程。对于大型建设项目,其全过程多次性计价如图 1.1 所示。

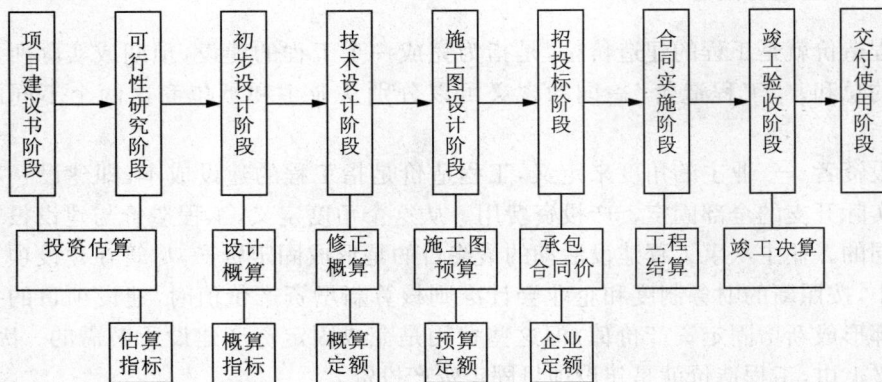

图 1.1　工程建设多次性计价示意图

3. 计价的组合性

工程造价的计算是分部组合而成的,这一特征与建设项目的组合性有关。建设项目是由多个有内在联系的工程部分组成的综合体,它可以分解为单项工程、单位工程、分部工程和分项工程。建设项目的这种组合性决定了其计价的全过程也是一个逐步组合的过程,其计价顺序通常是:分项工程造价→分部工程造价→单位工程造价→单项工程造价→建设项目总造价,如图 1.2 所示。

4. 计价方法的多样性

工程造价多次性计价有各不相同的计价依据,对造价的精确度要求也不同,这就决定了计价方法有多样性特征。例如,工程概预算造价的计价方法有单价法和实物法等;投资估算的计价方法有设备系数法、生产能力指数法等。不同的方法利弊不同,适用条件也不同,计价时要根据计价对象的特点和所掌握的计价依据资料等具体情况加以选择使用。

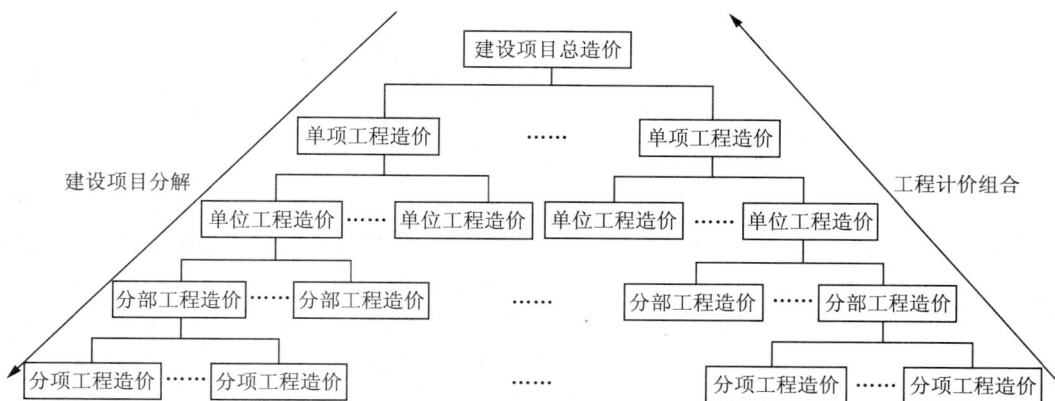

图 1.2　计价组合性示意图

5. 计价依据的复杂性

由于工程的组成要素及影响造价的因素较多,使得计价依据也较为复杂、种类繁多。确定造价的依据主要可分为以下七类:

（1）计算设备和工程量的依据,包括项目建议书、可行性研究报告、设计文件等。

（2）计算人工、材料、机械等实物消耗量的依据,包括投资估算指标、概算定额（指标）、预算定额及现行工程量清单等。图 1.1 中体现了在工程造价的多次性计价过程中所依据的定额、指标。

（3）计算工程单价的依据,包括人工单价、材料价格、材料运杂费、机械台班费用等。

（4）计算设备单价的依据,包括设备原价、运杂费、进口设备管理费及关税等。

（5）计算措施费、间接费和工程建设其他费用的依据,主要是相关的费用定额和指标以及主管部门的有关规定等。

（6）政府规定的税率和其他应计取的费用等。

（7）物价指数和工程造价指数等。

计价依据的复杂性不仅使计算过程复杂,而且要求计价人员熟悉各类依据的内容和规定,并加以正确应用。

1.1.3　工程造价计价的基本原理

每一个建设项目都需要按业主的特定需要单独设计、单独建造,不能批量生产和按整个建设项目确定造价,因而只能以特殊的计价程序和计价方法来进行工程计价活动。工程计价的基本原理是将一个完整的建设项目进行层层分解,划分为可以按定额等技术经济参数测算价格的基本单元子项,即分部分项工程。分部分项工程是一种假定的建筑安装产品,是既能够用较为简单的施工过程生产出来,又可以用适当的计量单位计量并便于测定其施工资源消耗的基本工程构造要素。针对这些基本工程构造要素分别测算其数量和单位价格,就可以计算出每个分部分项工程的造价,然后再进行逐层组合汇总,最终计算出整个工程的全部造价。工程造价计价的基本原理可以用以下计算式加以表达

$$工程造价 = \sum_{j=1}^{n}(实物工程量 \times 单位价格)_j$$

式中:j——第 j 个基本单元子项,即第 j 个分部分项工程;

　　　n——该工程所含基本单元子项的数目。

可见,工程造价的主要影响因素有两个:一是"量",即各个基本单元子项的实物工程数量;二是"价",即各个基本单元子项的单位价格。"量"和"价"的测算是工程计价的核心,在确定了"量"和"价"的基础上,再经过一定的费用取定过程,就得到了建设工程的工程造价。工程计价实务中,在确定了项目的设计文件要求和施工组织计划的基础上,"量"的大小主要取决于工程定额消耗量水平,"价"的高低则主要取决于市场价格水平,这两个问题,将分别在本书的第 2 章和第 3 章加以详细阐述。

1.2　工程造价的构成

1.2.1　建设项目总投资的构成

建设项目总投资包括固定资产投资和流动资产投资两个部分。

固定资产投资构成了建设项目的工程造价,又称建设投资,由建筑安装工程费用、设备及工器具购置费用、工程建设其他费用、预备费、建设期利息和固定资产投资方向调节税构成。其中,固定资产投资方向调节税目前暂停征收。

流动资产投资是指生产性建设项目为保证其投产后的生产和经营活动的正常进行,按规定应列入工程建设项目费用的铺底流动资金(一般按流动资金总额的 30% 估算)。

建设项目总投资的构成如图 1.3 所示。

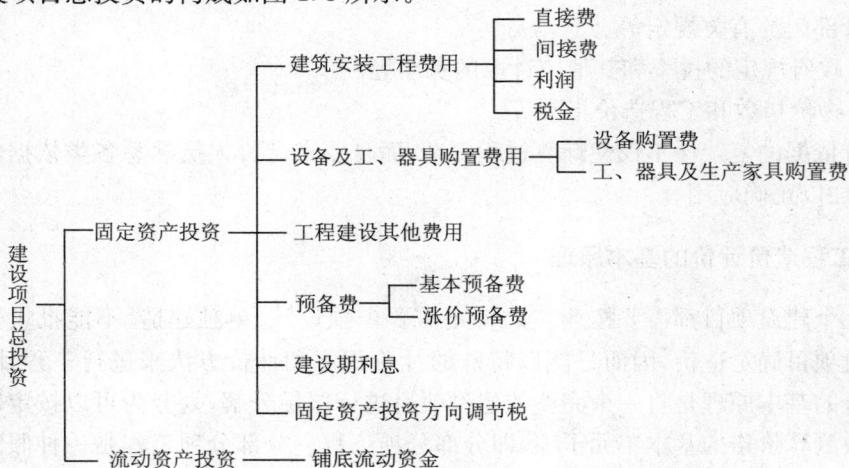

图 1.3　建设项目总投资的构成

1. 2. 2 建筑安装工程费用

依据建标〔2003〕206 号关于印发《建筑安装工程费用项目组成》的通知中的有关规定,我国现行建筑安装工程费由直接费、间接费、利润和税金组成,如图 1.4 所示。

1. 直接费

直接费由直接工程费和措施费组成。

1) 直接工程费

直接工程费是指施工过程中耗费的构成工程实体的各项费用,包括人工费、材料费和施工机械使用费。

(1) 人工费,指直接从事建筑安装工程施工的生产工人开支的各项费用,其中不包括材料人员和机械工人的费用,两者分别计入材料费和施工机械使用费。

人工费可按下式进行计算,即

$$人工费 = \sum(工日消耗量 \times 日工资单价) \tag{1.1}$$

(2) 材料费,指施工过程中耗费的构成工程实体的原材料、辅助材料、构配件、零件、半成品的费用,可按下式进行计算,即

$$材料费 = \sum(材料消耗量 \times 材料基价) + 检验试验费 \tag{1.2}$$

(3) 施工机械使用费,指施工机械作业所发生的机械使用费以及机械安拆费和场外运费,可按下式进行计算,即

$$施工机械使用费 = \sum(施工机械台班消耗量 \times 施工机械台班单价) \tag{1.3}$$

2) 措施费

措施费是指为完成工程项目施工,发生于该工程施工前和施工过程中非工程实体项目的费用,其内容如图 1.4 所示。

2. 间接费

间接费是指虽不由施工的工艺过程所引起,但却与工程的总体条件有关的建筑安装企业为组织施工和进行经营管理以及间接为建筑安装生产服务的各项费用。间接费包括规费和企业管理费。

规费是指政府和有关权力部门规定必须缴纳的费用。企业管理费是指建筑安装企业组织施工生产和经营管理所需费用,其内容如图 1.4 所示。

3. 利润和税金

利润是指施工企业完成所承包工程获得的盈利。

税金是指国家税法规定的应计入建筑安装工程造价内的营业税、城乡维护建设税及教育费附加。

建筑安装工程费用
├── 直接费
│   ├── 直接工程费
│   │   ├── 人工费
│   │   ├── 材料费
│   │   └── 施工机械使用费
│   └── 措施费
│   ├── 环境保护费
│   ├── 文明施工费
│   ├── 安全施工费
│   ├── 临时设施费
│   ├── 夜间施工费
│   ├── 二次搬运费
│   ├── 大型施工机械进出场及安拆费
│   ├── 混凝土、钢筋混凝土模板及支架费
│   ├── 脚手架费
│   ├── 已完工程及设施保护费
│   └── 施工排水、降水费
├── 间接费
│   ├── 规费
│   │   ├── 工程排污费
│   │   ├── 工程定额测定费
│   │   ├── 社会保障费
│   │   ├── 危险作业意外伤害保险
│   │   └── 住房公积金
│   └── 企业管理费
│   ├── 管理人员工资
│   ├── 办公费
│   ├── 差旅交通费
│   ├── 固定资产使用费
│   ├── 工具用具使用费
│   ├── 劳动保险费
│   ├── 工会经费
│   ├── 职工教育经费
│   ├── 财产保险费
│   ├── 财务费
│   ├── 税金
│   └── 其他
├── 利润
└── 税金

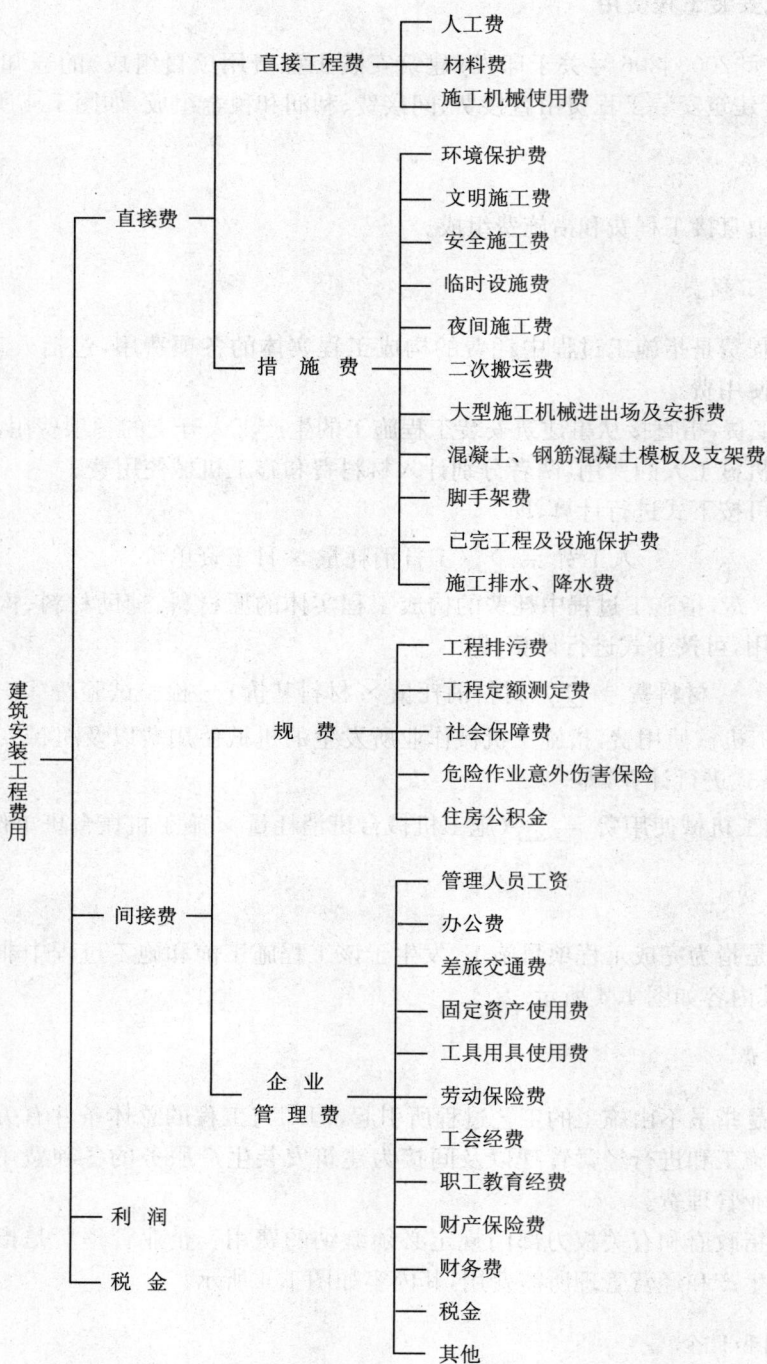

图 1.4　建筑安装工程费用的构成

1.2.3 设备及工具、器具购置费用

设备及工具、器具购置费由设备购置费和工器具及生产家具购置费组成。

1. 设备购置费

设备购置费是指为建设项目购置或自制的达到固定资产标准的各种设备、工具、器具的费用,由设备原价和设备运杂费组成。

1) 设备原价

设备原价是指国产设备原价或进口设备的抵岸价。

国产设备原价一般是指设备制造厂的交货价,即出厂价,或订货合同价。一般根据生产厂家或供应商的询价、报价或合同价确定,也可以采用一定的方法计算确定。

进口设备抵岸价是指进口设备抵达买方边境港口或边境车站,且缴完关税以后的价格。进口设备的交货方式不同,其相应的抵岸价的构成有所不同。

2) 设备运杂费

设备运杂费是指设备原价之外的,用于设备采购、运输、途中包装及仓库保管等方面支出的各项费用的总和。设备运杂费一般以设备原价乘以各部门及省、市等规定的设备运杂费率计算。

2. 工具、器具及生产家具购置费

工具、器具及生产家具购置费是指按照有关规定,为保证建设项目初期正常生产必须购置的没有达到固定资产标准的设备、仪器、工卡模具、器具、生产家具和备品备件的费用。该项费用一般以设备购置费为计算基数,按照部门或行业规定的费率计算。

1.2.4 工程建设其他费用

工程建设其他费用是指从工程筹建到工程竣工验收交付使用止的整个建设期间,除建筑安装工程费用和设备、工器具费用以外的,为保证工程建设顺利完成和交付使用后能够正常发挥效用而发生的费用。按其费用的用途可分为三类:土地使用费、与项目建设有关的费用和未来企业生产经营有关的其他费用。

工程建设其他费用的具体内容因项目建设性质而异,一般包括以下费用。

1. 建设用地费

建设用地费是指按照《中华人民共和国土地管理法》等规定,建设项目征用土地或租用土地应支付的费用,主要包括:

(1) 土地征用及迁移补偿费。

(2) 征用耕地按规定一次性缴纳的耕地占用税;征用城镇土地在建设期间按规定每年缴纳的城镇土地使用税;征用城市郊区菜地按规定缴纳的新菜地开发建设基金。

（3）建设单位租用建设项目土地使用权而支付的租地费用。

2. 建设管理费

建设管理费是指建设项目从立项直到竣工验收交付使用及后评估等发生的建设管理费用，主要包括：

（1）建设单位管理费，是指建设单位发生的管理性质的开支。

（2）工程监理费，是指委托工程监理企业对工程实施监理工作所需费用。

（3）工程质量监督费，是指工程质量监督检验部门检验工程质量而收取的费用。

3. 可行性研究费

可行性研究费是指在建设项目前期工作中，编制和评估项目建议书（或预可行性研究报告）、可行性研究报告所需的费用。

4. 研究试验费

研究试验费是指为建设项目提供或验证设计数据、资料等进行必要的研究试验及按照设计规定在建设过程中必须进行试验、验证所需的费用。

5. 勘察设计费

勘察设计费是指委托勘察设计单位进行工程水文地质勘察、工程设计所发生的各项费用。

6. 环境影响评价费

环境影响评价费是指按照《中华人民共和国环境保护法》、《中华人民共和国环境影响评价法》等规定，为全面、详细评价建设项目对环境可能产生的污染或造成的重大影响所需的费用。

7. 劳动安全卫生评价费

劳动安全卫生评价费是指按照劳动部《建设项目（工程）劳动安全卫生监察规定》和《建设项目（工程）劳动安全卫生预评价管理方法》的规定，为预测和分析建设项目存在的职业危险、危害因素的种类和危险危害程度，并提出先进、科学、合理可行的劳动安全卫生技术和管理对策所需的费用。

8. 场地准备费和临时设施费

场地准备费是指建设项目为达到工程开工条件所发生的场地平整和对建设场地余留的有碍于施工建设的设施进行拆除清理的费用。

临时设施费是指为满足建筑施工需要而供到场地界区的临时水、电、路、信、气等工程费用和建设单位的现场临时建（构）筑物的搭设、维修、拆除、摊销或建设期间租赁费用，以及施工期间专用公路养护费、维修费。此费用不包括已列入建筑安装工程费用中的施工单位临时设施费用。

9. 引进技术和引进设备其他费

引进技术和引进设备其他费是指引进技术和设备发生的未计入设备及工器具购置费的费用,包括:

(1) 引进设备材料国内检验费。

(2) 海关监管手续费。

(3) 引进项目图纸资料翻译复制费,备品、备件测绘费。

(4) 出国人员费用。

(5) 国外来华人员费用。

(6) 银行担保和承诺费。

10. 施工队伍调遣费

施工队伍调遣费是指施工队伍因建设任务的需要,由企业基地或已竣工的工程工地调往新的施工工地承担施工任务所发生的一次性搬迁费用。

11. 工程保险费

工程保险费是指建设项目在建设期间根据需要对建筑工程、安装工程及机器设备进行投保而发生的保险费用,包括建筑工程一切险、人身意外伤害险和引进设备国内安装保险等,不包括已列入施工企业管理费中的施工管理用财产、车辆保险费。

12. 特殊设备安全监督检验费

特殊设备安全监督检验费是指在施工现场组装的锅炉及压力容器、消防设备、燃气设备、电梯等特殊设备和设施,由安全监察部门按照有关安全监察条例和实施细则以及设计技术要求进行安全检验,应由建设项目支付的、向安全监察部门缴纳的费用。

13. 市政公用设施建设及绿化费

市政公用设施建设及绿化费是指不实行有偿出让土地使用权的、不属免征范围的建设项目,建设单位按照项目所在地人民政府有关规定缴纳的市政公用设施建设费以及绿化补偿费等。

14. 专利及专有技术使用费

专利及专有技术使用费包括国外设计及技术资料费,引进有效专利、专有技术使用费和技术保密费;国内有效专利、专有技术使用费用;商标使用费、特许经营权费等。

15. 生产准备及开办费

生产准备及开办费是指生产性建设项目在投产前为保证未来企业生产顺利进行而支出的费用,主要包括:

（1）人员培训及提前进场费，包括自行组织培训或委托其他单位培训的人员工资、工资性补贴、职工福利费、差旅交通费、劳动保护费、学习资料费等。

（2）为保证建设项目投产初期正常生产（或经营、使用）所必需的生产办公、生活家具用具购置费。

（3）为保证建设项目投产初期正常生产（或经营、使用）所必需的第一套不够固定资产标准的生产工具、器具、用具购置费，不包括备品、备件费。

1.2.5　预备费

预备费包括基本预备费和涨价预备费。

1. 基本预备费

基本预备费是指建设项目在建设期间可能发生的难以预料的支出，主要指设计变更及施工过程中可能增加的工程量的费用。基本预备费可按下式计算，即

$$基本预备费 =（设备及工、器具购置费 + 建筑安装工程费$$
$$+ 工程建设其他费）\times 基本预备费率 \tag{1.4}$$

2. 涨价预备费

涨价预备费是指建设程项目在建设期内由于物价上涨、汇率变化等因素影响而需要增加的费用。涨价预备费可按下式计算，即

$$PC = \sum_{t=1}^{n} I_t [(1+f)^t - 1] \tag{1.5}$$

式中：PC——涨价预备费；

　　　I_t——第 t 年的建筑安装工程费、设备及工器具购置费之和；

　　　n——建设期；

　　　f——建设期价格上涨指数。

1.2.6　建设期利息

建设期利息是指建设项目在建设期间内发生并计入固定资产投资的利息。为了简化计算，通常假定借款均在每年的年中支用，借款第一年按半年计息，其余各年份按全年计息，计算可按下式计算，即

$$各年应计利息 =（年初借款本息累计 + 本年借款额 \div 2）\times 年利率 \tag{1.6}$$

1.3　工程造价的计价方法

按照工程造价的计算方式和管理方式的不同，国内的工程造价的计价有两类方法，一类是传统的定额计价方法（即传统计价方法），另一类是工程量清单计价方法。这两类方法形成了目前我国工程造价领域的两种计价模式。

1.3.1 传统计价模式

我国的传统计价模式是采用国家、部门或地区统一规定的工程定额和取费标准进行工程计价的模式,通常也称为定额计价模式。在传统计价模式下,由国家制定工程定额,并且规定各项费用的内容和取费标准。建设单位和施工单位均先根据定额中规定的工程量计算规则、定额单价计算直接工程费,再按照规定的费率和取费程序计取措施费、间接费、利润和税金,汇总得到工程造价。传统计价模式下,工程计价方法有两种,即预算单价法和实物法。

1. 预算单价法

预算单价法是根据工程施工图纸和预算定额,用地区统一单位估价表中各分项工程单价乘以相应分项工程的工程量,求出各分项工程直接工程费,汇总后成为单位工程直接工程费。直接工程费另加措施费、间接费、利润和税金形成建筑建筑安装工程费。

采用预算单价法,其直接工程费的计算如下式所示。措施费、间接费、利润和税金可根据统一规定的费率乘以相应的计费基数求得。

$$单位工程直接工程费 = \sum(分项工程定额人工、材料、机械耗用量$$
$$\times 相应人工、材料、机械预算单价) \tag{1.7}$$

预算单价法计算工程造价的基本步骤如图 1.5 所示。

图 1.5 预算单价法计价步骤

2. 实物法

实物法是根据各分项工程量套用预算定额计算出人工、材料、机械台班消耗量,分别乘以当时当地人工、材料、机械台班实际单价,计算得到人工费、材料费和施工机械使用费,再另外计算措施费、间接费、利润和税金,汇总形成建筑安装工程费。

实物法中的直接工程费的计算如式(1.8)和式(1.9)所示。

$$分项工程人工、材料、机械台班总耗用量 = \sum(分项工程的工程量$$
$$\times 人工、材料、机械台班预算定额用量) \tag{1.8}$$

$$单位工程直接工程费 = \sum(分项工程人工、材料、机械台班总耗用量$$
$$\times 当时当地人工、材料、机械台班单价) \tag{1.9}$$

实物法计算工程造价的基本步骤如图 1.6 所示。

```
┌──────┐   ┌────┐   ┌──────┐   ┌──────┐   ┌──────┐   ┌────┐   ┌──────┐
│准备资│   │    │   │套用工│   │计算并汇│   │计算其│   │    │   │编制  │
│料熟悉│→ │计算│→ │料、机│→ │总、人工│→ │他各项│→ │复核│→ │说明  │
│施工图│   │工程│   │预算定│   │费、材料│   │费用汇│   │    │   │填写  │
│纸    │   │量  │   │额用量│   │费、机械│   │总造价│   │    │   │封面  │
│      │   │    │   │      │   │使用费 │   │      │   │    │   │      │
└──────┘   └────┘   └──────┘   └──────┘   └──────┘   └────┘   └──────┘
```

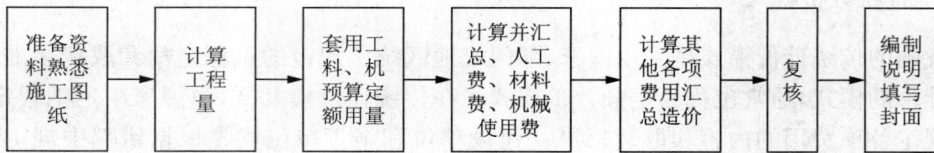

图 1.6　实物法计算工程造价的基本步骤

1.3.2　工程量清单计价模式

1. 工程量清单计价的基本原理

工程量清单计价模式是指按照工程量清单计价规范规定的全国统一工程量计算规则,由招标方提供工程量清单和有关技术说明,投标人根据自身的技术、财务、管理能力和市场价格进行投标报价的一种计价模式。

工程量是以物理计量单位或自然计量单位表示的各个分部分项工程和结构构件的数量。工程量清单是列出招标项目各项费用的名称和相应数量等的明细清单。工程量清单是招标文件的内容之一,其标明的工程量是投标人进行投标报价的共同基础。

工程量清单计价是国际通行的计价方法,是市场形成工程造价的主要形式。推行工程量清单计价有利于发挥施工企业自主报价的能力,也有利于实现工程造价由政府定价向市场定价的转变、规范业主在招标中的行为。工程量清单计价将在第 4 章详述。

2. 工程量清单计价模式与传统计价模式的关系

1) 工程量清单计价模式与传统计价模式的区别

(1) 计价形式不同。传统计价模式下,单位工程造价由直接费、间接费、利润、税金构成,计价时先计算直接费,再以直接费(或其中的人工费或人工费、机械费之和)为基础计算间接费、利润、税金,汇总形成单位工程造价。工程量清单计价模式下,单位工程造价由分部分项工程费、措施项目费、其他项目费、规费和税金构成,计价时分别测算分部分项工程量清单、措施项目清单和其他项目清单的费用,其费用范围包含了除规费和税金以外的所有费用,三部分汇总后再加上规费和税金形成单位工程造价。

(2) 工程量计算的主体不同。工程量清单计价模式下,工程量由招标人或受其委托的工程造价咨询单位统一测算,所形成的工程量清单作为招标文件的重要组成部分,统一发售给各投标人,作为其投标报价的共同依据。在传统计价模式下,招标工程的工程量在招标人编制标底和各投标人进行投标报价时,是各自分别自行测算的,没有统一的工程量作为计价依据。

(3) 分项工程单价构成不同。传统计价模式下的分项工程单价是工料单价,只包括人工、材料、机械费用。工程量清单计价模式下的分项工程单价是综合单价,除了人工费、材料费、机械费,还包含管理费、利润,并考虑风险因素。实行综合单价有利于工程价款的支付、工程造价的调整和工程结算。

（4）单位工程项目划分不同。传统计价模式下，按预算定额项目进行工程项目划分，其划分的原则是按工程的不同部位、不同材料、不同工艺、不同施工机械、不同的施工方法和材料规格型号进行划分，十分详细。工程量清单计价的工程项目划分有较大的综合性，主要考虑工程部位、材料、工艺特征，而不考虑具体的施工方法或措施；同时，对于同一项目不再按阶段或过程分为几项，而是综合在一起。这种工程项目划分方式能够减少原来定额对于企业施工工艺方法选择的限制，使其报价时有更多的自主性。

2）工程量清单计价模式与传统计价模式的联系

（1）两种计价模式所形成的建筑产品价格内涵一致。工程招标投标价是指在工程商品的招标投标交易过程中形成的工程价格，其价格形成的基础，必须遵循马克思关于商品价格的劳动价值学说，即商品的价值由社会必要劳动时间决定。所以，无论是传统计价模式还是工程量清单计价模式，最终形成的工程交易价格都要遵循这个规律。

（2）两种计价模式的计价程序主线条基本相同。工程量清单计价模式是在传统计价模式的基础上发展起来的，两者之间具有传承性。两种计价方式都要经过识图、计算工程量、套用定额、计算费用、汇总工程造价等主要程序来确定工程造价。同时，两种计价模式都把准确计算工程量作为计价的基础和重点。

（3）两种计价模式所计算的单位工程费用内容相同。尽管两种计价模式的费用划分及各项费用的计算方法不同，但是，无论清单计价还是传统计价，都必然要计算直接费、间接费、利润和税金，最终形成的单位工程费用的内容是一致的。

1.4　工程造价的计价依据

计算工程造价需要掌握与工程项目建设相关的各种数据、资料和信息，统称为工程造价的计价依据。工程项目处于不同的建设阶段、采用不同的承发包方式，其计价依据也是不相同的。工程造价的计价依据主要有工程技术文件、项目建设条件、工程定额、工程量计算规则和工程造价信息等几个方面。

1. 工程技术文件

工程技术文件包括设计图纸、标准、规范等内容，是反映工程计价对象——建设工程的规模、内容、标准与功能等情况的综合文件。根据工程技术文件，可以对工程的分部组合（即工程结构）做出分解，得到计价的基本项目。依据工程技术文件中反映的工程内容和尺寸，才能测算或计算出工程实体数量，得到分部分项工程的工程量。工程建设的不同阶段产生不同的工程技术文件，它们是编制工程计价文件的基础。

1）项目决策阶段

项目决策阶段与工程计价有关的工程技术文件包括项目策划文件、功能描述书、项目建议书、可行性研究报告等，是编制投资估算的依据。

2）初步设计阶段

初步设计阶段的工程技术文件主要表现为初步设计图纸及相关设计资料，是编制初步设计概算的依据。初步设计工作的深度，也直接决定了设计概算所采用的方法。

采用三阶段设计的建设项目，在初步设计的基础上增加了技术设计阶段，该阶段所提供的技术参数与设计文件，是编制修正概算的依据。

3）施工图设计阶段

随着工程设计的深入，工程技术文件在施工图设计阶段又表现为施工图设计资料，包括建筑施工图纸、结构施工图纸、设备施工图纸和其他施工图纸及设计资料，这些文件资料是编制施工图预算的依据。

4）工程招投标阶段

工程招投标阶段的工程技术文件表现为招标文件、建设单位的特殊要求以及相应的工程勘察、设计文件等，是编制施工图预算、招标标底、招标控制价和投标报价的依据。

不同建设阶段工程技术文件的差异，决定了对建设项目的认识程度。随着建设项目各阶段工作的逐步深化，可掌握的工程资料越来越多、越来越细，人们对建设项目的认识也会越接近工程实际，所测算的工程造价必然越接近工程的实际建造费用。因此，工程造价计价的准确性，在很大程度上取决于所掌握工程技术文件的完整性和可靠性。

2. 项目建设环境条件

项目建设环境条件是指项目所处的自然环境、社会环境以及建设施工条件，主要包括：工程地质和水文地质条件；资源条件；原材料和燃料动力供应条件；交通运输条件；厂址选择条件；环境保护；现场环境；工程建设实施方案；建设组织方案；建设技术方案等方面。项目建设环境条件的差异或变化，会导致工程建造费用的变化。因此，全面掌握项目建设环境条件状况，对于正确计算工程造价有着重要的影响。

3. 工程定额

工程定额是指用于规定构成工程实体和有助于工程实体形成的各种资源消耗的数量标准，也包括工程建设管理方面的费用标准等。工程定额种类繁多，是工程计价的重要依据。

工程定额为工程造价的计算提供了工程建设中人工、材料和机械等生产要素的消耗量数据。工程定额包括施工定额、预算定额、概算定额和指标、估算指标、企业定额等，不同项目参与方的工程计价依据不同的定额：投资方主要依据国家或行业的指导性定额，其反映的是社会平均生产力水平；工程承包方则应依据反映本企业技术与管理水平的企业定额。另外，不同建设阶段编制工程造价文件所需的定额也是不同的，定额数据的粗细程度、精确程度等要与建设工作的深度相适应。例如，在初步设计阶段，编制设计概算依据概算定额或概算指标；施工图设计阶段，编制施工图预算依据预算定额；工程招投标阶段,承包商进行投标报价则应依据本企业的企业定额。

4. 工程量计算规则

工程造价是以工程项目所包含的工程实体数量为基础进行计算的,为此需要进行工程计量,即计算工程量。工程量必须按设计图纸规定的内容和所注尺寸进行计算,而设计图纸中内容和尺寸的摘取和确定又必须按照规定的工程量计算规则进行。工程量计算规则是规定各个分部分项工程实体数量计算的法则。为了统一完整地反映分部分项工程的实物量大小,以便合理计算相应费用,必须依据相应的工程量计算规则来计算工程量。这是因为定额中的各种消耗量数据是按特定的工程量计算规则测定的,工程定额不同,相应的工程量计算规则可能也不同。因此在计算工程量时,只有按照与所采用的定额对应的工程量计算规则进行计算,才能套用该定额中的消耗量数据。工程量计算规则是进行工程量计算的重要依据,工程计价时必须按照工程量的计算规则来计取每一分部分项工程在设计图纸中的尺寸数值。

工程量计算规则一般均在概算定额和预算定额中有详细规定。建设部于 1995 年在发布《全国统一建筑工程基础定额》(土建工程)(GJD-101－95)的同时发布了《全国统一建筑工程预算工程量计算规则》(土建工程)(GJDZG-101－95)。各地区的消耗量定额或预算定额中的工程量计算规则均以此为基础,结合地方特点制定。2003 年,为了规范建设工程工程量清单计价行为,统一建设工程工程量的编制和计价方法,国家建设部与国家质量监督检验检疫总局联合发布了国家标准《建设工程工程量清单计价规范》(GB50500－2003),2008 年 12 月又对该计价规范进行了修订。《建设工程工程量清单计价规范》(GB50500－2008)(简称为《计价规范》)规定了全国统一的工程量计算规则,是工程量清单计价模式下计算分部分项工程量的统一依据。

5. 工程造价信息

工程造价信息是指一定时间、一定地区内人工、材料和机械等生产要素的价格信息以及反映工程造价变动情况的各种工程造价指数。进行工程计价时,生产要素的价格一般是按现行市场价格信息估计的,但由于工程建设周期较长,实际工程造价会受市场价格波动的影响而发生变化。为了使计价结果反映市场、反映工程建设的真实费用水平,必须随时掌握市场价格信息,熟悉市场上各类生产要素的供求变化及价格动态。

工程造价信息一般来源于三个方面,即政府、专业机构和企业。政府的工程造价管理部门专门收集、整理工程建设领域中人工、材料、施工机械等的价格信息,测算各类建设工程的造价指数,定期向社会公布,这些信息和指数在工程造价管理领域具有很重要的影响力,是确定工程造价的必备参考。专业机构是指工程造价信息服务中心,他们通过建立网上工程造价信息服务平台和工程造价分析平台,提供人工、材料、机械等价格信息和各类工程的造价指数,同时,提供工程建设不同阶段工程造价分析、测算服务。企业的工程造价信息一般来源于工程咨询公司和一些大型工程承包商,这些数据来源于实际工程,同时,又建立在社会公共造价信息的基础上,既客观反映企业实际状况,又贴近市场,是确定工程造价的主要依据。

6. 其他编制依据

除上述内容外,政府的行业或地区主管部门发布的建设工程费用计算的有关规定,以及按国家税法规定须计取的相关税费标准等也是工程计价的重要依据。

复习思考题

1. 如何理解工程造价的含义? 工程造价有哪些计价特征?
2. 建设项目总投资由哪些费用构成? 建筑安装工程费用由哪些费用构成?
3. 简述预算单价法和实物法计价过程。
4. 简述传统计价模式与工程量清单计价模式的区别与联系。
5. 工程计价的依据有哪些?

第2章 工程定额原理

本章提示：

本章在概要介绍工程定额及其相关基本知识的基础上，讲解了施工过程的概念、工人工作时间和机械工作时间的构成；劳动定额、材料消耗定额和机械消耗定额的概念、表现形式和编制方法；介绍了建筑工程基础定额的基本情况、预算定额的内容及其应用，企业定额的基本概念和编制方法。通过本章的学习，熟悉工程定额的种类及相互关系，以及工程定额的编制原理，掌握定额的应用方法，为准确进行工程计量奠定基础。

2.1 概　　述

2.1.1 定额的概念

1. 定额

所谓定额，即人为规定的标准额度。在社会生产中，为了生产出合格的产品，必然要消耗一定的资源，而资源消耗量的多少应该有一个合理的标准，这就是定额。完整地讲，定额是在合理的劳动组织和正常的生产条件下，完成单位合格产品所需要消耗的人工、材料和机械台班的数量标准。

2. 工程定额

工程定额是在工程建设领域应用的各种定额统称。它是指在合理的劳动组织和正常的施工条件下，单位合格建筑产品上所需消耗的人工、材料和机械台班的数量标准。这种数量标准反映了在一定的社会生产力发展水平下，合理地完成工程建设中的某项产品与各种生产消耗之间特定的数量关系。

在工程定额中，单位合格产品的外延是很不确定的，它可以是一个建设项目，如一座矿山、一所大学等；也可以是建设项目中的单项工程，如一所大学校中的教学楼、体育馆等；也可以是单项工程中的单位工程，如教学楼中的土建工程、电气照明工程等；还可以是单位工程中的分部分项工程，如墙体的砌筑、墙面的装修等。工程建设产品外延的不确定性，决定了工程定额多种类、多层次性，它们形成了一个完整的工程定额体系。

2.1.2 工程定额的作用

工程定额体现了在一定的社会生产力水平条件下建筑安装工程的施工管理和技术水平，其主要作用体现在以下三个方面。

1. 工程定额是工程计价的依据

工程定额中所规定的人工、材料和施工机械台班消耗量的标准是编制设计概算、施工图预算,进行清单计价组价、工程结算和竣工决算时确定人工费、材料费和施工机械使用费的依据;各种费用定额和取费标准则为计算措施费、间接费、利润、税金和工程建设其他费用提供了重要参考。

2. 工程定额是施工企业管理的重要工具

工程定额中的施工定额所提供的人工、材料、机械台班消耗量标准,可以作为施工企业编制施工进度计划、施工作业计划,下达施工任务书、组织调配资源,进行成本核算的依据,也是施工企业投标报价的依据。

3. 工程定额是设计方案优选的依据

评价一个设计方案是否经济合理,是以工程定额为依据来确定该设计方案的技术经济指标、进而进行方案比选来实现的。

2.1.3　工程定额的种类

各类建设工程的性质、内容和实物形态有其差异性,建设与管理的内容和要求也不同,使得工程定额种类繁多,已经形成了不同内容、不同专业性质和用途的工程定额体系。我们可以从不同的角度对这些定额进行分类。

1. 按定额反映的生产要素内容分类

按定额反映的生产要素不同,可以把工程定额分为劳动消耗定额、材料消耗定额和机械消耗定额三种。

1) 劳动消耗定额

劳动消耗定额简称劳动定额,也称为人工定额,是指在正常生产条件下,完成单位合格工程建设产品(工程实体或劳务)所需劳动力消耗的数量标准。

2) 材料消耗定额

材料消耗定额简称材料定额,是指在正常的生产条件下,在节约、合理使用材料的前提下,完成一定数量的合格产品所需消耗材料的数量标准。

3) 机械消耗定额

机械消耗定额是指在正常的施工条件下,在合理的劳动组织与合理使用机械的前提下,为完成一定数量的合格产品(工程实体或劳务)所规定的施工机械台班消耗的数量标准。

劳动消耗定额、材料消耗定额和机械消耗定额统称为基础定额。工程计价中使用的各种定额一般均是由这三个部分组成的。

2. 按照定额的编制程序和用途来分类

按照定额的编制程序和用途,可以把工程建设定额分为施工定额、预算定额、概算定额、概算指标和投资估算指标五种。

1) 施工定额

施工定额是以同一性质的施工过程为测定对象,规定在正常生产条件下,完成单位合格产品所需消耗的人工、材料和施工机械台班的数量标准。为了适应组织生产和管理的需要,施工定额的项目划分很细,通常以工序为对象,它是工程建设定额中分项最细、定额子目最多的一种定额。施工定额是工程建设定额中的基础性定额,是编制预算定额的基础。例如,交通部颁布的《公路工程施工定额》就是《公路工程预算定额》编制的基础资料。

从定额的性质看,施工定额作为施工管理的工具,应该是施工企业内部的定额,反映企业自身的技术管理水平;而很多部门或地方颁布的施工定额则反映了本行业或地区施工资源消耗的合理水平,具有指导意义。

2) 预算定额

预算定额是在施工定额的基础上,以分项工程为测定对象,将分项工程中的各个工序加以合并综合,规定出完成一定计量单位的分项工程或结构构件所需消耗的人工、材料和施工机械台班的数量标准。预算定额属于计价定额,是编制施工图预算和各种计价活动的依据。同时,预算定额也是编制概算定额的基础。

3) 概算定额

概算定额是以扩大的分项工程或结构构件为对象编制的定额,是在预算定额的基础上综合扩大而形成的。概算定额也是一种计价定额,它是编制扩大初步设计概算的依据。同时,概算定额也是编制概算指标的基础。

4) 概算指标

概算指标是以整个建筑物或构筑物为对象,以更为扩大的计量单位来编制的一种定额。概算指标也是一种计价定额,是编制初步设计概算的依据。

5) 投资估算指标

投资估算指标是以独立的单项工程或完整的工程项目为对象,根据同类项目的预、决算等资料编制的定额。投资估算指标也是一种计价定额,它是在项目建议书和可行性研究阶段编制投资估算的依据。

3. 按主编单位和适用范围分类

按照主编单位和适用范围不同,工程定额可分为全国统一定额、行业统一定额、地区统一定额和企业定额等。

1）全国统一定额

全国统一定额是由国家建设行政主管部门，综合全国工程建设中技术和施工组织管理的情况编制，并在全国范围内执行的定额，如全国统一安装工程定额、全国统一市政工程定额等。

2）行业统一定额

行业统一定额是考虑到各行业部门专业工程技术特点及其施工生产和管理水平编制的，一般只在本行业和相同专业性质的范围内使用的专业定额，如矿井建设工程定额、铁路建设工程定额。

3）地区统一定额

地区统一定额包括在各省、自治区、直辖市范围内使用的定额。地区统一定额主要是考虑地区特点，在全国统一定额基础上做适当调整补充编制的。例如，各省的建筑工程预算定额，就是在全国统一的建筑工程基础定额的基础上，考虑了各省的特点而编制的。

4）企业定额

企业定额是指由施工企业考虑本企业具体情况，参照国家、部门或地区定额而制定的定额。企业定额只在企业内部使用，是企业实行科学管理的重要工具。

2.2 施工过程与工作时间

2.2.1 施工过程的概念与分类

1. 施工过程的概念

施工过程是指建筑工人在建设工地范围内，按照特定的施工程序、运用特定的施工方法，对建筑材料、构件、成品、半成品进行加工，形成预定的合格建筑安装产品的生产活动。简而言之，施工过程就是在施工现场所进行的生产过程。

每个施工过程的结果都是要获得一定的产品，该产品可能是改变了劳动对象的外表形态、内部结构或性质（由于制作和加工的结果），也可能是改变了劳动对象的位置（由于运输和安装的结果）。在施工过程中，有时还要借助自然力的作用使劳动对象发生物理或化学变化，如混凝土的自养护、预应力钢筋的时效等。因此，施工过程是许多相互联系的劳动过程与自然过程的组合。一个建筑物或构筑物的施工是由许多施工过程组成的，如基槽开挖、墙体砌筑、混凝土浇筑、内外装修等。

2. 施工过程的分类

施工过程的结果可大可小,大到一个完整的建设项目,小到一个工序。根据施工过程组织上的复杂程度不同,可以将其分为工序、工作过程和综合工作过程。

1) 工序

工序是在技术上相同、组织上不可分割的最简单的施工过程。工序的主要特征是劳动者、劳动对象和使用的劳动工具及工作地点均不发生变化。如果其中有一个因素发生变化,就意味着从一个工序转入到另一个工序。例如,钢筋工程可以分解为调直、除锈、切断、弯曲、运输和绑扎等工序,其中劳动者都是钢筋工,劳动对象都是钢筋,劳动工具分别是卷扬机、钢丝刷、钢筋剪切机、钢筋弯曲机等。完成一项施工活动一般要经过若干道工序。

从施工技术和施工组织角度看,工序是施工工艺方面最基本的单元,因而成为定额标定工作中的主要观察和研究对象。对施工过程进行研究是进行工作时间分析的基础。通过对施工过程进行分解,将其逐步细化到各个工序,有利于加深对施工过程的认识,从而为科学、细致地分析研究施工消耗与施工成本奠定基础。

2) 工作过程

工作过程是指由同一工人或同一小组所完成的、在技术上相互有机联系的工序组合。工作过程的特点是人员编制和工作地点不变,而所使用的材料和劳动工具、施工方法则可以改变。例如,钢筋混凝土工程中的模板工程、钢筋工程和混凝土工程等都是工作过程。

3) 综合工作过程

综合工作过程是指同时进行的、在组织上有机联系在一起的,并且最终能获得一种产品的若干工作过程的综合。例如,钢筋混凝土工程这一综合工作过程,由模板、钢筋和混凝土等工作过程组成,它们在不同的空间同时进行,在组织上有机联系,最终形成共同的产品是钢筋混凝土构件;再如,墙体砌筑工程是由砂浆调制、砂浆运输、砌块运输、砌筑、随手钩缝等工作过程组成的综合工作过程,其最终产品就是砌体。

2.2.2　工作时间的构成

1. 工人工作时间的构成

工人工作时间是指工人在同一工作班内所消耗全部劳动时间。按照消耗性质的不同,工人工作时间可以分为两大类:一是必须消耗的时间,即定额时间;二是损失时间,即非定额时间。具体内容如图 2.1 所示。

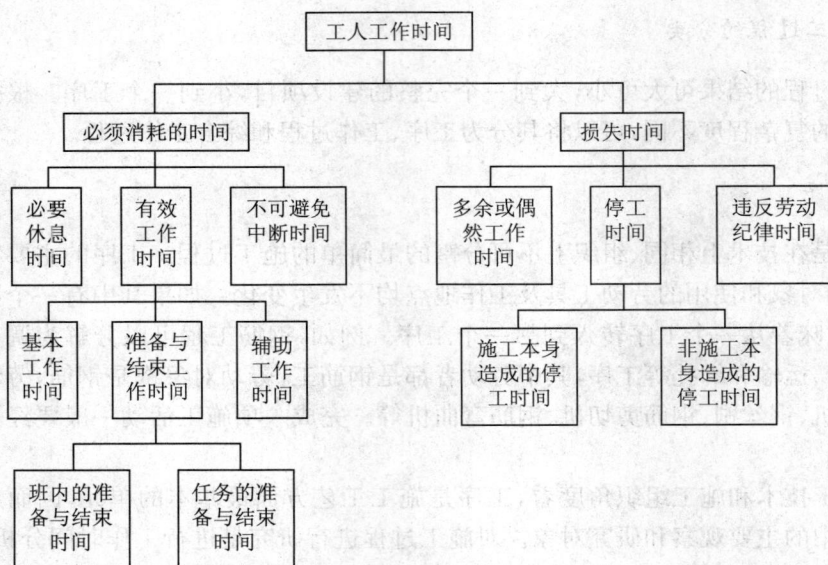

图 2.1　工人工作时间的构成

1) 必须消耗的时间

必须消耗的时间是工人在正常施工条件下，为完成一定合格产品或符合要求的工作任务所必须消耗的劳动时间。它属于定额时间，是制定定额的主要根据。必须消耗的时间包括有效工作时间、必要的休息时间和不可避免的中断时间三个部分。

(1) 有效工作时间。从生产效果来看，与直接形成产品的劳动相关的时间消耗。其中，包括基本工作时间、辅助工作时间和准备与结束工作时间的消耗。

① 基本工作时间，是指工人直接用于能完成一定产品的施工工艺过程所消耗的时间。这些工艺过程的结果是使材料外形改变（如弯曲钢筋）或结构与性质改变（如混凝土制品的养护干燥），或者使产品的外部及表面的性质改变（如粉刷、油漆），也可能使预制构件安装组合成型（如预制柱的安装定位）。基本工作时间是有效工作时间的主要组成部分，其时间的长短通常和工作量大小成正比例。

② 辅助工作时间，是指为保证基本工作能顺利完成所消耗的时间。在辅助工作时间里，不能使产品的形状大小、性质或位置发生变化，但却是整个施工过程所必不可少的。例如，测量放线、搭设架板、休整工具、自行检查等所占用的时间。辅助工作时间的长短与工作量大小有关。

③ 准备与结束工作时间，是执行任务前的准备工作和任务完成后的结束工作，以及工作班开始及结束所必须消耗的工作时间。例如，与劳动场地、劳动工具和劳动对象有关的准备工作时间和工作结束后的整理工作时间等。准备与结束工作时间的长短与所担负的工作量大小有关，也与工作内容有关。

(2) 必要的休息时间，是指工人在工作过程中为恢复体力所必需的短暂休息时间和因个人生理上的需要而消耗的时间。这种时间是为了保证工人精力充沛和持续工作所必须消耗的，如工间休息时间，工人喝水、上厕所等时间。休息时间的长短与劳动性质、劳动条件、劳动强度和危险性相关。

（3）不可避免的中断时间。由于施工工艺特点引起的工作中断所必需的时间，如起重机吊预制构件时安装工等待的时间，铁件加工过程中的等待冷却的时间，汽车司机等待装卸货物的时间等。与施工过程工艺特点有关的工作中断所占用时间，这类时间耗费是必需的，但应尽量缩短此项时间消耗，其缩短和科学技术进步密切相关，应该计入工程定额或成本之中。与施工工艺特点无关的工作中断时间，是由劳动组织不合理所引起的，属于损失时间，不能计入定额时间。

2）损失时间

损失时间，是与完成产品生产和施工任务无关的时间，属于非定额时间。主要包括多余和偶然工作时间、停工时间和违反劳动纪律时间三种情况。

（1）多余和偶然工作时间。

① 多余工作时间，是指工人进行了任务以外的、不能增加产品数量的工作时间。例如，对已磨光的水磨石进行多余的磨光、重新砌筑不合格的墙体等所占用的时间。多余工作时间通常是由于工作差错而引起的工时损失，因而不应计入定额时间。

② 偶然工作时间，是指工人在任务外进行的工作时间，但能够获得一定产品。例如，电工铺设电缆时需要临时在墙上开洞，抹灰工不得不补上偶然遗留的墙洞等所占用的时间。从偶然工作的性质看，在定额中不应考虑它所占用的时间，但是由于偶然工作能够获得一定产品，拟定定额时要适当考虑它的影响。

（2）停工时间，是指工作班内停止工作造成的工时损失。按其性质不同，可分为施工本身造成的停工时间和非施工本身造成的停工时间两种情况。

① 施工本身造成的停工时间，是指由于施工组织不合理、材料供应不及时、工作面准备不到位等原因引起的停工时间。它是由人为的因素造成的，不应计入定额时间。

② 非施工本身造成的停工时间，是指由于气候条件以及水源、电源中断等引起的停工时间。这种情况中，由于气候条件的影响而又不在冬、雨季施工范围内的工时损失，定额中应在一定的时间范围内给予合理的考虑。

（3）违反劳动纪律时间，是指工人迟到、早退、擅自离开工作岗位、工作时间内聊天或办私事等造成的工时损失。此项工时损失时间在定额中是不能考虑的。

2. 机械工作时间的构成

机械工作时间是指施工机械在正常运转的情况下，在一个工作班内的全部工作时间消耗。机械在工作班内消耗的工作时间，按其消耗的性质，可分为必须消耗的时间和损失时间两大类，如图 2.2 所示。

1）必须消耗的工作时间

必须消耗的工作时间，是指有效工作时间、不可避免的无负荷工作时间和不可避免的中断时间三项时间消耗。

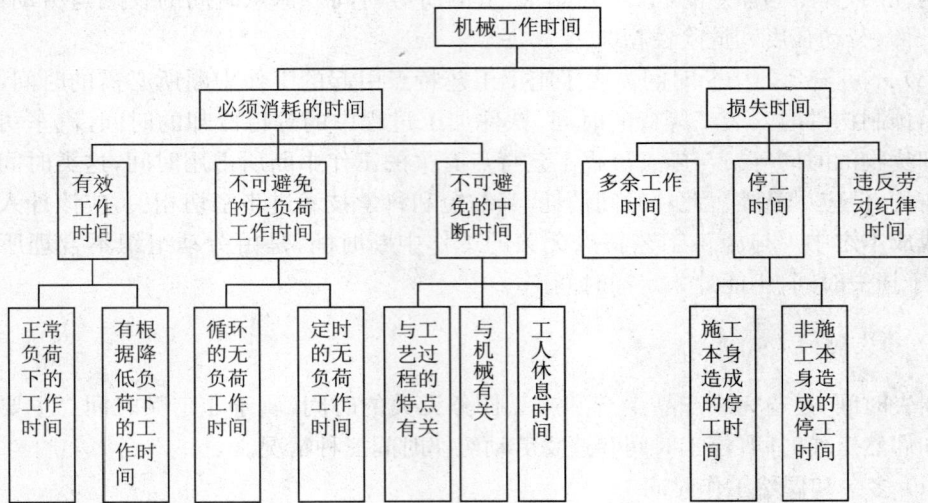

图 2.2　机械工作时间的构成

（1）有效工作时间，是指机械直接为施工生产而进行工作的工时消耗。在有效工作时间中，分为正常负荷下、有根据地降低负荷下和低负荷下的工作时间三种情况。

① 正常负荷下的工作时间，是指机械在与机械说明书规定的计算负荷相符的情况下进行工作的时间。

② 有根据地降低负荷下的工作时间，是指在个别情况下由于技术等各种原因，机械在低于其计算负荷下工作的时间。例如，汽车运输重量轻而体积大的货物时，不能充分利用汽车的载重吨位，因而不得在低于其计算负荷下工作。

③ 低负荷下的工作时间，是指人为过错而造成的施工机械在降低负荷的情况下工作的时间。例如，汽车运输砂石时，由于工人装车数量不足而导致汽车在降低负荷的情况下工作的时间。此项工作时间不能作为计算定额时间的基础。

（2）不可避免的无负荷工作时间，是指由施工过程的特点、施工现场限制或机械的作业特点造成的机械无负荷工作时间。例如，推土机在工作区末端掉头所需的时间就属于此项工作时间。不可避免的无负荷工作时间分为循环的和定时的两种情况。

① 循环的不可避免的无负荷工作时间，是指一般由于施工过程的特性引起的机械空转所消耗的时间。例如，吊装机械返回起吊重物地点所消耗的时间，在机械工作的每一个循环中重复一次。

② 定时的不可避免的无负荷工作时间，是指一般发生在施工活动中的无负荷工作时间。例如，工作班开始和结束时自行式施工机械来回无负荷的空行所消耗的时间。

（3）不可避免的中断时间，是指由于施工过程本身的原因造成的机械工作中断时间。主要有三种情况：

① 与工艺过程特点有关的不可避免的中断时间，如汽车装货和卸货时的停车时间。

② 与机械有关的不可避免的中断工作时间，主要与机械的使用、保养有关。

③ 工人的休息时间。应该注意的是，应尽量利用前两种情况来安排工人休息，以使

工作时间得以充分利用。

2）损失时间

损失时间包括多余工作、停工和违反劳动纪律所消耗的工作时间：

（1）多余工作时间，是指机械进行工艺过程或工作任务内未包括的工作而消耗的时间。例如，工人没有及时供料而使机械空运转的时间。

（2）停工时间，是指按其性质也可以分为施工本身造成和非施工本身造成的停工两种情况。前者是由于施工组织不利而引起的停工，如由于未及时供给机械燃料而引起的停工。后者主要是由于气候条件所引起的停工，如暴雨时压路机的停工。

（3）违反劳动纪律所消耗的时间，是指由于工人迟到、早退或擅离岗位等原因引起的机械停工时间。

分析和研究工程建设中的施工过程和工作时间，对施工定额的制定管理有着重要的意义。只有对施工过程进行分类研究，把施工过程划分为便于考察和研究的对象，才可以详细考察施工过程的技术组织条件，观察其工时消耗的性质和特点；只有把工作班延续时间按其消耗性质加以区别，才能区分必须消耗时间和损失时间，为拟定定额提供科学的计算依据。

2.2.3　工作时间的研究方法

工作时间研究是制定定额的一个主要步骤，通常使用计时观察法。

计时观察法是研究工作时间消耗的一种技术测定方法。它以研究工时消耗为对象，以观察测时为手段，通过密集抽样和粗放抽样等技术方法，对施工过程中的具体活动进行实地观察，详细记录施工中的各种数据和现场情况，然后加以整理和分析，进而取得制定定额所需的基础数据。计时观察法的应用以现场观察为特征，所以也称之为现场观察法。

计时观察的方法主要有测时法、写实记录法、工作日写实法、简易测定法等，如图 2.3 所示。

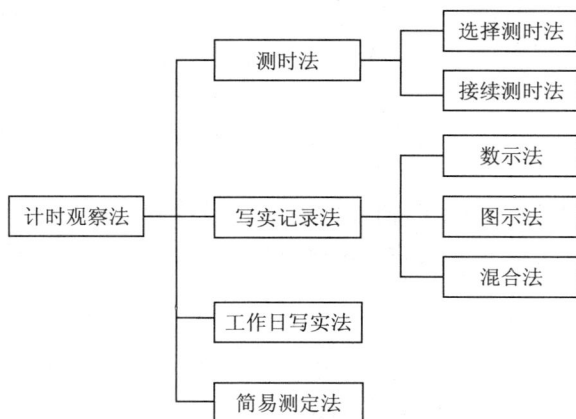

图 2.3　计时观察法的种类

1. 测时法

测时法主要用于测定那些定时重复的循环工作的工时消耗,是精确度比较高的一种计时观察法。按记录时间方法的不同,测时法分为选择测时法和接续测时法两种。

1) 选择测时法

选择测时法是间隔选择施工过程中非紧密连接的组成部分(工序和操作)测定工时,因而也称间隔测时法,其精确度达 0.5s。

采用选择法测时,当被观察的某一循环工作的组成部分开始,观察者立即开动秒表;当该组成部分终止,则立即停止秒表。然后,把秒表上指示的延续时间记录到选择法测时记录(循环整理)表上,并把秒针拨回到零点。下一组成部分开始,再开动秒表,如此依次观察,并依次记录下延续时间。

选择测时法比较容易掌握,应用较为广泛。采用这种方法时,应特别注意掌握定时点,否则容易发生偏差。记录时间时仍在进行的工作组成部分,应不予观察。

2) 接续测时法

接续测时法是连续测定一个施工过程的各工序或操作的延续时间,因而也称作连续测时法。接续法测时每次要记录各工序或操作的终止时间,据此计算出本工序的延续时间。

接续测时法记录的资料较选择测时法精确、完善,但观察技术也较之复杂。采用这种方法,在工作进行中和非循环组成部分出现之前一直不停止秒表,秒针走动过程中,观察者根据各组成部分之间的定时点记录它的终止时间。因此,需要使用双针秒表,以便使其辅助针停止在某一组成部分的结束时间上才能确定定时点。

2. 写实记录法

写实记录法是一种研究各种性质的工作时间消耗的方法。采用这种方法,可以获得分析工作时间消耗的全部资料;不仅操作简单、易于掌握,而且能保证必需的精确度。因此,写实记录法在实际中得到了广泛的应用。

写实记录法按记录时间的方法不同分为数示法、图示法和混合法三种。

1) 数示法

数示法是直接用数字记录工时消耗的方法,是三种写实记录中精确度较高的一种。这种方法可以对两个以内的工人进行观察,适用于组成部分较少而且较稳定的施工过程。

2) 图示法

图示法是在规定格式的图表上用时间进度线条表示工时消耗量的一种记录方法。这种方法记录技术简单,时间记录一目了然,原始记录整理方便,可同时对三个以内的工人进行观察。

3）混合法

混合法吸取了数字法和图示法的优点,以时间进度线条表示工序的延续时间,在进度线的上部加写数字表示各时间区段的工人数。混合法适用于三个以上工人的小组工时消耗的测定与分析,其优点是比较经济。

3. 工作日写实法

工作日写实法是一种研究整个工作班内的各种工时消耗的方法,可用于对一个人工、工作班组或一台机械在一个工作日中的全部活动和工时利用情况进行观察、记录和分析。

运用工作日写实法,可以获得观察对象在工作班内工时消耗的全部情况以及产品数量和影响工时消耗的影响因素。因此,这种方法既可以用于取得编制定额的基础资料,也可以用于检查现行定额的执行情况。与测时法和写实记录法相比,工作日写实法具有技术简便、费力不多、应用面广和资料全面的优点,在我国是一种采用较广的编制定额的方法。

4. 简易测定法

简易测定法对前面几种测定方法予以简化,但仍然保持了现场实地观察记录的基本原则。其特点是方法简便、易于掌握、花费人力少、搜集资料多,适用于大量资料的搜集。

2.3　建筑工程消耗量定额

建筑工程消耗量定额由劳动定额、材料消耗定额和机械台班消耗定额三个部分组成,用以规定单位合格建筑产品所需消耗的人工、材料、施工机械台班的数量标准。消耗量定额与《计价规范》配套使用,成为工程计量的重要依据。

2.3.1　劳动定额

1. 劳动定额的概念

劳动定额即人工消耗定额,简称人工定额,它是在正常的施工条件和合理的劳动组织下,完成单位合格产品所必需的劳动消耗的数量标准。这个标准反映的是工人劳动生产率的社会平均先进水平,即大多数工人经过努力可以达到的水平,反映了国家和企业对工人在单位时间内完成产品的数量和质量的综合要求。

劳动定额是一个综合概念,根据用途和适用范围不同,有全国统一劳动定额、地区统一劳动定额和企业内部劳动定额。目前,各地实际应用的劳动定额一般是地区统一消耗量定额或预算定额中的人工消耗量标准。

人工消耗量的计量单位为"工日"。一个工日即为一个建筑安装工人工作一个工作日(通常为 8h)。例如某地方消耗量定额中规定,砌筑砖基础的人工消耗定额为 12.18 工日/(10m³)。

2. 劳动定额的表现形式

劳动定额有时间定额和产量定额两种表现形式。

1) 时间定额

时间定额是指某种专业、某种技术等级的工人或工作班组或,在合理的劳动组织、合理使用材料和施工机械同时配合的条件下,完成单位合格产品所需消耗的工作时间。时间定额中的人工消耗量指标(即工日数)包括了基本工作时间、辅助工作时间、准备与结束时间、不可避免的中断时间以及工人必需的休息时间。

时间定额一般以完成单位产品所消耗的工日来表示。例如,某地区的消耗量定额中,现浇混凝土独立基础的时间定额为 10.58 工日/(10m³),即完成 10m³ 现浇混凝土独立基础需要人工消耗 10.58 工日。

时间定额可按式(2.1)或式(2.2)进行计算

$$个人完成单位产品的时间定额(工日) = \frac{1}{每工产量} \tag{2.1}$$

$$小组完成单位产品的时间定额(工日) = \frac{小组成员工日数总和}{小组台班产量} \tag{2.2}$$

2) 产量定额

产量定额是指在合理的劳动组织、合理的使用材料以及施工机械同时配合的条件下,某种专业、某种技术等级的工人班组或个人,在单位时间内所完成的合格产品的数量。

产量定额一般以每工日生产产品的数量表示。仍以现浇混凝土独立基础为例,其产量定额为 0.945 m³/工日,即工人每工日可完成 0.945m³ 现浇混凝土独立基础。

产量定额可按式(2.3)或式(2.4)进行计算

$$每工产量 = \frac{1}{个人完成单位产品的时间定额} \tag{2.3}$$

$$台班产量 = \frac{小组成员工日数总和}{小组完成单位产品的时间定额} \tag{2.4}$$

3) 时间定额与产量定额的关系

时间定额与产量定额是同一定额的两种不同表现形式,两者是互为倒数的关系,如式(2.5)或式(2.6)所示为

$$时间定额 = \frac{1}{产量定额} \tag{2.5}$$

$$时间定额 \times 产量定额 = 1 \tag{2.6}$$

时间定额以工日为计量单位,便于计算劳动工日数、核算工资、编制施工进度计划;

产量定额以产品数量为计量单位,便于施工小组分配任务、考核劳动生产率。在全国统一劳动定额和各行业或地区颁布的施工定额中,一般同时给出这两项指标。表 2.1 为劳动定额示例,其中横线上方的数字为时间定额,下方的数字为产量定额。

表 2.1　1m³ 砖墙砌体的劳动定额

项目		双面清水				序号
		0.5 砖	1 砖	1.5 砖	2 砖及 2 砖以上	
综合	塔吊	$\dfrac{1.49}{0.671}$	$\dfrac{1.2}{0.833}$	$\dfrac{1.41}{0.377}$	$\dfrac{1.06}{0.943}$	一
	机吊	$\dfrac{1.69}{0.592}$	$\dfrac{1.41}{0.709}$	$\dfrac{1.34}{0.746}$	$\dfrac{1.26}{0.794}$	二
砌砖		$\dfrac{0.996}{1}$	$\dfrac{0.69}{1.45}$	$\dfrac{0.62}{1.62}$	$\dfrac{0.54}{1.85}$	三
运输	塔吊	$\dfrac{0.412}{2.43}$	$\dfrac{0.418}{2.39}$	$\dfrac{0.418}{2.39}$	$\dfrac{0.418}{2.39}$	四
	机吊	$\dfrac{0.61}{1.641}$	$\dfrac{0.619}{1.62}$	$\dfrac{0.619}{1.62}$	$\dfrac{0.619}{1.62}$	五
调制砂浆		$\dfrac{0.081}{12.3}$	$\dfrac{0.096}{10.4}$	$\dfrac{0.101}{9.9}$	$\dfrac{0.102}{9.8}$	六
编号		4	5	6	7	

　　在工程计价定额中,人工消耗量指标一般均以时间定额的形式表示,用以确定分部分项工程的人工消耗量。以某省现行的建筑工程消耗量定额为例,如表 2.2 所示。表中分别给出了用 M5、M7.5 和 M10 水泥砂浆砌筑 10m³ 砖基础所必须消耗的人工(综合工日)、材料(普通黏土砖、水泥砂浆、水)和施工机械(灰浆搅拌机)的消耗量标准。这些消耗量指标包括了完成调运砂浆,运、砌砖和清基槽等工作的全部消耗(见表 2.2 上部"工作内容")。

表 2.2　砖基础消耗量定额

工作内容:调运砂浆,运、砌砖、清基槽。　　　　　　　　　　　　　　　计量单位:10m³

定 额 编 号			3—1	3—2	3—3
项　　　目			砖 基 础 （水泥砂浆）		
			M5	M7.5	M10
名　　　称		单位	数　　量		
综 合 工 日		工日	12.18	12.18	12.18
材料	普通黏土砖 240mm×115mm×53mm	千块	5.236	5.236	5.236
	水泥砂浆 M5	m³	2.36	—	—
	水泥砂浆 M7.5	m³	—	2.36	—
	水泥砂浆 M10	m³	—	—	2.36
	水	m³	1.05	1.05	1.05
机械	灰浆搅拌机 200L	台班	0.39	0.39	0.39

3. 劳动定额的测定

　　定额均是在正常的施工条件下制定的。因此,测定定额之前需要拟定正常的施工条件,然后在此条件下来制定各种定额指标。

1) 拟定正常的施工条件

拟定正常的施工条件就是确定出贯彻定额所应具备的条件,包括以下内容:

(1) 拟定工作地点的组织。工作地点是工人从事施工活动的场所,直接影响工人的工作效率。工作地点的组织应保证工人在操作时不受妨碍,所使用的工具和材料应按使用顺序放置在工人最便于取用的地方,以减少疲劳和提高工作效率。

(2) 拟定工作的组成。拟定工作的组成就是将施工过程按照劳动分工的可能划分为若干工序,以便根据各工序的施工难易程度和技术复杂程度,对不同专业工种和不同技术等级的工人进行合理安排,以充分发挥技术工人的特长。例如,对砖墙体砌筑划分工序后,在一个砌砖小组中,可以安排瓦工来砌内、外砖,检查砌体质量;而搅拌运输灰浆、递砖、填心等一些技术简单的工作则安排辅助工人来完成。

(3) 拟定施工人员编制。拟定施工人员编制就是确定小组人数、技术工人的配备,以及劳动的分工和协作,目的是使每个工人都能充分发挥作用,均衡地担负工作。

2) 劳动定额的测定方法

测定劳动定额时,一般首先确定时间定额,然后根据时间定额计算产量定额(时间定额的倒数)。劳动定额的测定方法有以下几种:

(1) 技术测定法。劳动定额的技术测定法即计时观察法,包括测时法、写实记录法、工作日写实法、简易测定法等,详见 2.2.3 节。这类方法在机械化水平不太高的建筑施工中得到了较为广泛的应用。运用技术测定法可以查明工作时间消耗的性质和数量;查明和确定各种因素对工作时间消耗数量的影响;找出工时损失的原因、研究缩短工时、减少损失的可能性。

(2) 经验估计法。经验估计法是由定额管理人员与技术人员和工人配合,总结个人或集体的实践经验,依照设计图纸和施工规范,通过共同研究、反复平衡来确定定额水平的一种方法。这种方法的优点是简便、速度快,但定额水平易受编制人员的主观影响,往往会有一定的偏差。因此,经验估计法一般只适用于企业内部,作为某些局部项目的补充定额。经验估计法的数据选定方法可计算如下,即

$$M = \frac{a + 4m + b}{6} \tag{2.7}$$

式中:M——定额时间;

　　　a——乐观的时间;

　　　b——保守的时间;

　　　m——最可能时间。

(3) 比较类推法。比较类推法又称典型定额法,是以同类型或相似类型的产品或工序的典型定额项目的定额水平为标准,经过分析比较,类推出同一组定额各相邻项目的定额水平的方法。这种方法简便、工作量小,只要典型定额选择恰当,切合实际,具有代表性,类推出的定额一般比较合理。比较类推法适用于同类型规格多、批量小的施工

过程。

（4）统计分析法。统计分析法就是把以往同类工程或产品的工时消耗统计资料与当前生产技术组织条件的变化因素结合起来进行分析研究以制定劳动定额的方法。这种方法简便易行，比经验估计法拥有较多的原始统计资料。统计分析法适用于条件正常、产品稳定、批量较大、统计工作制度健全的施工过程。

2.3.2　材料消耗定额

1. 材料消耗定额的概念

材料消耗定额，简称材料定额，是指在正常的施工条件下，在合理、节约使用材料的前提下，生产单位合格产品所必须消耗的一定品种、规格的材料的数量标准。这里所说的材料是一个统称，包括建筑材料、燃料、半成品、构配件和水、电、动力等资源。

材料定额消耗量的计量单位，多以材料的自然、物理计量单位表示。自然计量单位主要以实物自身为计量单位，如以"个、件、台、组、块"等；物理计量单位主要是指物质的物理属性，以国际统一的计量标准为计量单位，如体积以立方米（m³）、面积以平方米（m²）、长度以延长米（m）为计量单位。

2. 材料消耗定额的构成

完成单位合格产品的材料总耗用量由两部分组成，即材料的净用量和合理的损耗量，如下式所示为

$$材料总耗用量 = 材料净用量 + 材料损耗量 \qquad (2.8)$$

1）材料净用量

材料净用量是指合格产品上实际净消耗材料的数量。例如，浇筑混凝土消耗的水泥净用量，即指试验室在配料单上规定消耗的数量（kg/m³）；石方开挖爆破消耗的炸药净用量，即经过爆破试验或理论计算需要的数量。

2）材料损耗量

材料损耗量是指材料从现场仓库领出到完成合格产品的生产过程中的合理损耗数量。主要包括不可避免的废料、残余料，以及现场搬运、堆存过程中的损耗。但不包括材料的场外运输损耗和仓库保管损耗，这两部分损耗均列入材料采购保管费，见本书3.1.2节。

材料损耗量用损耗率表示。材料的损耗率一般是指材料损耗量与净用量之比，如式（2.9）所示。由此，材料的总消耗量可用式（2.10）计算。

$$材料损耗率 = \frac{材料损耗量}{材料总耗用量} \times 100\% \qquad (2.9)$$

$$材料总耗用量 = 材料净用量 \times (1 + 材料损耗率) \qquad (2.10)$$

材料费在建筑安装工程费中所占的比例最大，因而材料消耗量确定得合理与否对工

程计价的准确性有着极其重要的影响。材料消耗定额示例见表 2.2。

3. 材料消耗定额的测定方法

施工中所消耗的材料,根据其使用次数的不同,可以分为实体性材料和周转性材料两类。前者是在施工中一次消耗并构成工程实体的材料,如砖砌体中的砖、水泥、砂、水等;后者是在施工中周转使用的材料,一般不构成工程实体,如砌筑工程中的脚手架、现浇混凝土工程中的模板等。这两类材料的定额消耗量的确定方法不同。

1) 实体性材料消耗量的测定方法

实体性材料也称为直接性材料、非周转性材料,其定额消耗量由净用量和不可避免的损耗量构成。实体性材料消耗量的测定方法如下:

(1) 现场技术测定法。现场技术测定法是在合理使用材料的条件下,对施工中实际完成的建筑产品的数量和所消耗的各种材料的数量进行现场观察测定的方法。通过对现场测定资料的分析,可以区分材料损耗中哪些是不可避免的、哪些是可以避免的,进而确定材料的合理损耗量。因此,这种方法通常用于制定材料损耗定额。

(2) 实验室模拟试验法。实验室模拟试验法是通过专门的设备和仪器,在材料实验室中通过试验来研究各种因素对材料消耗的影响,为编制材料消耗定额提供有技术根据的、比较精确的计算数据。这种方法适用于混凝土、砂浆、沥青和油漆等适于在实验室进行试验的材料消耗量的测定,主要用于编制材料净用量定额。应用这种方法,还应考虑实验室条件与现场施工条件的差异,对测出的数据通过现场观察进行校核修正。

(3) 现场统计法。现场统计法是以现场积累的分部分项工程拨付材料数量、完成产品数量和完工后剩余材料数量的统计资料为基础,经过整理和分析来编制材料消耗定额。这种方法简单易行,不需要专门的测定或试验,但因为不能分清材料消耗的性质,所以应该结合施工过程的记录,经过分析研究后,确定材料消耗指标。

(4) 理论计算法。理论计算法是根据施工图纸、建筑构造要求及材料规格,运用一定的公式计算出产品净消耗材料的数量。这种方法只能计算出单位产品的材料净用量,主要适用于有固定形状的制成品材料,如砖、面砖、型钢、玻璃、钢筋混凝土预制构件等。

① 砌筑块材净用量的计算。

a. 1m³ 的 1 砖墙红砖的净用量为

$$\text{砖数(块)} = \frac{1}{(\text{砖宽} + \text{灰缝}) \times (\text{砖厚} + \text{灰缝}) \times \text{砖长}} \tag{2.11}$$

b. 1m³ 的 2 砖墙的红砖净用量为

$$\text{砖数(块)} = \frac{2}{(\text{砖宽} + \text{灰缝}) \times (\text{砖厚} + \text{灰缝})} \times \frac{1}{2 \times \text{砖长} + \text{灰缝}} \tag{2.12}$$

c. 砂浆用量为

$$\text{砂浆(m}^3) = (1\text{m}^3 \text{ 砌体} - \text{砖数的体积}) \times 1.07 \tag{2.13}$$

式中:1.07——砂浆实体积折合为虚体积的系数。

② 装饰面层块材净用量的计算。

以 100m² 为计量单位,其计算见下式为

$$块料数(块) = \frac{100}{(块料长 + 灰缝) \times (块料宽 + 灰缝)} \tag{2.14}$$

2) 周转性材料消耗量的确定方法

周转性材料在施工过程中不是一次性消耗,而是多次周转使用才逐渐耗尽,在使用中需要经过修理、补充。在编制周转性材料消耗定额时,应按多次使用、分次摊销的办法确定其定额摊销量。以现浇混凝土模板为例,其定额摊销量的确定方法如下。

(1) 考虑模板周转使用补充和回收时,现浇混凝土模板摊销量的计算如式(2.15)~式(2.18)所示,即

$$摊销量 = 周转使用量 - 周转回收量 \tag{2.15}$$

$$周转使用量 = 一次使用量 \times \left[\frac{1 + (周转次数 - 1) \times 损耗率}{周转次数} \right] \tag{2.16}$$

$$周转回收量 = \frac{一次使用量 \times (1 - 损耗率)}{周转次数} \tag{2.17}$$

$$损耗率 = \frac{损耗量}{一次使用量} \times 100\% \tag{2.18}$$

(2) 不考虑周转使用补充和回收量,则现浇混凝土模板摊销量可直接按下式计算为

$$摊销量 = \frac{一次使用量}{周转次数} \tag{2.19}$$

2.3.3　机械台班消耗定额

1. 机械台班消耗定额的概念

机械台班消耗定额,又称机械台班使用定额,简称机械台班定额,是在正常的施工条件下,在合理均衡地组织劳动和使用机械的前提下,完成单位合格产品所需机械台班的数量标准。机械台班消耗定额反映了施工机械在单位时间内的生产效率。

机械台班消耗量的计量单位为"台班",即一台机械工作一个作业班时间(8h)。

2. 机械台班消耗定额的表现形式

机械台班消耗定额有两种表现形式:机械时间定额和机械台班产量定额。

1) 机械时间定额

机械时间定额是指在合理的劳动组织与合理使用机械条件下,完成单位合格产品所必须消耗机械台班的数量标准。其完成单位合格产品所必需的工作时间,包括有效工作时间、不可避免的无负荷工作时间和不可避免的中断时间。单位产品机械时间定额的表达式如下式为

$$单位产品机械时间定额(台班) = \frac{1}{机械台班产量} \tag{2.20}$$

由于机械必须由工人小组操作配合,完成单位合格产品的时间定额,需同时列出人

工时间定额,见下式为

$$单位产品人工时间定额（工日） = \frac{小组成员人数}{机械台班产量} \tag{2.21}$$

2) 机械台班产量定额

机械台班产量定额是指在合理的劳动组织与合理使用机械条件下,机械在每个台班时间内应完成合格产品的数量标准。

与劳动定额类似,机械时间定额与机械台班产量定额互为倒数,即

$$机械台班产量定额 = \frac{1}{机械时间定额（台班）} \tag{2.22}$$

在施工定额中,一般同时给出机械时间定额和机械台班产量定额两项指标。在工程计价定额中,机械台班消耗定额一般均以机械时间定额的形式表示,用以确定分部分项工程的机械台班消耗量,如表 2.2 所示。

3. 机械台班消耗定额的编制方法

1) 拟定机械工作的正常条件

机械工作与人工操作相比,劳动生产率在更大的程度上要受到施工条件的影响。拟定机械工作正常条件,主要包括以下内容:

(1) 工作地点的合理组织,包括对施工地点机械和材料的放置位置、工人从事操作的场所做出科学合理的平面布置和空间安排。

(2) 施工机械作业方法和工作班制的拟定。

(3) 配合机械作业的施工小组的组织。

2) 确定机械净工作的生产率

确定机械净工作的生产率也就是确定机械纯工作 1h 所生产产品的数量。

3) 确定机械利用系数

机械利用系数是指机械在工作班内对工作时间的利用率,计算式如下,即

$$机械利用系数 = \frac{工作班净工作时间}{机械工作班时间} \tag{2.23}$$

例如,某施工机械每班净工作时间为 6.8h,则该机械的利用系数为:6.8h/8h＝0.85。

4) 确定机械台班定额

(1) 确定机械台班产量定额,计算式如下,即

机械台班产量定额 ＝ 机械净工作生产率 × 工作班延续时间 × 机械利用系数

$$\tag{2.24}$$

(2) 确定机械时间定额,计算式如下,即

$$机械时间定额 = \frac{1}{机械台班产量定额} \tag{2.25}$$

5）拟定工人小组的定额时间

工人小组的定额时间是配合施工机械作业的工人小组的工作时间的总和，可按式（2.21）计算。

2.4　建筑工程基础定额与预算定额

2.4.1　建筑工程基础定额

1. 基础定额的概念

基础定额是在一定时期、一定生产力水平下，确定一定计量单位的分项工程或结构构件所需消耗的人工、材料和施工机械台班的数量标准。基础定额是国家或地方颁发的一种基础性和指导性指标，是工程建设中一项重要的技术经济文件。

建筑工程基础定额是指由建设部于 1995 年发布的《全国统一建筑工程基础定额》（GJD-101—95），它是反映建筑工程物质消耗内容的一种定额。2001 年年底，建设部颁布了《全国统一建筑装饰装修工程消耗量定额》（GYD-901—2002），并规定该定额与《全国统一建筑工程基础定额》（以下简称《基础定额》）相同的项目，均以该定额为准，该定额未列的项目则按《基础定额》相应项目执行。

《基础定额》是全国统一、通用的定额，是统一全国建筑工程预算定额项目划分、计量单位和工程量计算规则的依据。《基础定额》所规定的人工、材料和机械台班消耗指标，是在正常的生产条件、社会平均的劳动熟练程度和劳动强度下，建筑施工企业完成规定计量单位合格建筑产品应该达到的最起码的标准。《基础定额》中的各项规定和指标，通常成为各地方编制《建筑工程预算定额》或《建筑工程消耗量定额》的依据。

2. 建筑工程基础定额的内容

1）定额说明

为配合定额使用，定额中均有关于定额编制情况、适用对象、使用方法等方面的文字说明。《基础定额》的说明主要包括总说明、章说明；与之配套的《全国统一建筑工程预算工程量计算规则》（GJD$_{Gz}$-101—95）主要包括总则、建筑面积计算规则和土建工程预算工程量计算规则等内容。

2）定额项目表

定额项目表是定额的主体内容，其中规定了人工、材料和机械台班的消耗量指标，并给出了该定额项目相应的工作内容和计量单位等内容。《基础定额》项目表的示例如表 2.3 所示。

表 2.3　基础定额现浇混凝土定额项目(板)

工作内容:1. 混凝土水平运输。

　　　　2. 混凝土搅拌、捣固、养护。　　　　　　　　　　　　　　　　　计量单位:10m³

定 额 编 号		5—417	5—418	5—419	5—420
项　　目	单位	有梁板	无梁板	平板	拱板
人工　综合工日	工日	13.07	12.21	13.51	19.58
材　　现浇混凝土 C20	m³	10.15	10.15	10.15	10.15
草袋子	m³	10.99	10.51	14.22	4.50
料　　水	m³	12.04	11.65	12.89	10.09
机　　混凝土搅拌机 400L	台班	0.63	0.63	0.63	0.63
混凝土振捣器(插入式)	台班	0.63	0.63	0.63	0.63
械　　混凝土振捣器(平板式)	台班	0.63	0.63	0.63	0.63

3) 定额附录

《基础定额》附录包括混凝土配合比表,耐酸、防腐剂特种砂浆、混凝土配合比表,抹灰砂浆配合比表和砌筑砂浆配合比表。附录中提供的数据,是确定定额消耗量的基础,如实际情况与定额不同且允许换算时,可据此进行定额指标的换算。

3. 基础定额的编制依据

基础定额应反映现行施工技术和管理水平,其编制依据主要包括:

(1) 现行的劳动定额、材料消耗定额、机械台班定额和施工定额。

(2) 现行的设计规范、施工验收规范、质量评定标准和安全操作规程。

(3) 常用的标准图和选定的典型工程施工图。

(4) 成熟的新技术、新结构、新材料、新工艺。

(5) 施工现场测定资料、实验资料和统计资料。

(6) 过去颁布的基础定额及编制基础定额编基础资料。

2.4.2 建筑工程预算定额

1. 预算定额的概念

预算定额是指在正常的施工条件下,完成一定计量单位合格的分项工程或结构构件所需消耗的人工、材料和机械台班的数量标准。预算定额是一种计价性的定额,它是计算建筑安装产品价格的基础。

由于专业性质不同,预算定额包括很多种类,如建筑工程预算定额(土建工程)、市政工程预算定额、园林绿化工程预算定额,以及机械设备、电气设备、给水排水、通风空调、自动化控制等各类安装工程预算定额。

建筑工程预算定额一般是在《基础定额》的基础上,考虑了不同地区的气候条件、物质条件、资源条件和交通运输条件等特点,由各省、自治区、直辖市制定,只在规定的地区范围内使用。为了便于工程计价,很多地区的预算定额除了规定人工、材料和施工机械台班的消耗量标准外,还配有与定额项目一一对应的基价表,其中给出了一定计量单位的分项工程或结构构件的人工费、材料费和施工机械使用费单价。

2. 预算定额的作用

(1) 预算定额是编制施工图预算、确定建筑安装工程造价的基础。预算定额是编制施工图预算时,确定人工、材料、机械台班消耗量及定额基价,正确计算建筑安装工程造价的基础之一。

(2) 预算定额是编制施工组织设计的依据。施工单位在缺乏企业定额的情况下,参照预算定额也能比较准确地测算出施工中所需的人工、材料、机械台班的需要量,为编制施工组织设计、有计划地组织材料采购和预制构件加工、劳动力和施工机械的调配提供了可靠的依据。

(3) 预算定额是工程结算的依据。工程结算时,可根据施工工程量、施工合同,结合预算定额计算出工程价款。

(4) 预算定额是施工单位进行经济活动分析的依据。预算定额规定的人工、材料、机械台班的消耗指标应该作为施工企业生产中允许消耗的最高标准,因而可以成为评价企业经济效益的重要工具。

(5) 预算定额是编制概算定额的基础。概算定额是在预算定额的基础上经综合扩大编制的。

(6) 预算定额是编制招标标底、招标控制价、投标报价的基础。在招投标阶段,招标方所编制的标底、招标控制价,一般均参照预算定额编制。施工企业的报价也可以以预算定额为参考。

3. 预算定额的内容

预算定额一般以单位工程为对象编制,按分部工程分章,章以下为节,节以下为定额子目,每一个定额子目代表一个与之相对应的分项工程。建筑工程预算定额手册一般由以下内容构成。

(1) 建设部或各省、自治区、直辖市及行业主管部门的造价管理机构发布的文件。该文件明确规定了预算定额的执行时间、适用范围,并说明了预算定额手册的解释权和管理权。

(2) 预算定额的总说明。总说明主要包括以下内容:

① 预算定额的指导思想、目的、作用以及适用范围。

② 预算定额的编制原则、编制的主要依据及有关编制精神。

③ 预算定额中的一些共性问题,主要包括:人工、材料、机械台班消耗量的确定方法;人工、材料、机械台班消耗量允许换算的原则;预算定额考虑的因素、未考虑的因素及未包括的内容;其他一些共性的问题等。

(3) 建筑面积计算规则。建筑面积计算规则严格、系统地规定了建筑面积的计算范围和计算规则,使全国各地区的同类房屋建筑的计量具有科学的可比性。

（4）分部工程定额说明。预算定额中的各章按分部工程排列,在章说明中介绍了该分部中所包括的主要分项工程的内容,规定了各分项工程工程量的计算规则以及使用本章定额应用中的一些具体问题的处理方法和计算附表等。

（5）分项工程定额项目表。分项工程定额项目表是预算定额的主体,其中给出了各项定额指标。表 2.4 是某省现行建设工程预算定额（土建）中砖基础定额项目。在项目表的表头说明了该分项工程的工作内容,表中标明了定额的编号、项目名称、计量单位,列有人工、材料、机械台班消耗量指标和工资标准（或工资等级）、材料预算价格、机械台班单价,以及据此计算出的人工费、材料费、机械费和汇总的定额基价。有的项目表下部还列有附注,说明了表中数据的调整方法以及其他应说明的问题。

表 2.4　砖基础预算定额

工作内容:调运砂浆,运、砌砖,清基槽。　　　　　　　　　　　　　　　　　计量单位:10m³

定　额　编　号				4—1	4—2	4—3
项　　　　目				砖　基　础　（水泥砂浆）		
				M5	M7.5	M10
基　价/元				1306.90	1359.94	1418.05
其中	人　工　费/元			278.68	278.68	278.68
	材　料　费/元			1009.11	1062.15	1120.26
	机　械　费/元			19.11	19.11	19.11
名　　　称		单位	单价	数　　　量		
综　合　工日		工日	22.88	12.18	12.18	12.18
材料	普通黏土砖(240mm×115mm×53mm)	千块	134.38	5.236	5.236	5.236
	砂浆	m³	—	(2.36)	(2.36)	(2.36)
	水泥 425#	kg	0.39	496.00	632.00	781.00
	砂(净中砂)	m³	45.42	2.41	2.41	2.41
	水	m³	1.65	1.57	1.57	1.57
机械	灰浆搅拌机 200L	台班	49.00	0.39	0.39	0.39

（6）预算定额附录。附录是配合预算定额使用的一部分内容,列在预算定额的后面。附录的内容一般包括砂浆配合比表、混凝土配合比表、材料及机械台班预算价格及其他价格资料等。

将表 2.4 与表 2.2 对比可见,预算定额与消耗量定额的最大差异在于预算定额中含有定额基价,而消耗量定额中没有价格数据。定额基价一般是通过编制单位估价表计算求得的。

2.4.3　单位估价表

1. 单位估价表的概念

1) 单位估价表

单位估价表是以货币形式确定一定计量单位的分部分项工程或结构构件单价的计

算表。单位估价表是确定工程单价的工具,它是在拟定分部分项工程或结构构件人工、材料、机械台班标准消耗量和相应的人工、材料、机械台班单价的基础上,通过计算、汇总后形成工程单价的。单位估价表的形式如表 2.5 所示。

表 2.5　单位估价

计量单位:10m³

序号	项　目		单位	单价/元	数　量	合　价
1	人　工　费		工日	×××	19.64	×××
1	材料费	普通黏土砖(240mm×115mm×53mm)	千块	×××	5.51	×××
2		水泥砂浆 M5	m³	×××	2.13	×××
3		水	m²	×××	1.10	×××
5	机械费	灰浆搅拌机 200L	台班	×××	0.35	×××
6	合计/元			—		×××

2) 单位估价汇总表

单位估价汇总表是将单位估价表中的各个子项目的单价,分别按其中的人工费、材料费、施工机械使用费等费用项目汇总起来而形成的表格。其项目划分和单位估价表是相互对应的,只是略去了单位估价表中人工、材料和机械台班的消耗数量,保留了单位估价表中的人工费、材料费、机械费等费用项目。单位估价汇总表的形式如表 2.6 所示。

表 2.6　单位估价汇总

序号	定额编号	项　目	单位	单价/元	其中		
					人工费/元	材料费/元	机械费/元
1	3—31	1 砖混水砖墙　混合砂浆 M2.5	10m³	×××	×××	×××	×××
2	3—32	1 砖混水砖墙　混合砂浆 M5	10m³	×××	×××	×××	×××
3	3—33	1 砖混水砖墙　混合砂浆 M7.5	10m³	×××	×××	×××	×××
4	3—34	1 砖混水砖墙　混合砂浆 M10	10m³	×××	×××	×××	×××

2. 单位估价表的编制

编制单位估价表,首先以定额为依据,确定分部分项工程的人工、材料、机械台班消耗量;再根据地区市场价格,确定相应的人工单价、材料单价、机械台班单价;最后将上述三个“量”与对应三个“价”相乘,得到人工费、材料费、机械费,并将三项费用汇总得到定额基价。这一编制过程可以用下式表示为

$$定额基价 = 人工费 + 材料费 + 机械费$$

$$= \sum (定额人工消耗量 \times 人工单价)$$

$$+ \sum (定额材料消耗量 \times 材料单价)$$

$$+ \sum (定额机械台班消耗量 \times 机械台班单价) \qquad (2.26)$$

可见,表 2.4 所示定额项目表实质上是以单位估价表的形式来表现的。然而,由于人工、材料和机械台班单价随市场的变化而波动,其稳定性较定额消耗量指标要差。因此,很多地区将单位估价表与预算定额分开,单独编制定额"基价表",与定额配套使用,其中的定额项目划分、计量单位等均与配套定额一一对应。这样,在定额相对稳定的情况下,基价表可以根据市场情况及时地进行调整。

2.4.4　预算定额的应用

1. 预算定额的直接套用

当设计图纸与定额项目的内容相一致时,可直接套用预算定额中的工料消耗量指标及预算单价(基价),并据此计算该分项工程的工、料、机需用量及直接工程费。

【例 2.1】　某工程砌筑砖基础(M5 水泥砂浆)180m³,试计算完成该分项工程所需的直接工程费并进行工料分析。

解　套用表 2.4 所示定额表计算,定额编号:4-1。

(1) 计算分项工程直接工程费。

分项工程直接工程费=定额基价×工程量=1306.90 元/10m³×180m³=23 524.2 元

其中

人工费=278.68 元/10m³×180m³=5 016.24 元

材料费=1 009.11 元/10m³×180m³=18 163.98 元

施工机械使用费=19.11 元/10m³×180m³=343.98 元

(2) 进行工料分析。

① 人工消耗量为

$$12.18 \ 工日/10m³×180m³=219.24 \ 工日$$

② 材料消耗量为

普通黏土砖(240mm×115mm×53mm):　5.236 千块/10m³×180m³=94.248 千块

水泥 425$^\#$:　　　　　　　　　　　　496kg/10m³×180m³=8928kg

砂(净中砂):　　　　　　　　　　　　2.41m³/10m³×180m³=43.38m³

水:　　　　　　　　　　　　　　　　1.57m³/10m³×180m³=28.26m³

③ 机械台班消耗量为

$$0.39 \ 台班/10m³×180m³=7.02 \ 台班$$

2. 预算定额的换算

当设计图纸要求与定额项目的内容不一致时,为了能计算出设计图纸内容要求项目的直接工程费及工料消耗量,需要对预算定额项目与设计内容要求之间的差异进行调整,这就是预算定额的换算。对预算定额进行换算必须以定额说明关于定额换算的具体规定为依据,定额不允许换算的项目,不得换算。

预算定额的换算,主要有混凝土、砌筑砂浆强度等级的换算、抹灰砂浆种类或配合比的换算以及木材体积的换算等。混凝土和砂浆的换算是较为常见的,定额换算的原则

是：混凝土（砂浆）用量不发生变化，只换算其材料构成的差异及因此导致的分项工程单价的差异，换算方法如下式所示为

换算后基价＝原定额基价＋定额混凝土（砂浆）用量×［换入混凝土（砂浆）单价

　　　　　　－换出混凝土（砂浆）单价］　　　　　　　　　　　　　（2.27）

【例 2.2】　某工程框架柱，施工图设计要求是 C35 钢筋混凝土矩形柱（断面周长1.8m 以外），试确定该框架柱的定额基价及单位材料用量。

解　预算定额中矩形柱采用的是 C25（碎石 20mm、中砂、水泥 425♯）低流动性混凝土（定额基价为 3011.38 元/10m³），则必须将 C25 混凝土的基价换算为 C35 混凝土的基价，但混凝土的消耗量保持不变，定额规定为 9.86m³/10m³。

（1）确定换入、换出混凝土的单价（碎石 20mm、中砂）。查附录混凝土配合比表，可得：

C25 混凝土单价：229.56 元/m³（水泥 425♯）；

C35 混凝土单价：241.73 元/m³（水泥 525♯）。

（2）基价的换算

换算后基价＝3011.38 元/10m³＋9.86 m³/10m³×（241.73 元/m³－229.56 元/m³）

　　　　　　＝3131.38 元/10m³

（3）换算后材料用量分析。查混凝土配合比表，得 C35 混凝土材料用量：水泥 525♯为 398.00kg/m³；碎石 20mm 为 0.83m³/m³；中砂为 0.44 m³/m³。由此可计算换算后的材料用量：

水泥 525♯：　　398.00kg/m³×9.86 m³/10m³＝3924.28 kg/10m³

碎石 20mm：　　0.83m³/m³×9.86 m³/10m³＝8.18 m³/10m³

中砂：　　　　0.44 m³/m³×9.86 m³/10m³＝4.34 m³/10m³

3. 预算定额的补充

当设计的分部分项工程既不能直接套用预算定额，又不能对预算定额进行换算或调整时，则需编制补充预算定额。

2.5　企 业 定 额

2.5.1　企业定额的概念及特点

1. 企业定额的概念

企业定额是工程施工企业根据本企业的技术水平和管理水平，编制制定的完成单位合格产品所必需的人工、材料和施工机械台班消耗量，以及其他生产经营要素消耗的数量标准。

企业定额是由企业自行编制，只限于本企业内部使用，它反映了企业的施工生产与生产消费之间的数量关系，是施工企业生产力水平的体现。企业的技术和管理水平不

同,企业定额的定额水平也就不同。企业定额水平要以企业"平均先进"的水平为准,一般应高于国家现行定额,只有这样才能满足生产技术发展、企业管理和市场竞争的需要。

2. 企业定额的特点

作为企业定额,必须具备以下特点:
(1) 其各项平均消耗要比社会平均水平低,体现其先进性。
(2) 可以表现本企业在某些方面的技术优势。
(3) 可以表现本企业局部或全面管理方面的优势。
(4) 所有匹配的单价都是动态的,具有市场性。
(5) 与施工方案能全面接轨。

2.5.2　企业定额的作用

在工程计价中,企业定额是施工企业投标报价的依据。除此之外,企业定额在企业的日常管理中还发挥着重要的作用。

1) 企业定额是施工企业计划管理的依据

施工作业计划是施工单位计划管理的中心环节,其内容主要是包括资源需用量、资源供应时间和平面规划三部分。编制施工作业计划时,可以运用企业定额计算劳动量和施工机械使用量,合理安排施工形象进度;计算材料、构件等需用量,结合形象进度确定分期需用量和供应时间。

2) 企业定额是编制施工预算、进行成本管理、经济核算的基础

施工预算以企业定额为基础进行编制,作为控制施工中各项支出的依据。企业定额是根据本企业的人员技能、施工机械装备程度、现场管理和企业管理水平制定的,按企业定额计算得到的工料消耗量反映了企业的施工消耗水平,所计算的工程费用是企业进行施工生产所需的成本。因此,企业定额为企业的成本管理和经济核算提供了依据。

3) 企业定额是施工企业投标报价的主要依据

企业定额的定额水平反映出企业施工生产的技术水平和管理水平,在确定工程投标价格时,首先是依据企业定额计算出施工企业拟完成投标工程需发生的计划成本。在掌握工程成本的基础上,再根据投标项目所处的环境和建设条件,确定预计工程风险费用和在该工程上拟获得的利润等,从而确定投标价格。因此,企业定额是施工企业计算投标报价的基础。

4) 企业定额是施工企业组织和指挥施工生产的有效工具

企业定额直接反映本企业的施工生产力水平,可以在施工管理中用于签发施工任务单、签发限额领料单以及结算计件工资或计量奖励工资等。运用企业定额可以更合理地组织施工生产,有效确定和控制施工中人力、物力消耗,节约成本开支,提高经济效益。

2.5.3　企业定额的编制

1. 企业定额消耗量指标的确定

编制企业定额最关键的工作是确定人工、材料和机械台班的消耗量,以及计算分项工程单价或综合单价。具体测定和计算方法同前述施工定额及基础定额的编制。

人工消耗量的确定,首先是根据企业环境,拟定正常的施工作业条件,分别计算测定基本用工和其他用工的工日数,进而拟定施工作业的定额时间。

材料消耗量的确定,是通过企业历史数据的统计分析、理论计算、实验试验、实地考察等方法计算确定材料包括周转材料的净用量和损耗量,从而拟定材料消耗的定额指标。

机械台班消耗量的确定,同样需要按照企业的环境,拟定机械工作的正常施工条件,确定机械净工作率和利用系数,据此拟定施工机械作业的定额台班和与机械作业相关的工人小组的定额时间。

2. 生产要素价格的确定

1) 人工的价格

人工价格一般情况下可按地区劳务市场价格计算确定。人工单价最常见的是日工资,通常是根据工种和技术等级的不同分别计算人工单价,有时可以简单地按专业工种将人工粗略划分为结构、精装修、机电三大类,然后按每个专业需要的不同等级人工的比例综合计算人工单价。

2) 材料价格

按市场价格计算确定,应为供货方将材料运至工地现场堆放地或工地仓库的价格,包括材料的生产成本、包装费、利润、税金、运输费、装卸费和其他相关的所有费用。进口材料的价格,也应是材料到达施工现场的价格,包括材料出厂价、运输费、运输保险费、装卸费、进口税、采购费、仓储费及其他相关的费用。

3) 施工机械价格

施工机械价格最常用的是台班价格,它包括机械设备的折旧费、安装拆卸费、燃料动力费、操作人工费、维修保养费、辅助工具和材料消耗费等。确定施工机械台班单价时,首先要测算为维持机械正常运转而必须支出的各项费用,如机械燃料、动力费用,机械开行、维护人员的费用等;其次,还要将机械的购置费用、修理费用和机械的安装、拆卸费用,以分摊的方式计入每台班的机械单价之中。

上述生产要素价格的具体计算方法,可参照第 2 章 2.2.2 节的相关内容,结合本企业劳动力的来源、材料的采购途径和施工机械装备情况确定。

3. 费用指标的确定

1) 措施费用指标的确定

措施费用指标,可通过对本企业以往在各类工程中所采用的措施项目及其实施效果进行对比分析,选择技术可行、经济效益好的措施方案,再通过经济技术分析,确定其各类资源消耗量,作为本企业内部推广使用的措施费用指标。

2) 管理费用指标和利润指标的确定

编制管理费用指标可选择有代表性的工程,将工程中实际发生的各项管理费用支出金额进行核定,剔除其中不合理的开支项目后汇总,测算管理费用率。

利润指标可根据某些有代表性工程的利润水平,通过分析对比,参考建筑市场同类企业的利润水平,进行综合取定。

复习思考题

1. 什么是工程定额? 建设工程定额有哪些种类?

2. 什么是施工过程? 具备哪些特征的施工过程称为工序?

3. 工人工作时间和机械工作时间分别由哪些部分构成? 其中哪些内容应纳入定额?

4. 工作时间研究的方法有哪些?

5. 劳动定额有哪些表现形式? 如何测定劳动定额?

6. 材料消耗定额指标由哪两部分内容构成? 材料消耗定额的测定方法有哪些?

7. 机械台班定额有哪些表现形式? 如何编制机械台班定额?

8. 建筑工程基础定额与预算定额有什么关系? 当地常用的工程计价定额有哪些?

9. 预算定额有哪些作用?

10. 什么是单位估价表? 单位估价表与预算定额是什么关系?

11. 预算定额应用中有哪些情况需要注意?

12. 什么是企业定额? 有什么作用?

习　　题

1. 某工程条型基础土方,在机械不能施工的地方有湿土 128m³ 需要人工开挖,Ⅱ类土,挖土深度 1.6m。试根据地方预算定额计算完成该分项工程的直接工程费。

2. 某工程现浇 C30 钢筋混凝土柱 60m³,试根据地方预算定额计算完成该分项工程所需要的直接工程费及各种工料消耗量。

3. 某工程框架梁,设计要求采用现浇 C35 钢筋混凝土,试根据地方预算定额计算框架梁的换算价格及单位材料用量。

第3章 工程单价的确定

本章提示：

本章分别介绍了人工、材料、机械台班单价的构成及确定方法；工料单价和综合单价的内容及编制方法。通过本章的学习，掌握人工、材料、机械台班等生产要素单价以及工程单价的测算原理及方法，为正确进行工程计价奠定坚实基础。

3.1 生产要素单价

3.1.1 人工单价

1. 人工单价的含义

人工单价是指一个建筑安装生产工人一个工作日应计入工程造价的全部费用。在我国，人工单价一般以工日计量（单位为：元/工日）。这里所说的人工单价是指生产工人的人工费用，企业经营管理人员的人工费用不属于人工单价的概念范围。

2. 人工单价的构成

依据建标［2003］206 号关于印发《建筑安装工程费用项目组成》的通知中的有关规定，我国现行建筑安装工程人工单价由基本工资、工资性质的补贴、生产工人辅助工资、职工福利费、生产工人劳动保护费构成。

1）基本工资

基本工资是指依据国家规定，工人在单位时间（日或月）内按照不同的工资等级所取得的工资数额。

2）工资性补贴

生产工人工资性补贴是指为了补偿工人额外或特殊的劳动消耗以及为了保证工人的工资水平不受特殊条件影响，而以补贴形式支付给工人的劳动报酬，它包括按规定标准发放的物价补贴，煤、燃气补贴，交通费补贴，住房补贴，流动施工津贴及地区津贴等。

3）生产工人辅助工资

生产工人辅助工资是指生产工人年有效施工天数以外非作业天数的工资，包括职工学习、培训期间的工资，调动工作、探亲、休假期间的工资，因气候影响的停工工资，女工哺乳时间的工资，病假在 6 个月以内的工资及产、婚、丧假期的工资。

4) 职工福利费

职工福利费是指按规定标准计提的职工福利费。它主要用于职工的医药费（包括企业职工参加职工医疗保险交纳的医疗保险费）、医务人员的工资、医务经费、职工生活困难补助、职工浴室、幼儿园工作人员的工资及按国家规定开支的其他职工福利支出。

5) 生产工人劳动保护费

生产工人劳动保护费是指按规定标准发放的劳动保护用品的购置费及修理费，徒工服装补贴，防暑降温费，在有碍身体健康环境中施工的保健费用等。

3. 综合人工单价的确定

综合人工单价是根据综合取定的不同工种、不同技术等级的工人的人工单价以及相应的工时比例进行加权平均所得的不同技术等级的工人的平均人工单价。它反映了工程建设中生产工人人工单价的一般水平，是我国的人工单价的主要形式。

目前，各地工程造价管理部门一般都测定了本地区的综合人工单价，作为工程计价依据。有的地区还公布了人工单价的最低标准，要求发包单位与承包单位签订施工承包合。同时，其人工单价不得低于发布的当地最低人工工资单价。招标单位编制工程标底或招标控制价时，其人工单价应按照市场人工单价计取，但其优惠下浮后体现的人工单价不得低于发布的当地最低工资单价。投标单位编制工程投标报价时，可根据企业自身的经营状况确定工资单价，但不得低于发布的当地最低工资单价，否则将被视为低于其成本价。

3.1.2 材料单价

1. 材料单价的概念

材料单价是指材料从其来源地（或交货地点）到达施工现场仓库（或堆放地点）后出库的综合单位平均价格。它包含了从材料的采购、运输、现场储存保管直至出库之前多个环节所发生的费用。

2. 材料单价的构成

材料单价由材料的供应价格、材料运杂费、运输损耗费、采购及保管费和检验试验费构成。

1) 材料供应价格

材料供应价格即材料的进价，包括材料原价和供销部门手续费两部分。

(1) 材料原价，是指材料的出厂价格、进口材料抵岸价或销售部门的批发牌价和零售价。其中，抵岸价是指进口材料抵达买方边境港口或边境车站，且缴完关税等费用后形成的价格。

（2）供销部门手续费，是指材料需要通过物资部门供应而发生的经营管理费用。

2）材料运杂费

材料运杂费是指材料自来源地运至工地仓库或指定堆放地点所发生的全部费用。它包括运费、装卸费、运输保险费、调车和驳船费、附加工作费、过境过桥费用以及上交必要的管理费等，具体内容取决于运输的方式和所运输材料的性质。

3）材料运输损耗费

运输损耗费是指材料从供货地点运输至施工现场的过程中，由于不可避免的损耗而增加的费用。这部分运输损耗属于"场外运输损耗"，而"场内运输损耗"与施工操作损耗和不可避免的废料一起纳入材料消耗定额中，见第 2 章 2.3.2 节。

4）材料采购及保管费

采购及保管费是指材料采购部门在组织采购、供应和保管材料过程中所需要的各项费用，它包括采购费和工地保管费两部分。

（1）材料采购费，指采购人员的工资、办公费、差旅及交通费、通信费等。

（2）工地保管费，指仓库的固定资产使用费、工具用具使用费、保管人员的费用、进库卸车后的码垛费、过磅清理费以及材料储存损耗等费用。

5）材料检验试验费

检验试验费是指对建筑材料、构件和建筑安装物进行一般鉴定、检查所发生的费用，包括自设试验室进行试验所耗用的材料和化学药品等费用；不包括新结构、新材料的试验费和建设单位对具有出厂合格证明的材料进行检验、对构件做破坏性试验及其他特殊要求检验试验的费用。

对有出厂合格证明的材料进行检验，若经检验材料合格，其检验费应由提出检验方承担；若经检验不合格，其检验费应由材料供应方承担。

3. 材料单价的确定方法

1）材料供应价格

（1）材料原价的确定。如果同一种材料由于有不同来源地、供货单位或生产厂家而导致有几种原价，可根据不同货源的供货数量比例，采取加权平均的方法确定其综合原价，即

$$C = \sum_{i=1}^{n} C_i K_i \tag{3.1}$$

式中：C——加权平均综合原价；

　　　C_i——第 i 种来源材料的原价；

　　　K_i——第 i 种来源材料的供货比例。

$$K_i = \frac{Q_i}{Q} \tag{3.2}$$

式中：Q_i——第 i 种来源材料的数量；

　　　Q——材料总数量。

【例 3.1】　某工程项目需 425# 水泥 6400t，拟从 3 个生产厂家采购。从甲厂采购 2800t，出厂价 3600 元/t；从乙厂采购 1200t，出厂价 3800 元/t；从丙厂采购 2400t，出厂价 3500 元/t。试求该工程 425# 水泥的原价。

解　$K_甲 = \dfrac{Q_甲}{Q} = \dfrac{2800t}{6400t} = 0.437$

　　$K_乙 = \dfrac{Q_乙}{Q} = \dfrac{1200t}{6400t} = 0.188$

　　$K_丙 = \dfrac{Q_丙}{Q} = \dfrac{2400t}{6400t} = 0.375$

　　$C = C_甲 K_甲 + C_乙 K_乙 + C_丙 K_丙$

　　　$= 3600\ 元/t × 0.437 + 3800\ 元/t × 0.188 + 3500\ 元/t × 0.375$

　　　$= 3600\ 元/t$

　　该工程 425# 水泥的原价为 3600 元/t。

（2）供销部门手续费一般按地区物资管理部门规定的费率，采用下式计算为

　　　　供销部门手续费 ＝ 材料原价 × 供销部门手续费率　　　　　　　(3.3)

供销部门手续也可能按规定的单位重量手续费计算为

　　　　供销部门手续费 ＝ 材料净重 × 供销部门单位重量手续费　　　　(3.4)

2）材料运杂费

（1）材料运输费根据不同的运输方式确定，公路、水路运输按交通部门规定的运价计算；铁路运输按铁道部门规定的运价计算。

（2）装卸费按规定的费用标准计算，或以运输费为基础，乘以费率计算。

（3）其他杂费发生时按具体规定计算。

同一品种的材料有若干个来源地或采取不同运输方式时，应采用加权平均的方法计算材料运杂费，如下式所示为

$$T = \sum_{i=1}^{n} T_i K_i \tag{3.5}$$

式中：T——加权平均运杂费；

　　　T_i——第 i 种来源地（或运输方式）材料的运杂费；

　　　K_i——第 i 种来源地（或运输方式）材料的供货比例，参照式(3.2)计算。

3）材料运输损耗费

材料运输损耗费可以单独列项计算，也可以列入材料运杂费。计算方法见下式为

　　　　材料运输损耗费 ＝（材料供应价格 ＋ 运杂费）× 材料运输损耗率　　(3.6)

主要材料的运输损耗率如表 3.1 所示。

表 3.1　主要材料运输损耗率

材料种类	损耗率/%	材料种类	损耗率/%
各种标准砖及黏土空心砖瓦	2.0	陶管、瓷管、瓷制品	3.0
实心砌块	1.5	块状沥青	1.0
耐火砖	1.0	桶装沥青	3.0
水泥、石棉、玻纤瓦	1.5	石墨制品	2.0
生石灰	3.0	石灰膏	1.5
石膏、耐火泥、烧碱	1.0	缸砖、面砖、瓷砖	3.0
河砂、炉渣、石屑	2.5	混凝土管、水泥电杆	0.5
空心砌块	2.5	毛石	0.5
袋装水泥	1.0	煤、焦炭	1.0
散装水泥	2.5	混凝土、石块、石板	1.0
玻璃及制品	4.0	条石、方整石	1.0
砾石、蛭石、珍珠岩、米石子	2.0	石膏板、石棉瓦、钙塑板类	2.0

4）材料采购及保管费

材料采购及保管费一般按规定费率计算，如下式所示为

材料采购及保管费 ＝（材料供应价＋运杂费＋运输损耗费）× 采购保管费率

$$(3.7)$$

采购保管费率，一般建筑材料为 3%，钢材、木材、水泥为 2.5%，安装材料及暖卫设备为 1.5%。凡由建设单位供应的材料，施工单位一般可按采购保管费的 70% 计取保管费。

5）材料检验试验费

材料检验试验费一般按费率计算，即

$$材料检验试验费 ＝ 材料原价 × 检验试验费率 \qquad (3.8)$$

【例 3.2】　某工程所用材料，经货源调查后确定由甲、乙、丙三地供货。其中，甲地可供货 30%，原价 190 元/t；乙地可供货 45%，原价 191.8 元/t；丙地可供货 25%，原价 194.5 元/t。甲地为水路运输，运输距离 118km，运费 0.45 元/(km·t)，装卸费 3.5 元/t，途中损耗 3%；乙、丙两地为汽车运输，运输距离分别为 82km 和 58km，运费 0.53 元/(km·t)，装卸费 3.6 元/t，途中损耗 2.8%。材料采购保管费率 2.5%，检验试验费率 2.8%。试计算该材料单价。

解　（1）材料供应价格的计算。加权平均原价按式（3.1）计算，不计供销部门手续费。

$$C=\sum_{i=1}^{n}C_iK_i = 190\,元/t×0.3+191.8\,元/t×0.45+194.5\,元/t×0.25$$
$$= 191.94\,元/t$$

（2）运杂费的计算

① 分别计算甲、乙、丙各地的运杂费为

$$T_甲 = 0.45 \text{ 元}/(\text{km} \cdot \text{t}) \times 118\text{km} + 3.5 \text{ 元}/\text{t} = 56.6 \text{ 元}/\text{t}$$

$$T_乙 = 0.53 \text{ 元}/(\text{km} \cdot \text{t}) \times 82\text{km} + 3.6 \text{ 元}/\text{t} = 47.06 \text{ 元}/\text{t}$$

$$T_丙 = 0.53 \text{ 元}/(\text{km} \cdot \text{t}) \times 58\text{km} + 3.6 \text{ 元}/\text{t} = 34.34 \text{ 元}/\text{t}$$

② 加权平均运杂费按式（3.5）计算为

$$T = \sum_{i=1}^{n} T_i K_i = 56.6 \text{ 元}/\text{t} \times 0.3 + 47.06 \text{ 元}/\text{t} \times 0.45 + 34.34 \text{ 元}/\text{t} \times 0.25$$

$$= 46.74 \text{ 元}/\text{t}$$

（3）运输损耗费的计算。

① 参照式（3.5）的原理，计算加权平均损耗率为

$$3\% \times 0.3 + 2.8\% \times (0.45 + 0.25) = 2.86\%$$

② 按式（3.6）计算运输损耗费为

$$(191.94 + 46.74) \text{ 元}/\text{t} \times 2.86\% = 6.83 \text{ 元}/\text{t}$$

（4）采购及保管费的计算［见式（3.7）］为

$$(191.94 + 46.74 + 6.83) \text{ 元}/\text{t} \times 2.5\% = 6.14 \text{ 元}/\text{t}$$

（5）检验试验费的计算［见式（3.8）］为

$$191.94 \text{ 元}/\text{t} \times 2.8\% = 5.37 \text{ 元}/\text{t}$$

（6）材料单价的计算为

$$(191.94 + 46.74 + 6.83 + 6.14 + 5.37) \text{ 元}/\text{t} = 257.02 \text{ 元}/\text{t}$$

3.1.3　施工机械台班单价

1. 施工机械台班单价的概念

施工机械台班单价是指一台施工机械在正常运转的条件下，一个台班中所支出和分摊的各种费用之和。

施工机械台班单价中，首先要包括为维持机械正常运转而必须支出的各项费用，如机械燃料、动力费用，机械开行、维护人员的费用等。其次，还要将机械的购置费用、修理费用和机械的安装、拆卸费用，以分摊的方式计入每台班的机械单价之中。

2. 施工机械台班单价的构成

施工机械台班单价由 7 项费用构成。按照各项费用的特点，将其划分为两类。

1）第一类费用

第一类费用也称不变费用。这类费用属于分摊性质的费用，不因施工地点和施工条件不同而发生变化，不管机械开行与否均发生，其大小与机械工作年限直接相关。第一类费用由下述 4 项费用构成。

（1）折旧费，指施工机械在规定的使用年限内，陆续收回其原值及购置资金的时间价

值的费用。

（2）大修理费，指施工机械按规定的大修理间隔台班进行必要的大修理，以恢复其正常功能所需的费用。

（3）经常修理费，指施工机械除大修理以外的各级保养和临时故障排除所需的费用。包括为保障机械正常运转所需替换设备，随机配备工具、附具的摊销和维护费用，机械运转及日常保养所需润滑、擦拭的材料费用以及机械停滞期间的维护和保养费用等。

（4）安拆费及场外运输费，其中安拆费是指施工机械在现场进行安装与拆卸所需的人工、材料、机械费和试运转费用；以及机械辅助设施的折旧、搭设、拆除等费用；场外运输费是指施工机械整体或分体自停放地点运至施工现场或由一施工地点运至另一施工地点的运输、装卸、辅助材料及架线等费用。

安拆费及场外运输费，根据施工机械的类型不同有三种计费方式：①工地间移动较为频繁的小型机械和部分重型机械，其安拆费及场外运输费计入台班单价；②移动有一定难度的特、大型（包括少数中型）机械，其安拆费和场外运输费单独计算，划归措施费；③不需要安装、拆卸，且自身又能开行的机械，或固定在车间，无需安装、拆除、运输的机械，不计算的安拆费及场外运输费。

2）第二类费用

第二类费用也称可变费用。这类费用属于支出性质的费用，是机械在施工运转时发生的费用，其数额常因施工地点和施工条件的变化而变化，它的大小与机械工作台班直接相关。第二类费用由下述三项费用构成：

（1）人工费，指机上司机（司炉）和其他操作人员的工作日人工费及上述人员在施工机械规定的年工作台班以外的人工费。

（2）燃料动力费，指施工机械在运转作业中所消耗的固体燃料（煤、木柴）、液体燃料（汽油、柴油）及水、电等的费用。

（3）其他费用，指与施工机械相关的税费，包括按照国家和有关部门规定应缴纳的车船使用税、年检费以及保险费等。各地工程造价管理部门测算的施工机械台班预算单价中一般计入养路费和车船使用税，但是实行成品油价税费改革后，原来计入施工机械台班单价的养路费已经取消。

3．施工机械台班单价的确定方法

1）折旧费

施工机械每台班的折旧费的按下式计算为

$$台班折旧费 = \frac{机械预算价格 \times (1 - 残值率) \times 时间价值系数}{耐用总台班} \quad (3.9)$$

式（3.9）中各项说明如下：

（1）机械预算价格，指机械原价（国产机械的出厂价格或进口机械的到岸价）加上供销部门手续费和机械从交货地点（或口岸）运至使用单位机械管理部门的全部运杂费。

运输机械的预算价格,还需加上购置附加费。机械预算价格可按下式计算

$$机械预算价格 = 原价 \times (1 + 购置附加费率) + 手续费 + 运杂费 \qquad (3.10)$$

(2)残值率,指机械报废时回收的净残值占机械预算价格的比率。该值按有关文件规定执行:运输机械 2%、掘进机械 5%,其他特大型机械 3%、中小型机械 4%。

(3)时间价值系数,指购置施工机械的资金在施工过程中随时间的推移而产生的单位增值。该值按下式计算为

$$时间价值系数 = 1 + \frac{(n+1)}{2}i \qquad (3.11)$$

式中:n——该类机械的折旧年限;

i——年折现率,按编制期银行贷款利率确定。

(4)耐用总台班。指机械在正常施工条件下,从投入使用起到报废为止,按规定应达到的使用总台班数。其计算按下式所示为

$$耐用总台班 = 折旧年限 \times 年工作台班 = 大修间隔台班 \times 大修周期 \qquad (3.12)$$

① 折旧年限,指施工机械逐年计提固定资产折旧的年限,可参照国家财政部对施工企业固定资产折旧年限的有关规定取值。

② 年工作台班,可根据有关部门对各类主要机械近年的统计资料分析确定。

③ 大修间隔台班,指机械自投入使用起至第一次大修止或自上一次大修后投入使用起至下一次大修止,应达到的使用台班数。

④ 大修周期,指机械正常的施工作业条件下,将其寿命期按规定的大修理次数划分为若干个周期。其计算按下式所示为

$$大修周期 = 寿命期大修理次数 + 1 \qquad (3.13)$$

2)大修理费

施工机械每台班大修理费的计算如下式所示为

$$台班大修理费 = \frac{一次大修理费 \times 寿命期内大修理次数}{耐用总台班} \qquad (3.14)$$

【例 3.3】 某施工机械的成交价格为 120 万元,运杂费为 3600 元,银行贷款利率为 6%。该机械的折旧年限为 8 年,耐用总台班为 3500 台班,大修理间隔台班为 1000 台班,一次大修理费为 15 000 元,残值率为 2.5%。试求该施工机械的台班折旧费和大修理费。

解 (1)台班折旧费的计算

$$机械预算价格 = 1\ 200\ 000\ 元 + 3600\ 元 = 1\ 203\ 600\ 元$$

$$时间价值系数 = 1 + \frac{(n+1)}{2}i = 1 + \frac{(8+1)}{2} \times 6\% = 1.27$$

$$台班折旧费 = \frac{1\ 203\ 600\ 元 \times (1 - 2.5\%) \times 1.27}{3500\ 台班} = 425.82\ 元/台班$$

(2)台班大修理费的计算。由式(3.12)得

$$大修周期 = \frac{耐用总台班}{大修理间隔台班} = \frac{3500\ 台班}{1000\ 台班} = 3.5(取\ 4)$$

由式(3.13)得

$$寿命期大修次数＝大修周期－1＝4－1＝3$$

$$台班大修理费＝\frac{15\ 000\ 元×3}{3500\ 台班}＝12.86\ 元/台班$$

3) 经常修理费

施工机械每台班经常修理费的计算按下式所示为

$$台班经常修理费＝\frac{\sum(各级保养一次费用×寿命期各级保养总次数)＋临时故障排除费}{耐用总台班}$$

$$＋\frac{替换设备及工具附具费＋例保辅料费}{耐用总台班} \tag{3.15}$$

当经常修理费用数值难以确定时,台班经常修理费可以按下式计算为

$$台班经常修理费 ＝ 台班大修理费×K \tag{3.16}$$

式中:K——机械台班经常维修系数,是根据典型机械测算的台班经常修理费与台班大修理费的比值,按下式所示为

$$K＝\frac{机械台班经常修理费}{机械台班大修理费} \tag{3.17}$$

4) 安拆费及场外运输费

台班安拆费及场外运输费分别按不同机械型号、重量、外形体积以及不同的安拆和运输方式测算年平均安拆、运输次数,作为计算依据。

台班安拆费可按式(3.18)及式(3.19)计算,即

$$台班安拆费＝\frac{机械一次安拆费×年平均安拆次数}{年工作台班}＋台班辅助设施摊销费$$

$$\tag{3.18}$$

$$台班辅助设施摊销费＝\frac{辅助设施一次费用×(1－残值率)}{辅助设施耐用台班} \tag{3.19}$$

台班场外运输费可按下式计算为

$$台班场外运费＝\frac{(一次运输及装卸费用＋辅助材料一次摊销费＋一次架线费)×年平均场外运输次数}{年工作台班}$$

$$\tag{3.20}$$

5) 人工费

台班人工费可按下式计算为

$$台班人工费 ＝ 机上人工消耗量×\left(1＋\frac{年制度工作日－年工作台班}{年工作台班}\right)×人工单价$$

$$\tag{3.21}$$

其中年制度工作日是指年日历无数扣除规定公休日和辅助工资年非工作日后的天数。

6) 燃料动力费

台班燃料动力费可按下式计算为

$$台班燃料动力费 = \sum (台班燃料动力消耗量 \times 燃料动力单价) \qquad (3.22)$$

7）其他费用

其他费用应按照各省、自治区、直辖市规定的标准计算后列入机械台班单价，其计算方法参照下式确定。其他费用的具体内容，应根据现行规定、结合实际情况确定为

$$台班其他费用 = \frac{年车船使用税 + 年保险费 + 年检费用}{年工作台班} \qquad (3.23)$$

4. 施工机械台班费用定额的应用

为配合工程量清单计价的开展，很多地方都编制颁发了《施工机械台班费用定额》，可以在计算机械台班费用时查用或参考。以某省施工机械台班费用定额为例，其主要内容包括三个部分。

1）说明及计算规则

介绍了该"台班费用定额"的制定依据、施工机械的分类、机械台班费用的构成以及各项费用的计算规则、各项价格数据等。

2）施工机械台班价格

将常用施工机械分为 12 个类别，即土石方及筑路机械、桩工机械、起重机械、水平运输机械、垂直运输机械、混凝土及砂浆机械、加工机械、泵类机械、焊接机械、动力机械、地下工程机械、其他机械。依次列出各种常用施工机械的台班单价、费用组成、人工及燃料动力用量。表 3.2 是灰浆搅拌机的台班价格示例。

表 3.2　灰浆搅拌机的台班价格

编码	机械名称	规格型号	机型	台班单价/元	费用组成							人工及燃料动力用量	
					折旧费/元	大修理费/元	经常修理费/元	安拆费及场外运费/元	人工费/元	燃料动力费/元	其他费用/元	人工/工日	电/(kW·h)
												26.57	0.95
06016	灰浆搅拌机	拌筒容量/L	200	小	58.55	3.70	0.83	3.32	5.47	37.05	8.18		1.00	8.61
06017			400	小	63.72	4.59	0.44	1.76	5.47	37.05	14.41		1.00	15.17

表 3.2 中人工单价为 26.57 元/工日，电单价为 0.95 元/(kW·h)。

3）基础数据

与 2）部分各种机械对应，列出了台班单价测算中使用的各项基础数据。表 3.3 为灰浆搅拌机台班单价的基础数据。

表 3.3　灰浆搅拌机台班单价基础数据

编码	机械名称	规格型号	机型	折旧年限/年	预算价格/元	残值率/%	年工作台班/台班	耐用总台班/台班	大修理次数/次	一次大修理费/元	一次安拆及场外运费/元	年平均安拆次数/次	K值
06016	灰浆搅拌机	拌筒容量/L 200	小	8~10	5250	4	180	1750	1	1444	246	4.00	4.00
06017		400	小	8~10	6510	4	180	1750	1	768	246	4.00	4.00

【例 3.4】　某企业投标报价需确定 400L 灰浆搅拌机的台班单价。根据目前市场情况,经测算,灰浆搅拌机的预算价格为 7 200 元,人工单价为 54 元/工日,电费为 1.54 元/(kW·h)。若折旧年限取定 10 年,年折现率为 5.76%,试参照地区施工机械台班费用定额(表 3.2 和表 3.3)计算该灰浆搅拌机的台班单价。

解　表 3.2 中的 400L 灰浆搅拌机的定额台班单价为 63.72 元/台班,对其中的台班折旧费和人工费、电费进行调整。

(1) 计算台班折旧费

$$时间价值系数 = 1 + \frac{(n+1)}{2}i = 1 + \frac{(10+1)}{2} \times 5.76\% = 1.32$$

$$台班折旧费 = \frac{机械预算价格 \times (1 - 残值率) \times 时间价值系数}{耐用总台班}$$

$$= \frac{7200 \, 元 \times (1 - 4\%) \times 1.32}{1750 \, 台班} = 5.21 \, 元/台班$$

(2) 计算台班人工费和电费

$$台班人工费 = 54 \, 元/工日 \times \frac{37.05}{26.57} \, 工日/台班 = 72.30 \, 元/台班$$

$$台班电费 = 1.54 \, 元/(kW·h) \times 15.17 \, kW·h/台班$$
$$= 23.36 \, 元/台班$$

(3) 计算机械台班单价

$$机械台班单价 = (63.72 - 4.59 - 37.05 - 14.41$$
$$+ 5.21 + 72.30 + 23.36) \, 元/台班$$
$$= 108.54 \, 元/台班$$

3.2　工　程　单　价

3.2.1　工程单价的概念及分类

1. 工程单价的含义

工程单价是单位假定建筑安装产品的价格。所谓假定建筑安装产品,可能是分项工程、结构构件,也可能分部工程,具体范围取决于工程计价的形式。工程单价所含费用的范围也是不确定的,它是由具体的工程计价模式和计价方法决定。

2. 分部分项工程单价的种类

1) 按工程单价的用途分类

（1）预算单价。通过编制地区单位估价表及设备安装价目表所确定的单价，用于编制施工图预算。如预算定额中的"定额基价"即为预算单价。

（2）概算单价。通过编制扩大的单位估价表所确定的单价，用于编制设计概算。如概算定额中的"概算价值"即为概算单价。

2) 按工程单价的适用范围分类

（1）地区单价，指根据特定地区性定额和价格等资料编制的，在该地区范围内使用的工程单价。

（2）个别单价，指为适应个别工程编制概算或预算的需要而计算出工程单价。

（3）企业定额单价，指由施工企业编制的与企业定额配套使用的工程单价。

3) 按工程单价的综合程度分类

（1）工料单价。工程单价中包括人工费、材料费和施工机械使用费，因而也可称为直接工程费单价。传统计价模式下的工程单价即为工料单价，如预算定额中的"定额基价"。

（2）综合单价。根据工程单价所综合的费用范围不同，可进一步划分为全费用综合单价和部分费用综合单价。

① 全费用综合单价。工程单价中包含直接费、间接费、利润、税金等全部费用。

② 部分费用综合单价。工程单价中除包含人工费、材料费和施工机械使用费外，还包含其他费用，但不是全部费用。

3.2.2　工料单价的编制

1. 工程单价的编制依据

1) 工程定额

工程单价中人工、材料、施工机械台班消耗的种类和数量，需要依据相应的定额指标取定。工程单价的编制主体和编制目不同，所依据的工程定额也是不同的。例如，编制地区统一的预算单价和概算单价分别依据预算定额和概算定额，编制投标报价中的工程单价依据企业定额。除此之外，还有施工机械台班费用定额等。

2) 人工、材料和机械台班单价

工程单价除了要依据工程定额确定分部分项工程的人工、材料、施工机械的消耗数量外，还必需依据人工、材料和施工机械三项"价"的因素，才能计算出分部分项工程的人

工费、材料费和机械费,进而计算出工料单价。

2. 工料单价的编制方法

工料单价的编制过程可以用下式表示为

$$
\begin{aligned}
\text{分部分项工程单价} &= \text{人工费单价} + \text{材料费单价} + \text{机械费单价} \\
&= \sum(\text{定额人工消耗量} \times \text{人工单价}) \\
&\quad + \sum(\text{定额材料消耗量} \times \text{材料单价}) \\
&\quad + \sum(\text{定额机械台班消耗量} \times \text{机械台班单价}) \quad (3.24)
\end{aligned}
$$

【例 3.5】　某地区预算定额现浇混凝土有梁板工料单价(即定额基价)编制示例。

解　应用单位估价表编制,如表 3.4 所示。经计算汇总,有梁板定额基价为 2 607.75 元/10m³。

表 3.4　有梁板单位估价

计量单位:10m³

序号	项　目		单位	单价/元	数 量	合价/元
1	人工费		工日	26.57	13.07	347.27
2	材料费	低流动混凝土 C20 碎石 15mm	m³	202.44	10.15	2 054.77
3		水	m³	7.50	12.04	90.30
4		草袋子	m²	2.55	10.99	28.02
5	机械费	混凝土搅拌机 400L	台班	115.65	0.63	72.86
6		混凝土振动器 插入式	台班	10.46	0.63	6.59
7		混凝土振动器 平板式	台班	12.61	0.63	7.94
8	合计/元			—		2 607.75

3. 工料单价法计价

工料单价法是以分部分项工程量乘以工料单价后的合计为直接工程费,直接工程费汇总后另加措施费、间接费、利润、税金生成工程承发包价。传统计价模式下的预算单价法和实物法均为工料单价法。两种方法的不同之处在于工料单价的来源不同,预算单价法采用地区统一的定额基价;实物法采用的是依据人工、材料、施工机械的市场价格测算出来的工料单价。

按照建设部第 107 号部令《建筑工程施工发包与承包计价管理办法》的规定,工料单价法因取费基数不同,其计价程序分为三种。

(1)以直接费为取费基础(表 3.5)。

表 3.5　以直接费为计算基础的工料单价法计价程序

序　号	费　用　项　目	计　算　方　法
1	直接工程费	$\sum$（工料单价×分项工程量）
2	措施费	按规定标准计算
3	直接费小计	(1)+(2)
4	间接费	(3)×相应费率
5	利润	[(3)+(4)]×相应利润率
6	合计	(3)+(4)+(5)
7	含税造价	(6)×(1+相应税率)

（2）以人工费和机械费为取费基础（表 3.6）。

表 3.6　以人工费和机械费为计算基础的工料单价法计价程序

序　号	费　用　项　目	计　算　方　法
1	直接工程费	$\sum$（工料单价×分项工程量）
2	直接工程费中人工费和机械费	
3	措施费	按规定标准计算
4	措施费中人工费和机械费	
5	直接费小计	(1)+(3)
6	人工费和机械费小计	(2)+(4)
7	间接费	(6)×相应费率
8	利润	(6)×相应利润率
9	合计	(5)+(7)+(8)
10	含税造价	(9)×(1+相应税率)

（3）以人工费为取费基础（表 3.7）。

表 3.7　以人工费为计算基础的工料单价法计价程序

序　号	费　用　项　目	计　算　方　法
1	直接工程费	$\sum$（工料单价×分项工程量）
2	直接工程费中人工费	
3	措施费	按规定标准计算
4	措施费中人工费	
5	小计	(1)+(3)
6	人工费小计	(2)+(4)
7	间接费	(6)×相应费率
8	利润	(6)×相应利润率
9	合计	(5)+(7)+(8)
10	含税造价	(9)×(1+相应税率)

3.2.3　综合单价的编制

1. 全费用综合单价

全费用综合单价的内容包括直接工程费、间接费、利润和税金等全部费用。由于在大多数情况下,措施费需要单独计价,不包括在分部分项工程综合单价中。措施费采用综合单价计价,其计算方法与分部分项工程综合单价计算方法一致。

按照建设部第 107 号部令《建筑工程施工发包与承包计价管理办法》的规定,各分项工程可根据其材料费占人工费、材料费、机械费合计的比例(以字母"C"代表该项比值),在以下三种计算程序中选择一种确定其综合单价。

1) 以直接工程费为计算基础

当 $C > C_0$(C_0 为本地区原费用定额测算所选典型工程材料费占人工费、材料费和机械费合计的比例)时,可采用以人工费、材料费、机械费合计为基数计算该分项的间接费和利润。其计算程序如表 3.8 所示。

表 3.8　以直接工程费为计算基础的综合单价计算程序

序　号	费　用　项　目	计　算　方　法
1	分项直接工程费	人工费＋材料费＋机械费
2	间接费	(1)×相应费率
3	利润	[(1)＋(2)]×相应利润率
4	合计	(1)＋(2)＋(3)
5	全费用综合单价	(4)×(1＋相应税率)

2) 以人工费和机械费合计为计算基础

当 $C < C_0$ 值的下限时,可采用以人工费和机械费合计为基数计算该分项的间接费和利润。其计算程序如表 3.9 所示。

表 3.9　以人工费和机械费为计算基础的综合单价计算程序

序　号	费　用　项　目	计　算　方　法
1	分项直接工程费	人工费＋材料费＋机械费
2	其中人工费和机械费	人工费＋机械费
3	间接费	(2)×相应费率
4	利润	(2)×相应利润率
5	合计	(1)＋(3)＋(4)
6	全费用综合单价	(5)×(1＋相应税率)

3) 以人工费为计算基础

若该分项的直接费仅为人工费,无材料费和机械费时,可采用以人工费为基数计算该分项的间接费和利润。其计算程序如表 3.10 所示。

表 3.10　以人工费为计算基础的综合单价法计价程序

序　号	费　用　项　目	计　算　方　法
1	分项直接工程费	人工费＋材料费＋机械费
2	直接工程费中人工费	人工费
3	间接费	(2)×相应费率
4	利润	(2)×相应利润率
5	合计	(1)＋(3)＋(4)
6	全费用综合单价	(5)×(1＋相应税率)

2. 部分费用综合单价

编制部分费用综合单价,应在工料单价的基础上,再按照综合单价所含的费用范围,另外计算除直接工程费以外的其他费用,经汇总而成。

工程量清单计价模式下的综合单价即为部分费用综合单价,由人工费、材料费、机械费、管理费、利润构成,其确定方法见本书 4.4.2 节。

复习思考题

1. 人工单价由哪几部分费用构成? 如何计算?
2. 什么是材料单价? 材料单价由哪些费用构成?
3. 如果一种材料因来源地不同而有几种价格时,如何确定材料原价?
4. 机械台班单价由哪些费用组成?
5. 施工机械台班折旧费和大修理费分别如何计算?
6. 什么是工料单价、综合单价? 它们的计算程序有哪些?

第4章 工程量清单计价

本章提示:

本章介绍了工程量清单的概念及作用;工程量清单的内容和编制方法;工程量清单计价依据;工程量清单计价的适用范围;工程量清单计价的程序与方法;工程量清单综合单价的费用构成;综合单价的计算过程;综合单价的组价公式。

通过本章的学习,熟悉工程量清单计价的概念,理解工程量清单及计价的编制原理和方法,掌握综合单价的计算过程。

4.1 工程量清单的编制

4.1.1 工程量清单的概念

工程量清单是一种用来表达建设工程的分部分项工程项目、措施项目、其他项目、规费项目和税金项目的名称及相应数量等的明细清单。在招标投标活动中,工程量清单是招标文件不可分割的一部分,是对招标人和投标人都具有约束力的重要文件,是招标投标活动的依据,也是投标人进行报价的依据。由于工程量清单的编制专业性强,内容复杂,对编制人的业务技术水平要求高,能否编制出完整、严谨的工程量清单,直接影响招标的质量,是招标成败的关键。因此,《计价规范》规定了工程量清单应由具有编制招标文件能力的招标人或具有相应资质的中介机构进行编制。

工程量清单中工程量应反映拟建工程的全部内容及为实现这些工程内容而进行的其他工作。施工企业在工程建设过程中,要完成以下工程内容,即设计图纸所要求的实体性工程,为形成实体工程而采取的措施性工作,以及招标人提出的一些与工程建设有关的特殊要求。

4.1.2 工程量清单的作用

工程量清单是工程量清单计价的基础,应作为计算工程量,确定招标控制价、投标报价,支付工程款、调整合同价款、办理竣工结算以及工程索赔等的依据。它供建设各方计价时使用,并为投标者提供一个公开、公平、公正的竞争环境,是评标、询标的基础,也为竣工时调整工程量、办理工程结算及工程索赔提供重要依据。工程量清单的作用主要体现在以下五个方面:

(1)为投标者提供一个公开、公平、公正的竞争环境。

(2)是计价和询标、评标的基础。

(3)为施工过程中支付工程进度款提供依据。

(4)为办理工程结算、竣工结算及工程索赔提供了重要依据。

（5）设有控制价的招标工程，招标人利用工程量清单编制控制价格，供评标时参考。

4.1.3　工程量清单的内容和编制依据

工程量清单应由分部分项工程量清单、措施项目清单、其他项目清单、规费项目清单、税金项目清单组成。编制工程量清单的主要依据包括：

（1）《计价规范》。

（2）国家或省级、行业建设主管部门颁发的计价依据和办法。

（3）建设工程设计文件。

（4）与建设工程项目有关的标准、规范、技术资料。

（5）招标文件及其补充通知、答疑纪要。

（6）施工现场情况、工程特点及常规施工方案。

（7）其他相关资料。

4.1.4　工程量清单的编制方法

1. 分部分项工程量清单的编制

分部分项工程量清单编制应满足两个方面要求：一是要规范管理，以形成全国统一的建筑市场；二是要便于计价，使施工企业能够在同一起跑线上竞争。为此，建设主管部门以国家标准的形式，强制性规定了招标人在编制工程量清单时必须遵守的"四统一"规则，即统一项目编码，统一项目名称，统一计量单位，统一工程量计算规则。

1）遵守统一与灵活结合的项目编码体系

项目编码是分部分项工程量清单项目名称的数字标识。采用编码体系的目的是方便数据的计算机处理，加快工程造价信息化管理进程。分部分项工程量清单编码采用五级编码设置，以 12 位阿拉伯数字表示，前 9 位为项目名称编码，全国统一，不得变动；后 3 位是项目特征编码，应根据拟建工程的工程量清单项目名称设置，由清单编制人自行编制。同一招标工程的项目编码不得有重码，编码顺序按 001、002、…排列。这是一种统一与灵活相结合的编码方式，能够满足同一个分部分项工程由于采用不同工艺，不同材料时的编码要求。

关于项目编码的具体规定如下：

（1）五级编码设置。

五级编码设置用十二位阿拉伯数字表示，各级编码代表含义如下：

① 第一级表示分类码（二位）：01 为建筑工程；02 为装饰装修工程；03 为安装工程；04 为市政工程；05 为园林绿化工程；06 为矿山工程。

② 第二级表示章顺序码（二位）。

③ 第三级表示节顺序码（二位）。

④ 第四级表示清单项目码（三位）。

⑤ 第五级表示具体清单项目码（三位）。

（2）项目编码结构。以建筑工程为例的项目编码结构如图 4.1 所示。

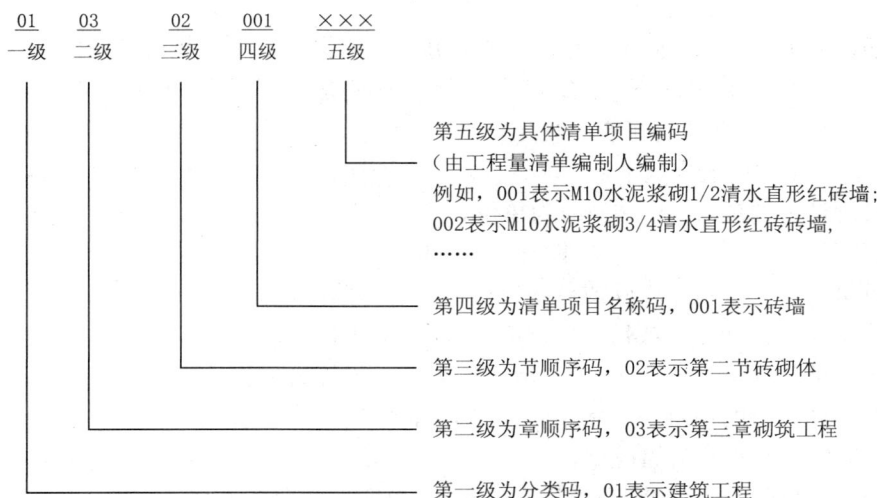

图 4.1　项目编码结构

2）遵守统一的项目名称

项目名称的描述包括以下两个部分：

第一部分是"分项工程项目名称"，它与规范编码前 9 位编码结合即为分项工程的名称和编码，如同一个人的名和号，两者同义，各有用途，编码主要是便于计算机编程识别。分项工程名称和编码是捆绑在一起的。

第二部分是"清单项目特征描述"，它是对项目的准确描述，是影响价格的因素，是设置具体清单项目的依据。项目特征按不同工程部位、施工工艺或材料品种、规格分别列项。凡项目特征中未描述的其他独有特征，由清单编制人视项目具体情况确定，以准确描述清单项目为准。例如，某项目的砌筑工程分项的工程量清单如表 4.1 所示。

表 4.1　分部分项工程量清单

项目编码	项目名称	计量单位	工程数量
010302001001	实心砖墙： 1. 砖砌 1 砖外墙 2. MU10 灰砂砖，规格：240mm×115mm×53mm 3. M7.5 水泥石灰砂浆砌筑	m^3	46.30
010302001002	实心砖墙： 1. 砖砌 1/2 砖内墙 2. MU10 灰砂砖，规格：240mm×115mm×53mm 3. M7.5 水泥石灰砂浆砌筑	m^3	28.96

3）统一计量单位

按照国际惯例，工程量的计量单位均采用基本单位计量。以往各省市定额中对于同一分项的计量单位有可能不一致。例如，砖墙，有些是"m^3"计量单位，有些是"m^2"计量单位，《计价规范》对此进行了统一规定。

（1）计量单位的规定。

以长度计量的项目——米(m)为单位；

以面积计量的项目——平方米(m^2)为单位；

以重量计量的项目——吨或者千克(t 或 kg)为单位；

以体积与容积计量的项目——立方米(m^3) 为单位；

以自然单位计量的项目——个、台、套、个、组、樘等为单位；

没有具体数量的项目——宗、项等为单位。

（2）工程量有效数字的规定。

以"吨"为单位，应保留小数点后三位小数，第四位四舍五入。

以"立方米"、"平方米"、"米"为单位，应保留小数点后两位小数，第三位四舍五入。

以"台"、"套"、"个"、"项"等自然计量单位，应取整数。

4）统一工程量计算规则

每一个工程量清单项目都有一个对应的工程量计算规则，这个规则全国统一，各省、自治区、直辖市的工程量清单，均要依据工程量清单规则计算。

（1）依据统一的工程量计算规则，计算出的工程量应是实际量（或称净量），一般不包括采用施工措施而增加的量或各类损耗，该部分在综合单价中考虑，这与国际通用做法（FIDIC）是一致的。例如，挖地槽不包括因放坡、工作面而增加的量；钢筋不包括因损耗而增加的量。

（2）工程量计算规则，不应含有施工企业施工方法的条款。例如，挖土方项目，不应有人工挖土与机械挖土之分，至于采取哪种方法，企业应根据自身特点以及市场状况等分析确定。

（3）工程量计算规则，不应包括施工措施性内容，如脚手架、垂直运输机械、施工排水等。

编制工程量清单出现《计价规范》附录中未包括的项目，编制人应做补充，并报省级或行业工程造价管理机构备案，省级或行业工程造价管理机构应汇总报往住房和城乡建设部标准定额研究所。补充项目的编码由附录的顺序码与 B 和三位阿拉伯数字组成，并应从×B001 起顺序编制，同一招标工程的项目不得重码。工程量清单中需附有补充项目的名称、项目特征、计量单位、工程量计算规则、工程内容。

2. 措施项目清单编制

措施项目是为完成工程项目施工而发生于该工程施工准备和施工过程中的技术、生活、安全、环境保护等方面的非工程实体项目。措施项目清单应根据拟建工程的实际情况把这些非工程实体的项目一一列项。在编制措施项目清单时,应考虑在工程施工前和施工过程中将要出现的多种因素,除工程本身的因素外,还要涉及水文、气象、环境、安全等因素,这些因素和实际情况在"措施项目一览表"中列出,作为编制拟建工程措施项目清单时选择参考。

措施项目分为通用措施项目和专业工程的措施项目两类。通用措施项目一般是指各专业工程均可列出的措施项目,可按表 4.2 选择列项。专业工程的措施项目是指各专业工程根据各专业要求,按相应专业列出的措施项目。专业工程包括建筑工程、装饰装修工程、安装工程、市政工程和矿山工程,按《计价规范》附录中规定的项目选择列项。若出现《计价规范》未列的项目,可根据工程实际情况补充,并在"序号"栏中以"补"字表示。

表 4.2　通用措施项目一览

序　号	项　目　名　称
1	安全文明施工(含环境保护、文明施工、安全施工、临时设施)
2	夜间施工
3	二次搬运
4	冬雨季施工
5	大型机械设备进出场及安拆
6	施工排水
7	施工降水
8	地上、地下设施。建筑物的临时保护设施
9	已完工程及设备保护

编制措施项目清单时,首先,要根据拟建工程的实际情况,确定正常情况下发生的安全文明施工、环境保护等通用项目;其次,要参照施工技术方案及现场条件,确定二次搬运、夜间施工、降水、排水等项目;第三,要根据有关施工规范,确定施工技术方案没有表述、但实际必然发生的技术措施;第四,根据招标文件提出的具体要求,设置必须采取一定措施才能实现的项目。

措施项目中可以计算工程量的项目清单宜采用分部分项工程量清单的方式编制,列出项目编码、项目名称、项目特征、计量单位和工程量计算规则;不能计算工程量的项目清单,以"项"为计量单位。

3. 其他项目清单编制

其他项目清单宜按照下列内容列项:

(1)暂列金额。招标人在工程量清单中暂定并包括在合同价款中的一笔款项。用于施工合同签订时尚未确定或者不可预见的所需材料、设备、服务的采购,施工中可能发生的工程变更、合同约定调整因素出现时的工程价款调整以及发生的索赔、现场签证确认等的费用。

(2)暂估价。招标人在工程量清单中提供的用于支付必然发生但暂时不能确定价格的材料的单价以及专业工程的金额,包括材料暂估单价、专业工程暂估价。

(3)计日工。在施工过程中,完成发包人提出的施工图纸以外的零星项目或工作,按合同中约定的综合单价计价。

（4）总承包服务费。总承包人为配合协调发包人进行的工程分包自行采购的设备、材料等进行管理、服务以及施工现场管理、竣工资料汇总整理等服务所需的费用。

由于工程建设标准的高低、工程的复杂程度、工程的工期长短、工程的组成内容等直接影响其他项目清单的具体内容，所以其他项目清单应当根据工程的实际情况，进行编制。不足部分，清单编制人可做补充，补充项目应列在清单项目最后，并在"序号"栏中以"补"字表示。

4. 规费项目清单

规费是根据省级政府或省级有关权力部门规定必须缴纳的，应计入建筑安装工程造价的费用。规费项目清单应按照下列内容列项：

（1）工程排污费。

（2）工程定额测定费。

（3）社会保障费，包括养老保险费、失业保险费、医疗保险费。

（4）住房公积金。

（5）危险作业意外伤害保险。

如果出现以上未列的项目，应根据省级政府或省级有关权力部门的规定列项。

5. 税金项目清单

税金是国家税法规定的应计入建筑安装工程造价内的税种。税金项目清单应包括下列内容：

（1）营业税。

（2）城市维护建设税。

（3）教育费附加。

如果出现以上未列的项目，应根据税务部门的规定列项。

4.1.5　工程量清单格式

工程量清单格式应由下列内容组成，各种表格的标准形式参见附录。

1. 封面

封面上应当有招标人、法定代表人签字、盖章，如果是委托中介机构编制的，还应当有中介机构法定代表人签字盖章。同时，必须要有相应造价工程师的签字、盖执业专用章。

2. 填表须知

《计价规范》规定的填表须知如下：

（1）工程量清单及其计价格式中所有要求签字、盖章的地方，必须由规定的单位和人员签字、盖章。

（2）工程量清单及其计价格式中的任何内容不得随意删除或涂改。

（3）工程量清单计价格式中列明的所有需要填报的单价和合价，投标人均应填报，未填报的单价和合价，视为此项费用已包含在工程量清单的其他单价和合价中。

（4）金额（价格）表示的货币种类。

除此之外，招标人可根据具体情况进行补充。

3. 总说明

总说明应按下列内容填写：

（1）工程概况，包括建设规模、工程特征、计划工期、施工现场实际情况、交通运输情况、自然地理条件、环境保护要求等。

（2）工程招标和分包范围。

（3）工程量清单编制依据。

（4）工程质量、材料、施工等的特殊要求。

（5）招标人自行采购材料的名称、规格型号、数量等。

（6）预留金、自行采购材料的金额数量。

（7）其他需说明的问题。

4. 分部分项工程量清单

分部分项工程量清单应包括项目编码、项目名称、项目特征、计量单位和工程量。在编制分部分项工程量清单时，应该根据《计价规范》中有关工程量清单项目及计算规则的规定的统一项目编码、项目名称、计量单位和工程量计算规则进行编制。

其中，分部分项工程量清单项目名称的设置，应考虑三个因素，即一是有关工程量清单项目中的项目名称，二是项目特征，三是拟建项目的实际情况，使工程量清单中的项目名称具体化、细化，能够反映影响工程造价的主要因素。

例如，某项目的挖基础土方分项的工程量清单如表 4.3 所示。

表 4.3　分部分项的工程量清单与计价

工程名称：　　　　　标段：　　　　　　　　　　　　　　　　　　　第　页　共　页

序号	项目编码	项目名称	项目特征描述	计量单位	工程量	金额/元	
						综合单价	合价
1	010101003001	挖基础土方	1. 基坑土方开挖 2. 土壤类别为二类土，挖土深度 2.4m 3. 垫层底宽 1.5m 4. 余土外运，运输距离 5km	m³	250.78		

编制工程量清单，出现《计价规范》中未包括的项目，编制人可作相应补充，补充项目应填写在工程量清单相应分部工程项目之后，并在"项目编码"栏中以"补"字表示。

5. 措施项目清单

对于可以计算工程量的措施项目，宜采用分部分项工程量清单的方式编制清单，如表 4.4 "措施项目清单与计价表（一）"所示，列出项目编码、项目名称、项目特征、计量单位和工程量计算规则；其他不能计算工程量的措施项目，以"项"为计量单位编制清单，如表 4.5 "措施项目清单与计价表（二）"所示。

表 4.4　措施项目清单与计价（一）

工程名称：　　　　　　标段：　　　　　　　　　　　　　　　　　第　页　共　页

序号	项目编码	项目名称	项目特征描述	计量单位	工程量	金 额/元	
						综合单价	合 价
1		混凝土、钢筋混凝土模板及支架		m²			
2		大型机械进出场及安拆		项			
3		脚手架		m²			
4		……					

表 4.5　措施项目清单与计价（二）

工程名称：　　　　　　标段：　　　　　　　　　　　　　　　　　第　页　共　页

序号	项目名称	计算基础	费 率/%	金 额/元
1	安全文明施工费			
2	夜间施工费			
3	二次搬运费			
4	……			

6. 其他项目清单

其他项目清单一般包括招标人和投标人两部分，共四项内容。其中，招标人部分包括"暂列金额"和"暂估价"；投标人部分包括"计日工"和"总承包服务费"。其他项目清单如表 4.6 所示。

表 4.6　其他项目清单与计价汇总

工程名称：　　　　　　标段：　　　　　　　　　　　　　　　　　第　页　共　页

序号	项目名称	计量单位	暂定金额/元	备注
1	暂列金额			
2	暂估价			
2.1	材料暂估价			
3	计日工			
4	总承包服务费			

4.2　工程量清单计价的依据与范围

4.2.1　工程量清单计价依据

根据《计价规范》规定,国有资金投资的工程建设项目应实行工程量清单招标,并应编制招标控制价。投标人的投标报价高于招标控制价的,其投标应予以拒绝。

1. 招标控制价的计价依据

所谓招标控制价是指招标人根据国家或省级、行业建设主管部门颁发的有关计价依据和办法,按设计施工图纸计算的,对招标工程限定的最高工程造价。招标控制价应在招标时公布,不应上调或下浮,并应随同有关资料报送工程所在地工程造价管理机构备案。

招标控制价应由具有编制能力的招标人,或受其委托具有相应资质的工程造价咨询人编制。招标控制价应根据下列依据编制:

（1）《计价规范》。

（2）国家或省级、行业建设主管部门颁发的计价定额和计价办法。

（3）建设工程设计文件及相关资料。

（4）招标文件中的工程量清单及有关要求。

（5）与建设项目相关的标准、规范、技术资料。

（6）工程造价管理机构发布的工程造价信息,工程造价信息没有发布的参照市场价。

（7）其他的相关资料。

2. 投标价的计价依据

投标价是指投标人投标时报出的工程造价。投标价一般由投标人自主确定,但不得低于成本。投标价应由投标人或受其委托具有相应资质的工程造价咨询人编制。投标人应按招标人提供的工程量清单填报价格。填写的项目编码、项目名称、项目特征、计量单位、工程量必须与招标人提供的一致。投标价应根据下列依据编制:

（1）《计价规范》。

（2）国家或省级、行业建设主管部门颁发的计价办法。

（3）企业定额,国家或省级、行业建设主管部门颁发的计价定额。

（4）招标文件、工程量清单及其补充通知、答疑纪要。

（5）建设工程设计文件及相关资料。

（6）施工现场情况、工程特点及拟定的投标施工组织设计或施工方案。

（7）与建设项目相关的标准、规范等技术资料。

（8）市场价格信息或工程造价管理机构发布的工程造价信息。

（9）其他的相关资料。

4.2.2　工程量清单计价的适用范围

《计价规范》适用于建设工程工程量清单计价活动。这里所说的建设工程是指建筑工程、装饰装修工程、安装工程、市政工程、园林绿化工程和矿山工程。其中,建筑工程的有关清单计价的规定适用于工业与民用建筑物和构筑物工程;装饰装修工程的有关清单计价的规定适用于工业与民用建筑物和构筑物的装饰装修工程;安装工程的有关清单计价的规定适用于工业与民用安装工程;市政工程的有关清单计价的规定适用于城市市政建设工程;园林绿化工程的有关清单计价的规定适用于城市园林绿化工程;矿山工程的有关清单计价的规定适用于矿山工程。

从工程建设的资金来源看,根据《计价规范》规定,全部使用国有资金投资或国有资金投资为主(以下二者简称"国有资金投资")的工程建设项目必须采用工程量清单计价。非国有资金投资的工程建设项目可采用工程量清单计价。

从工程建设活动的内容看,工程量清单计价适用于招标文件的编制、投标报价的编制、合同价款的确定、工程计量与价款支付、索赔与现场签证以及工程竣工结算等。《计价规范》分别就上述计价活动的原则、依据和计价方法做出了相应规定。

4.3　工程量清单计价的程序与方法

工程量清单计价的基本过程可以描述为:在统一的工程量清单项目设置的基础上,制定工程量清单计量规则,根据具体工程的施工图纸计算出各个清单项目工程量,再根据获得的各种工程造价信息和经验数据计算得到工程造价。这一基本的计价过程如图 4.2所示。

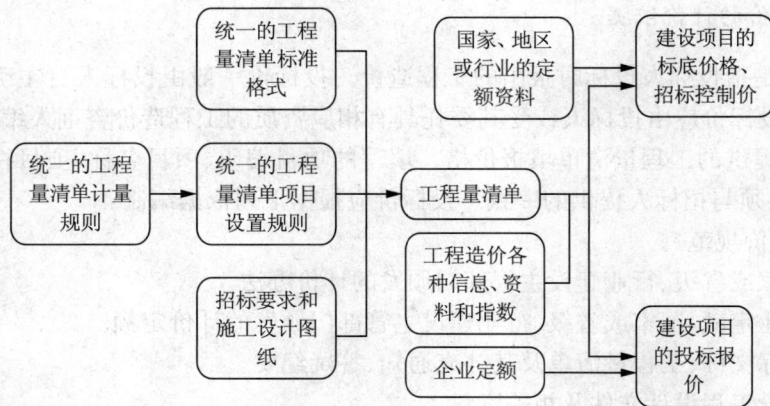

图 4.2　工程量清单计价的过程

从工程量清单计价过程示意图反映出其编制过程分为两个阶段:工程量清单的编制与利用提供的工程量清单来编制投标报价。投标报价是投标企业依据业主提供的工程量清单,充分考虑企业所掌握的各类信息、资料,结合企业定额编制的。

4.3.1　工程量清单计价准备

工程量清单编制前的准备工作是把招标人的建设意图转化成定义明确、系统清晰、目标具体且富有策略性运作思路的系统活动。准备工作的关键点主要有以下五点。

1. 标段的划分

根据建设工程的投资规模、建设周期、工程性质等具体情况，往往可将建设工程分段分期实施，以达到缩短工期的目的。标段划分的大小，既要有利于竞争，又要有利于管理，标段过小、过多，有较强实力的大型施工企业来参加投标的可能性就小，且会造成财力浪费，管理协调工作量增加；标段过大，只有少数大型企业的竞争，容易引起高价竞标。因此，标段的划分要综合考虑以下因素：标段的大小；资金来源及其生产效益；工期的需要；设计上允许划分；施工现场条件；关于专业工程。

2. 发包模式的界定

不同的发包模式有不同的合同体系和管理特点，应根据工程的实际情况选择合适的发包模式。常用的发包模式有平行发包模式、施工总承包模式和总包加专业分包模式。

3. 合同形式的选定

工程量清单中的工程量有多种形式，如有确定数量、暂定数量、参考数量等，而有的情况下则没有提供工程量。不同的工程量清单适用于不同的合同形式，而其合同价款的计算也不尽相同。当前合同形式有以下三种方式，即总价合同、单价合同和成本加酬金合同。

4. 计价方法的选定

工程量清单计价中的分部分项工程单价的组成方式有两种：综合单价法和全费用综合单价法。综合单价法又称部分费用单价法，它只综合了直接费、管理费和利润，并依据综合单价计算公式确定综合单价。这种方法是我国国内当前使用的计价方法。全费用综合单价法则综合了直接费、间接费、利润和税金等全部费用。全费用单价合同是典型、完整的单价合同，工程形成一个独立的子目分项编制。

5. 材料(设备)的采购方式

材料(设备)的采购方式直接影响工程的投标报价，我国国内当前常采用的采购方式有承包方采购；发包方采购；发包方指定、承包方采购；承包方采购、发包方认可。

4.3.2　工程造价的计算过程

《计价规范》规定，工程量清单应采用综合单价计价。目前我国工程量清单的综合单价不是全费用单价，而是部分综合单价，利用综合单价法计价需分项计算清单项目，汇总得到工程总价。工程总价应当与分部分项工程费、措施项目费、其他项目费和规费、税金的合计金额一致。工程造价的组价过程如图 4.3 所示,所涉及的各种表格的标准形式见附录。

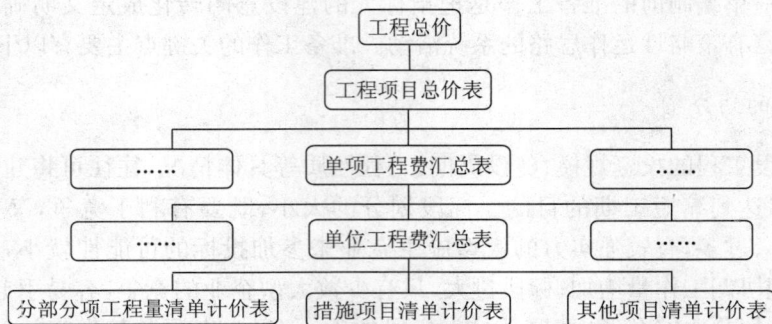

```
                            ┌──────────┐
                            │  工程总价  │
                            └──────────┘
                          ┌──────────────┐
                          │  工程项目总价表  │
                          └──────────────┘
        ┌──────────┐      ┌──────────────┐      ┌──────────┐
        │  ……  │──────│  单项工程费汇总表  │──────│  ……  │
        └──────────┘      └──────────────┘      └──────────┘
        ┌──────────┐      ┌──────────────┐      ┌──────────┐
        │  ……  │──────│  单位工程费汇总表  │──────│  ……  │
        └──────────┘      └──────────────┘      └──────────┘
  ┌──────────────────┐  ┌──────────────┐  ┌──────────────┐
  │ 分部分项工程量清单计价表 │  │ 措施项目清单计价表 │  │ 其他项目清单计价表 │
  └──────────────────┘  └──────────────┘  └──────────────┘
```

图 4.3　工程造价的组价过程

建设项目总造价的计算过程可用以下计算式表示为

单位工程费用 = 分部分项工程费 + 措施项目费 + 其他项目费 + 规费 + 税金

$$单项工程费用 = \sum 单位工程费用$$

$$建设项目总造价 = \sum 单项工程费用$$

4.3.3　分部分项工程费的计算

分部分项工程量清单应采用综合单价计价。分部分项工程费应依据综合单价的组成内容,按招标文件中分部分项工程量清单项目的特征描述确定综合单价计算。综合单价中应考虑招标文件中要求投标人承担的风险费用。招标文件中提供了暂估单价的材料,按暂估的单价计入综合单价。分部分项工程费计算式如下:

$$分部分项工程费 = \sum 工程量清单中分部分项工程量 \times 分部分项工程综合单价$$

工程量清单计价模式下,招标人提供的分部分项工程量是按照施工图图示尺寸计算得到的工程净量。在计算直接工程费时,必须考虑施工方案等各种影响因素,重新计算施工作业量,以施工作业量为基数完成计价。施工方案不同,施工作业量的计算方法与计算结果也不相同。投标单位可根据工程条件选择能发挥自身技术优势的施工方案,力求降低工程造价,确立在招投标中的竞争优势。同时,注意工程量清单计算规则是针对清单项目的主项的计算方法及计量单位进行确定,对主项以外的工程内容的计算方法及计量单位不做规定,由投标人根据施工图及投标人的经验自行确定。最后综合形成分部分项工程量清单综合单价。

分部分项工程计价时,应该注意:分部分项工程量清单为不可调整的清单,投标人对投标文件提供的分部分项工程量清单项目必须逐一计价,对清单所列内容不允许做任何更改变动。

4.3.4　措施项目费的计算

措施项目清单计价应根据拟建工程的施工组织设计编制。可以计算工程量的措施项目,应按分部分项工程量清单的方式采用综合单价计价;其余的措施项目可以"项"为单位的方式计价,应包括除规费、税金外的全部费用。其中,安全文明施工费应按照国家或省级、行业建设主管部门的规定计价,不得作为竞争性费用。

措施项目计价时,投标人可根据工程实际情况,结合企业自身特点和施工组织设计,对招标人所列的措施项目进行增补。但应注意,清单一经报出,即被认为是包括了所有应该发生的措施项目的全部费用。对于报出的清单中没有列项,但在施工中又必须发生的项目,投标人没有理由提出索赔与调整。

措施项目费的计算方法有参数法、实物法和分包法。

1. 参数法

参数法是按一定的基数乘以系数的方法进行计算。该方法简单明了,但其科学性及准确性不高。基数一般是采用与措施项目有直接关系的分部分项清单项目费用为计算基础,而系数是根据已完工程的统计资料,通过分析计算得到的,也可参考各地建设主管部门颁发的措施费用定额确定。该方法主要适用于施工过程中必须发生,但在投标时很难具体测算又无法单独详细列出项目内容的措施项目,如夜间施工费、二次搬运费、冬雨季施工费等。

【例 4.1】　某地区拟建一栋住宅楼工程,该项目建筑工程分部分项工程费为 680 万元,试计算该工程的冬雨季施工费、夜间施工费、二次搬运费。

解　该工程的冬雨季施工费、夜间施工费、二次搬运费可参考该地区造价主管部门公布的参考费率来计算,查阅该工程所在地区的冬雨季施工费、夜间施工费、二次搬运费的相关措施费费率分别为 0.93%、0.72%、0.95%。计算过程如表 4.7 所示。

表 4.7　措施项目清单与计价

工程名称:　　　　　　　　　　　　标段:　　　　　　　　　　第　页　共　页

序号	项目名称	计算基础	费率/%	金额/万元
1	冬雨季施工费	直接工程费	0.93	6.32
2	夜间施工费	直接工程费	0.72	4.90
3	二次搬运费	直接工程费	0.95	6.46

2. 实物法

实物法就是根据施工组织设计中的相应的施工方案,测算出该措施需要消耗的实物工程量及实物综合单价来计算措施费。该方法能较为准确地反映该措施的实际情况,所以能较为真实地反映投标人的个别成本。实物法常用在能较为准确计算出实物消耗量的措施项目,如安全防护、脚手架、混凝土的模板及支架、基坑支护等措施项目。

【例 4.2】　某住宅楼工程,建筑面积为 5600m²,其中一层为商铺,层高 4.2m,建筑面积为 560m²,其余楼层层高均为 2.8m,要计算该工程脚手架的措施费用。

解　根据工程概况,得出脚手架的实物用量为 5600m²,由于一层层高 4.2m,超过3.6m,所以需要搭设满堂脚手架。该工程的脚手架的费用的计算如表 4.8 所示进行,其中的综合单价是在参考该工程所在地区的脚手架的定额基价,再考虑管理费及利润基础上形成的。

表 4.8　措施项目清单与计价

工程名称:　　　　　　　　　　　　标段:　　　　　　　　　　第　页　共　页

序号	项目编码	项目名称	项目特征描述	计量单位	工程量	金额/元	
						综合单价	合价
1		脚手架					
1.1		满堂脚手架	满堂脚手架(钢管),在层高超过 3.6m	m²	560	5.20	2912
1.2		综合脚手架	综合脚手架(钢管),按照建筑面积计算	m²	5 600	11.2	62 720

3. 分包法

分包法就是在分包人分包报价的基础上,投标人增加相应的管理费及风险费后进行计算的方法。该方法适用于可以分包的较为独立的项目,如大型机械进出场及安拆费、垂直运输费等。

4.3.5　其他项目费的计算

其他项目费是指暂列金额、暂估价、零星工作项目费、总承包服务费等估算金额的总和。

1. 招标控制价中的其他项目费

编制招标控制价时,其他项目费应按下列规定计价:

(1) 暂列金额应根据工程特点,按有关计价规定估算。

(2) 暂估价中的材料单价应根据工程造价信息或参照市场价格估算;暂估价中的专业工程金额应分不同专业,按有关计价规定估算。

(3) 计日工应根据工程特点和有关计价依据计算。

(4) 总承包服务费应根据招标文件列出的内容和要求估算。

2. 投标价中的其他项目费

编制投标价时,其他项目费应按下列规定报价:

(1) 暂列金额应按招标人在其他项目清单中列出的金额填写。

(2) 暂估价中的材料暂估价应按招标人在其他项目清单中列出的单价计入综合单价;专业工程暂估价应按招标人在其他项目清单中列出的金额填写。

(3) 计日工按招标人在其他项目清单中列出的项目和数量,自主确定综合单价并计算计日工费用。

(4) 总承包服务费根据招标文件中列出的内容和提出的要求自主确定。

4.3.6　规费和税金的计算

规费和税金应按国家或省级、行业建设主管部门的规定计算,不得作为竞争性费用。

根据建设部、财政部发布的《建筑安装工程费用组成》(建标[2003]206 号)的规定,规费的计算基础可为"直接费"、"人工费"或"人工费＋机械费"。

税金的计算式如下:

税金＝(分部分项工程费＋措施项目费＋其他项目费＋规费)×综合税率

4.4　工程量清单综合单价组价

4.4.1　综合单价的费用构成

根据《计价规范》中规定,综合单价是指完成一个规定计量单位的分部分项工程量清单项目或措施清单项目所需的人工费、材料费、施工机械使用费和企业管理费与利润,以及一定范围内的风险费用。所以综合单价的费用构成为

综合单价＝人工费＋材料费＋施工机械使用费＋企业管理费＋利润

4.4.2　综合单价法计价程序

根据建设部第 107 号部令《建筑工程施工发包与承包计价管理办法》的规定,综合单价法是分部分项工程单价为全费用单价,全费用单价经综合计算后生成,其内容包括直接工程费、间接费、利润和税金(措施费也可按此方法生成全费用价格)。而《计价规范》中涉及的综合单价为部分费用综合单价,其内容包括直接工程费(人工费、材料费、施工机械使用费)和企业管理费与利润,以及一定范围内的风险费用。所以本书中综合单价的计价程序也在 107 号部令基础上做了相应调整。去除了间接费中的规费以及税金的计取,规费及税金则在单位工程中最后单独计算。

由于各分部分项工程中的人工、材料、机械含量的比例不同,各分项工程可根据其材料费占人工费、材料费、机械费合计的比例(以字母"C"代表该项比值)在以下三种计算程序中选择一种计算其综合单价。

(1) 当 $C > C_0$(C_0 为本地区原费用定额测算所选典型工程材料费占人工费、材料费和机械费合计的比例)时,可采用以人工费、材料费、机械费合计为基数计算该分项的管理费和利润。

以直接工程费为计算基础的综合单价计算过程如表 4.9 所示。

表 4.9　直接工程费为计算基础

序号	费用项目	计算方法	备注
1	分项直接工程费	人工费＋材料费＋机械费	
2	管理费	(1)×相应费率	
3	利润	[(1)＋(2)]×相应利润率	
4	合计	(1)＋(2)＋(3)	

（2）当 $C < C_0$ 值的下限时，可采用以人工费和机械费合计为基数计算该分项的管理费和利润。

以人工费和机械费之和为计算基础的综合单价计算过程如表 4.10 所示。

表 4.10　人工费和机械费为计算基础

序 号	费用项目	计算方法	备 注
1	分项直接工程费	人工费＋材料费＋机械费	
2	其中人工费和机械费	人工费＋机械费	
3	管理费	(2)×相应费率	
4	利润	(2)×相应利润率	
5	合计	(1)＋(3)＋(4)	

（3）如该分项的直接费仅为人工费，无材料费和机械费时，可采用以人工费为基数计算该分项的管理费和利润。

以人工费为计算基础计算过程如表 4.11 所示。

表 4.11　人工费为计算基础

序 号	费用项目	计算方法	备 注
1	分项直接工程费	人工费＋材料费＋机械费	
2	直接工程费中人工费	人工费	
3	企业管理费	(2)×相应费率	
4	利润	(2)×相应利润率	
5	合计	(1)＋(3)＋(4)	

4.4.3　综合单价的计算过程

确定综合单价时，首先计算分部分项工程的人工费、材料费和施工机械使用费，然后再计算管理费和利润，估算风险费用，计算过程如下：

（1）确定分部分项工程的人工、材料、机械台班的消耗量。可以按反映企业水平的企业定额或参照各省、自治区、直辖市所颁发的消耗量定额确定人工、材料、机械台班的消耗量。

（2）进行市场调查和询价。一般是根据工程项目的具体情况，参考各省市工程造价管理机构公布的人工费标准、材料价格及机械台班信息，并考虑一定的调价系数，确定人工工资单价、各类材料预算价格和施工机械台班单价。

（3）确定分部分项工程的直接工程费单价。按确定的分项工程人工、材料、机械台班的消耗量及询价获得的人工工资单价、材料预算单价、施工机械台班单价，计算出相应分项工程单位数量的人工费、材料费和机械费，计算公式为

$$人工费 = \sum 人工工日数 \times 相应的人工工资单价$$

$$材料费 = \sum 材料消耗量 \times 相应的材料预算单价$$

$$施工机械使用费 = \sum 机械台班消耗量 \times 相应的机械台班单价$$

$$直接工程费单价 = \sum (人工费 + 材料费 + 施工机械使用费)$$

（4）确定管理费和利润。管理费和利润可根据企业的实际情况自主确定,也可参考各省市工程造价管理机构公布的费率进行计算。

（5）测算风险费用。风险费用应根据分部分项工程的复杂程度和施工难易程度,结合建设环境、市场条件、合同条件、竞争状况以及企业自身抵御风险的能力,以费率的形式综合确定。

4.4.4　综合单价的组价方法

工程量清单项目的综合单价一般可以定额项目的基价为基础进行组价,常见以下三种情况。

（1）当《计价规范》的工程内容、计量单位以及工程量计算规则与计价定额或消耗量定额一致,只与一个定额项目对应时,其计算公式为

$$清单项目综合单价 = 定额项目综合单价$$

式中的定额项目综合单价是在定额基价的基础上,再综合了管理费和利润之后形成的单价。

【例 4.3】　某工程现浇混凝土工程的分部分项工程量清单如表 4.12 所示,试分析计算该清单项目的综合单价。

表 4.12　分部分项工程量清单

工程名称:(略)

序号	项目编码	项目名称	项目特征描述	计量单位	工程量
1		A.4 混凝土及钢筋混凝土工程			
2	010402001001	现浇混凝土矩形柱	柱截面尺寸:500mm×500mm 混凝土强度等级 C30	m^3	3.5
3	010416001001	现浇混凝土钢筋	10 以内的一级钢筋	t	0.5
4	010416001002	现浇混凝土钢筋	10 以上的二级钢筋	t	1.2

解　本案例中的三项工作的工程内容、计量单位以及工程量计算规则与计价定额一致,只与一个定额项目相对应,所以本案例综合单价符合本组价条件,综合单价的组价过程见表 4.13 所示。

表 4.13　分部分项工程量清单综合单价计算

工程名称：（略）

序号	项目编码	项目名称	计量单位	工程数量	定额编号	综合单价/元	其中			
							人工费	材料费	机械费	管理费和利润
1		A. 4 混凝土及钢筋混凝土工程								
2	010402001001	现浇混凝土矩形柱 C30	m³	3.5	AD0123	258.93	50.7	172.29	6.3	29.64
3	010416001001	现浇混凝土钢筋，10 以内的一级钢筋	t	0.5	AD0115	4348.30	278.52	3504.12	67.84	497.82
4	010416001002	现浇混凝土钢筋，10 以上的二级钢筋	t	1.2	AD0117	4414.58	278.52	3562.81	67.84	505.41

（2）当《计价规范》的计量单位及工程量计算规则与计价定额或消耗量定额一致，但工程内容不一致，需要几个定额项目组成时，其计算公式为

$$清单项目综合单价 = \sum 定额项目综合单价$$

【例 4.4】　某工程顶棚抹灰的分部分项工程量清单如表 4.14 所示，试分析计算该清单项目的综合单价。

表 4.14　分部分项工程量清单

工程名称：（略）

序号	项目编码	项目名称	项目特征描述	计量单位	工程量
1		B. 3 天棚工程			
2	020301001001	天棚抹混合砂浆	板底刷 108 胶水泥浆，面抹混合砂浆，刮腻子两遍	m²	

　　解　本案例中的分项工作的计量单位以及工程量计算规则与计价定额一致，而工程内容则与两个定额项目相对应，所以本案例综合单价符合本组价条件，综合单价的组价过程如表 4.15 所示。

表 4.15　分部分项工程量清单综合单价计算

工程名称：（略）

项目编码	020301001001	项目名称	天棚抹混合砂浆	计量单位	m²

清单综合单价组成明细									
序号	定额编号	定额名称	计量单位	工程数量	综合单价/元	其中			
						人工费	材料费	机械费	管理费和利润
1	BC005	混合砂浆天棚抹灰	m²	1	12.44	5.32	3.88	0.05	3.19
2	BE0289×2	刮腻子两遍	m²	1	7.61	4.73	1.75		1.13
3		清单项目综合单价			20.05	10.05	5.63	0.05	4.32

（3）当《计价规范》的工作内容、计量单位及工程量计算规则与计价定额或消耗量定额不一致时,其计算公式为

$$清单项目综合单价 = \sum（该清单项目所包含的各定额项目工程量 \times 定额综合单价）/ 清单工程量$$

【例 4.5】　某工程屋面 SBS 卷材防水的分部分项工程量清单如表 4.16 所示,试分析计算该清单项目的综合单价。

表 4.16　分部分项工程量清单

工程名称:（略）

序号	项目编码	项目名称	项目特征描述	计量单位	工程量
1		A.7 屋面及防水工程			
2	010702001001	屋面 SBS 防水	找平层:1∶2 水泥砂浆 防水层:SBS 卷材防水 保护层:1∶3 水泥砂浆找平,厚 20mm 找平层上撒石英砂,厚 20mm	m²	120

解　本案例中的分项工作的工程内容、计量单位以及工程量计算规则与计价定额不一致,所以本案例综合单价符合本组价条件,综合单价的组价过程见表 4.17 所示。

表 4.17　分部分项工程量清单综合单价分析

项目编码	010702001001	项目名称	屋面 SBS 防水	计量单位	m²

清单综合单价组成明细

序号	定额编号	定额名称	计量单位	工程数量	综合单价/元 单价	综合单价/元 合价	其中 人工费 单价	其中 人工费 合价	其中 材料费 单价	其中 材料费 合价	其中 机械费 单价	其中 机械费 合价	其中 管理费和利润 单价	其中 管理费和利润 合价
1	BA0004	1∶2 水泥砂浆找平	m²	120	8.70	1044.0	3.16	379.20	4.70	564.0	0.05	6.00	0.79	94.80
2	AG0375	SBS 卷材防水	m²	130	27.38	3559.4	2.16	280.80	24.25	3152.50			0.97	126.10
3	BA0003	20mm 1∶3 水泥砂浆找平	m²	120	8.57	1028.40	2.96	355.20	4.81	577.20	0.06	7.20	0.74	88.80
4	AG0432	撒石英砂保护层,厚 20mm	m²	120	11.51	1381.20	0.17	20.40	11.26	1351.20			0.08	9.60
5	清单项目合价		m²	120		7013.00		1035.6		5644.9		13.20		319.30
6	清单项目综合单价		m²	1		58.44		8.63		47.04		0.11		2.66

4.5　工程量清单计价示例

工程概况:由某市城市投资公司投资修建的某办公大楼,位于开发区内,周边交通便利,环境优美。建筑面积 3620m²,占地 15 200m²,层数为六层,建筑总高度 31m,一、二层层高 4.2m,三层以上为 3.6m,结构形式为钢筋混凝土框架结构。基础形式为预应力混凝土管桩基础。

投 标 总 价

招 标 人：＿＿＿＿＿＿＿＿＿＿×××＿＿＿＿＿＿＿＿＿＿

工 程 名 称：＿＿＿＿＿＿＿＿＿＿××办公楼＿＿＿＿＿＿＿＿＿＿

投标总价(小写)：＿＿＿＿＿＿3 476 731.94 元＿＿＿＿＿＿

　　　　(大写)：＿＿叁佰四拾柒万陆仟柒佰叁拾壹圆玖角肆分＿＿

投 标 人：＿＿＿＿＿＿＿＿×××＿＿＿＿＿＿＿＿
　　　　　　　　　　　　　(单位盖章)

法定代表人
或其授权人：＿＿＿＿＿＿＿＿×××＿＿＿＿＿＿＿＿
　　　　　　　　　　　　(签字或盖章)

编 制 人：＿＿＿＿＿＿＿＿×××＿＿＿＿＿＿＿＿
　　　　　　　　　(造价人员签字盖专用章)

编 制 时 间：　　　年　　月　　日

总　说　明

工程名称:×××办公楼　　　　　　　　　　　　　　　　　　　第　页　共　页

1. 工程概况:本办公楼为 6 层,建筑面积为 3620m²,结构形式为钢筋混凝土框架结构,预制管桩基础,施工工期为 300 天。施工现场临近公路,交通便利。
2. 工程招标和分包范围:办公楼全部建筑工程。
3. 工程量清单编制依据:《建设工程工程量清单计价规范》、招标文件、设计图纸、施工组织设计。
4. 工程质量、材料、施工等的特殊要求:质量达到合格标准。
5. 招标人自行采购材料:无。
6. 投标报价编制依据:依据××省 2004 建筑工程消耗量定额、措施费用定额、本企业的企业定额、主要材料的市场价、本工程施工组织设计以及本工程的招标文件。
7. 预留金为 10 万元。
8. 其他需说明的问题:无。

某办公楼工程费用汇总及各项工程量清单计价合计见表 4.18～表 4.25。

表 4.18　单位工程费用汇总

工程名称:某办公楼——建筑工程　　　　　　　　　　　　　　　第　页　共　页

序号	项目名称	金额/元
1	分部分项工程量清单计价合计	2 587 534.87
2	措施项目清单计价合计	432 232.56
3	其他项目清单计价合计	177 650.40
4	规费	164 667.02
5	税金	114 647.09
	合　　计	3 476 731.94

表 4.19　分部分项工程量清单计价

工程名称:　某办公楼——建筑工程　　　　　　　　　　　　　　　第　页　共　页

序号	项目编码	项目名称	计量单位	工程数量	金额/元	
					综合单价	合计
		A1. 土(石)方工程				
1	010101001001	平整场地 1. 土壤类别为二类土 2. 余土外运,运距 5km	m²	2530.41	1.31	3314.837
2	010101003001	挖基础土方 1. 基坑土方开挖 2. 土壤类别为二类土,挖土深度 1.4m 3. 垫层底宽 0.55m 4. 余土外运,运输距离 5km	m³	840.80	24.01	20 187.608

续表

序号	项目编码	项目名称	计量单位	工程数量	金额/元	
					综合单价	合计
3	010101003002	挖基础土方 1. 桩间沟槽土方开挖 2. 土壤类别为二类土,挖土深度 1.6m 3. 机械切割预制混凝土管桩桩头,共 124 个 4. 垫层面积 1.0m² 5. 余土及桩头混凝土外运,运输距离 5km	m³	25.20	70.99	1788.948
4	010103001001	土(石)方回填 基础土方回填	m³	650.50	19.98	12 996.99
A2. 桩与地基基础工程						
5	010201001001	预制钢筋混凝土桩 1. 场地土壤级别为一级土 2. 预制管桩 D400×95A,桩身强度 C80 3. 桩长暂定 30m,共 547 根 4. 钢桩尖 24.4kg 5. 管桩顶 1 200mm 高内填充 C30 微膨胀商品混凝土	m	1520.54	97.82	148 739.22
6	010201002001	接桩 1. 电焊接桩 2. 桩径 D500	个	110	71.71	7 888.1
A3. 砌筑工程						
7	010301001001	砖基础 1. 砖基础 2. MU15 灰砂砖,规格 240mm×115mm×53mm 3. M7.5 水泥石灰砂浆砌筑	m³	12.50	188.44	2 355.5
8	010302001001	实心砖墙 1. 砖砌 1 砖厚外墙 2. MU10 灰砂砖,规格 240mm×115mm×53mm 3. M7.5 水泥石灰砂浆砌筑	m³	120.60	196.25	23 667.75
9	010302001002	实心砖墙 1. 砖砌 1 砖厚内墙 2. MU10 灰砂砖,规格 240mm×115mm×53mm 3. M7.5 水泥石灰砂浆砌筑	m³	350.60	190.51	66 792.81
10	010302006001	零星砌砖 1. 砖砌台阶 2. MU10 灰砂砖,规格 240mm×115mm×53mm 3. M7.5 水泥石灰砂浆砌筑	m²	40.40	47.36	1913.34
A4. 混凝土及钢筋混凝土工程						
11	010401005001	桩承台基础 1. 现浇混凝土桩承台,C25 商品混凝土 2. 现浇混凝土基础垫层 100mm	m³	190.50	340.63	64 890.02

续表

序号	项目编码	项目名称	计量单位	工程数量	金额/元	
					综合单价	合计
12	010402001001	矩形柱 1. 现浇钢筋混凝土构造柱,C30 商品混凝土 2. 柱截面周长 1.8 以内,高度 3.6m 以内	m³	15.20	353.60	5374.72
13	010402001002	矩形柱 1. 现浇钢筋混凝土矩形柱,C30 商品混凝土 2. 柱截面周长 1.8 以外,高度 5.6m 以内	m³	180.50	334.19	60 321.30
14	010403001001	基础梁 1. 现浇钢筋混凝土基础梁,C25 商品混凝土 2. 混凝土基础垫层 100mm,C10 现拌	m³	195.20	414.12	80 836.22
15	010403005001	过梁 1. 现浇钢筋混凝土过梁,C25 商品混凝土 2. 商品混凝土购置,捣制	m³	15.21	335.92	5109.34
16	010404001001	直行墙 1. 现浇钢筋混凝土墙,C25 商品混凝土 2. 墙厚为 250mm 3. 商品混凝土购置,捣制	m³	41.20	334.01	13 761.21
17	010405001001	有梁板 1. 现浇钢筋混凝土楼面梁、板,C25 商品混凝土 2. 商品混凝土购置,捣制	m³	2052.20	324.16	665 241.15
18	010405006001	栏板 1. 现浇钢筋混凝土车道栏板,C25 商品混凝土 2. 商品混凝土购置,捣制	m³	12.52	349.87	4380.37
19	010406001001	直形楼梯 1. 现浇钢筋混凝土板式直形楼梯,C25 商品混凝土 2. 板厚平均为 227mm 3. 商品混凝土购置,捣制	m²	65.20	74.41	4851.53
20	010406001002	直形楼梯 1. 现浇钢筋混凝土梁式直形楼梯,C25 商品混凝土 2. 板厚平均为 312mm 3. 商品混凝土购置,捣制	m²	9.56	102.29	977.89
21	010407001001	其他构件 1. 现浇钢筋混凝土天沟板,C25 商品混凝土 2. 板厚平均为 150mm 3. 商品混凝土购置,捣制	m³	28.50	338.74	9654.09

序号	项目编码	项目名称	计量单位	工程数量	金额/元	
					综合单价	合计
22	010408001001	后浇带 1. 现浇钢筋混凝土后浇带梁,C25 商品混凝土（微膨胀混凝土参 UEA12%～15%） 2. 商品混凝土购置,捣制	m³	6.50	340.87	2215.66
23	010416001001	现浇混凝土钢筋 1. 管桩桩头插筋,Ⅱ级钢制作安装 2.25 以内钢筋	t	3.870	3 588.41	13 887.15
24	010416001002	现浇混凝土钢筋 1. 现浇构件直、弯筋,Ⅰ级钢制作安装 2.10 以内钢筋	t	75.620	3 771.37	285 191.00
25	010416001003	现浇混凝土钢筋 1. 现浇构件直、弯筋,Ⅱ级钢制作安装 2.25 以内钢筋	t	210.512	3 818.59	803 859.02
26	010416001004	现浇混凝土钢筋 1. 现浇构件箍筋,Ⅰ级钢制作安装 2.10 以内钢筋	t	56.210	3 912.55	219 924.44
A7. 屋面及防水工程						
27	0107020C2001	屋面涂膜防水 1. 屋面防水层 2. 面 1:2 水泥砂浆加 5%防水剂分两次抹平压光 3. 底刷 PUK 聚氨酯涂层厚 2mm,铺贴一层玻璃纤维布	m²	560.30	66.59	37 310.38
28	0107030C2001	涂膜防水 1. 卫生间涂膜防水层 2. 20 厚 1:2 水泥砂浆加 5%防水剂分抹平压光 3. 刷 PUK 聚氨酯涂层厚 1.5mm,四周沿墙边翻高 150mm	m²	85.60	75.42	6455.95
29	0107030C4001	变形缝 1. 三层楼面分割缝 2. 1mm 厚铜片底,2mm 厚 PUK 聚氨酯中层,10mm 厚钢板盖面,缝宽 100mm 3. 1mm 厚铝片封顶	m	25.62	287.03	7353.71
A8. 防腐、隔热、保温工程						
30	010803001001	保温隔热屋面 1. 隔热层 2. 轻质泡沫混凝土现场捣制,厚度 80mm	m²	532.54	11.82	6294.62
合　　计						2 587 534.87

表 4.20　措施项目清单计价

工程名称：某办公楼——建筑工程　　　　　　　　　　　　　　　　　　　　　第　页　共　页

序号	项目名称	金额/元
1	安全防护、文明施工措施费含环境保护、文明施工、安全施工、临时设施	
1.1	文明施工费（含环境保护、文明施工）	12 420.17
1.2	建筑物密目网垂直防护架	39 772.19
1.3	建筑物密目网垂直封闭	31 588.19
1.4	水平防护架	3936.50
1.5	洞口水平防护网	216.88
1.6	安全网　立挂式	184.14
1.7	安全网　挑出式	469.56
1.8	楼梯防护栏杆	1222.49
1.9	洞口垂直防护栏杆	1299.21
2	其他措施费部分	
2.1	大型机械进出场费	17 976.33
2.2	混凝土、钢筋混凝土模板支架费	278 526.09
2.3	脚手架	35 620.81
2.4	已完工程保护费	3000.00
2.5	施工排水、降水	6000.00
合　　计		432 232.56

表 4.21　其他项目清单计价

工程名称：某办公楼——建筑工程　　　　　　　　　　　　　　　　　　　　　第　页　共　页

序号	项目名称	金额/元
1	暂列金额	20 000
2	暂估价	80 000
2.1	材料暂估价	40 000
2.2	专业工程暂估价	40 000
3	计日工	57 650.40
4	总承包服务费	20 000
合　　计		177 650.40

表 4.22　计日工表

工程名称:某办公楼——建筑工程　　　　　　　标段:　　　　　　　　　　第　页　共　页

编　号	项 目 名 称	单位	暂定数量	综合单价/元	合 价/元
一	人　　工				
1	杂工	工日	100	20.00	2000.00
2	砖瓦工	工日	50	30.00	1500.00
3	钢筋工	工日	50	33.00	165.00
4	模板工	工日	10	34.00	340.00
5	架子工	工日	10	31.00	310.00
6	防水工	工日	10	38.00	380.00
	人 工 小 计				4695.00
二	材　　料				
1	水泥 32.5R	t	10	305.00	3050.00
2	碎石	m³	5	60.00	300.00
3	中砂	m³	10	35.00	350.00
4	螺纹钢	t	10	3330.00	33 300.00
	材 料 小 计				37 000.00
三	施 工 机 械				
1	履带式推土机	台班	10	445.98	4459.80
2	履带式单斗挖掘机	台班	10	707.08	7070.80
3	汽车式起重机	台班	5	524.68	2632.40
4	钢筋调直机	台班	20	32.79	655.80
5	钢筋切断机	台班	20	44.94	898.80
6	钢筋弯曲机	台班	10	23.78	237.80
	施 工 机 械 小 计				15 955.40
	合　　　计				57 650.40

注:此表项目名称、数量由招标人填写,编制招标控制价时。单价由招标人按有关计价规定确定;投标时,单价由投标人自助报价,计入投标总价中。

表 4.23　规费计算

工程名称:某办公楼——建筑工程　　　　　　　　　　　　　　　　　第　页　共　页

序号	名称	计算基数	费率/%	金额/元
1	社会保修费	QDF＋QSF＋QTF	3.31	105 834.53
2	住房公积金	QDF＋QSF＋QTF	1.28	40 926.95
3	工程定额测定费	QDF＋QSF＋QTF	0.1	3197.42
4	工程排污费	QDF＋QSF＋QTF	0.33	10 551.48
5	危险作业意外伤害保险	QDF＋QSF＋QTF	0.13	4156.64
	合　　　计			164 667.02

注:QDF 为分部工程费;QSF 为措施项目费;QTF 为其他项目费。

表 4.24　分部分项工程量清单综合单价分析

工程名称：某办公楼——建筑工程　　　　　　　　　　　　　　　　　　第　页　共　页

序号	项目编码	项目名称	工程内容	综合单价分析/元					综合单位
				人工费	材料费	机械费	管理费	利润	
A1. 土(石)方工程									
1	010101001001	平整场地 1. 土壤类别为二类土 2. 余土外运，运距5km	建筑场地挖填±30cm以内的找平	0.90			0.09	0.32	1.31 元/ m²
2	010101003001	挖基础土方 基坑土方开挖 土壤类别为二类土，挖土深度1.4m 垫层底宽0.55m 余土外运，运距5km	土方开挖	10.8			1.11	3.78	24.01 元/ m³
			场内外运输	1.08		6.12	0.72	0.38	
			小计	11.89		6.12	1.84	4.16	
3	010101003002	挖基础土方 桩间沟槽土方开挖 土壤类别为二类土，挖土深度1.6m 机械切割预制混凝土管桩桩头，共124个 垫层面积1.0m² 余土及桩头混凝土外运，运距5km	土方开挖	13.35			1.17	4.67	70.99 元/ m³
			截桩头	10.20		22.56	3.39	3.57	
			场内外运输	1.56		8.92	1.05	0.55	
			小计	25.11		31.49	5.61	8.79	
4	010103001001	土(石)方回填 1. 基础土方回填	土方回填	10.55		4.17	1.57	3.69	19.98 元/ m³
			小计	10.55		4.17	1.57	3.69	
A2. 桩与地基基础工程									
5	010201001001	预制钢筋混凝土桩 场地土壤级别为一级土 预制管桩 D400×95A，桩身强度C80 桩长暂定30m，共547根 钢桩尖24.4kg 管桩顶1200mm高内填充C30微膨胀商品混凝土	打桩	1.58	78.80	9.64	1.29	0.55	97.82 元/ m³
			管桩填充材料	0.08	0.94	0.01	0.02	0.03	
			钢桩尖	0.39	3.84	0.44	0.10	0.14	
			小计	2.05	83.57	10.08	1.40	0.72	
6	010201002001	接桩 电焊接桩 桩径 D500	接桩	11.11	10.50	40.05	6.16	3.89	71.71 元/个
			小计	11.11	10.50	40.05	6.16	3.89	

序号	项目编码	项目名称	工程内容	综合单价分析/元					综合单位
				人工费	材料费	机械费	管理费	利润	
			A3. 砌筑工程						
7	010301001001	砖基础 砖基础 MU15 灰砂砖,规格 240mm × 115mm×53mm M7.5 水泥石灰砂浆砌筑	砌砖基础	36.30	148.64	1.48	2.81	9.21	188.44 元/m³
			小计	36.30	148.64	1.48	2.81	9.21	
8	010302001001	实心砖墙 3. 砖砌 1 砖厚外墙 4.MU10 灰砂砖,规格 240mm × 115mm×53mm 5.M7.5 水泥石灰砂浆砌筑	砌砖	35.90	142.54	1.47	3.78	12.57	196.25 元/m³
			小计	35.90	142.54	1.47	3.78	12.57	
9	010302001002	实心砖墙 3. 砖砌 1 砖厚内墙 4.MU10 灰砂砖,规格 240mm × 115mm×53mm 5.M7.5 水泥石灰砂浆砌筑	砌砖	33.55	140.25	1.43	3.54	11.74	190.51 元/m³
			小计	33.55	140.25	1.43	3.54	11.74	
10	010302006001	零星砌砖 砖砌台阶 MU10 灰砂砖,规格 240mm × 115mm×53mm M7.5 水泥石灰砂浆砌筑	砌砖	10.50	31.64	0.44	1.11	3.67	47.36 元/m²
			小计	10.50	31.64	0.44	1.11	3.67	
			A4. 混凝土及钢筋混凝土工程						
11	010401005001	桩承台基础 现浇混凝土桩承台,C25 商品混凝土 现浇混凝土基础垫层 100mm	混凝土购置、捣制	20.86	273.90	8.99	5.22	7.30	340.63 元/m³
			垫层搅拌、浇捣	2.17	20.98	0.07	0.38	0.76	
			小计	23.02	294.89	9.06	5.60	8.06	
12	010402001001	矩形柱 现浇钢筋混凝土构造柱,C30 商品混凝土 柱截面周长 1.8 以内,高度 3.6m 以内	混凝土购置、捣制	40.58	289.27	2.04	7.51	14.20	53.60 元/m³
			小计	40.58	289.27	2.04	7.51	14.20	

续表

序号	项目编码	项目名称	工程内容	综合单价分析/元					综合单位
				人工费	材料费	机械费	管理费	利润	
13	010402001002	矩形柱 现浇钢筋混凝土矩形柱，C30 商品混凝土 柱截面周长 1.8 以外，高度 5.6m 以内	混凝土购置、捣制	27.84	289.30	2.04	5.27	9.74	334.19 元/m³
			小计	27.84	289.30	2.04	5.27	9.74	
14	010403001001	基础梁 现浇钢筋混凝土基础梁，C25 商品混凝土 混凝土基础垫层 100mm，C10 现拌	混凝土购置、捣制	18.02	290.43	2.05	3.54	6.31	414.12 元/m³
			垫层搅拌、浇捣	8.34	80.77	0.27	1.47	2.92	
			小计	26.37	371.20	2.32	5.01	9.23	
15	010403005001	过梁 现浇钢筋混凝土过梁，C25 商品混凝土 商品混凝土购置，捣制	混凝土购置、捣制	36.41	277.94	2.05	6.78	12.74	335.92 元/m³
			小计	36.41	277.94	2.05	6.78	12.74	
16	010404001001	直行墙 现浇钢筋混凝土墙，C25 商品混凝土 墙厚为 250mm 商品混凝土购置，捣制	混凝土购置、捣制	27.10	290.28	2.02	5.13	9.48	334.01 元/m³
			小计	27.10	290.28	2.02	5.13	9.48	
17	010405001001	有梁板 现浇钢筋混凝土楼面梁、板，C25 C25 商品混凝土 商品混凝土购置，捣制	混凝土购置、捣制	18.67	292.93	2.32	3.70	6.54	324.16 元/m³
			小计	18.67	292.93	2.32	3.70	6.54	
18	010405006001	栏板 现浇钢筋混凝土车道栏板，C25 商品混凝土 商品混凝土购置，捣制	混凝土购置、捣制	46.27	275.94	2.81	8.65	16.20	349.87 元/m³
			小计	46.27	275.94	2.81	8.65	16.20	
19	010406001001	直形楼梯 现浇钢筋混凝土板式直形楼梯，C25 商品混凝土 板厚平均为 227mm 商品混凝土购置，捣制	混凝土购置、捣制	7.07	62.87	0.64	1.36	2.47	74.41 元/m²
			小计	7.07	62.87	0.64	1.36	2.47	

续表

序号	项目编码	项目名称	工程内容	综合单价分析/元					综合单位
				人工费	材料费	机械费	管理费	利润	
20	010406001002	直形楼梯 现浇钢筋混凝土梁式直形楼梯，C25 商品混凝土 板厚平均为312mm 商品混凝土购置，捣制	混凝土购置、捣制	9.71	86.43	0.88	1.87	3.40	102.29 元/m²
			小计	9.71	86.43	0.88	1.87	3.40	
21	010407001001	其他构件 现浇钢筋混凝土天沟板，C25 商品混凝土 板厚平均为150mm 商品混凝土购置，捣制	混凝土购置、捣制	36.05	280.41	2.81	6.86	12.62	338.74 元/m³
			小计	36.05	280.41	2.81	6.86	12.62	
22	010408001001	后浇带 现浇钢筋混凝土后浇带梁，C25 商品混凝土(微膨胀混凝土参UEA12%~15%) 商品混凝土购置，捣制	混凝土购置、捣制	26.21	296.93	3.33	5.22	9.17	340.87 元/m³
			小计	26.21	296.93	3.33	5.22	9.17	
23	010416001001	现浇混凝土钢筋管桩桩头插筋，Ⅱ级钢制作安装 25 以内钢筋	钢筋制安	169.44	3325.57	3.58	30.51	59.30	3588.41 元/t
			小计	169.44	3325.57	3.58	30.51	59.30	
24	010416001002	现浇混凝土钢筋现浇构件直、弯筋，Ⅰ级钢制作安装 10 以内钢筋	钢筋制安	245.52	3356.97	33.39	49.56	85.93	3771.37 元/t
			小计	245.52	3356.97	33.39	49.56	85.93	
25	010416001003	现浇混凝土钢筋现浇构件直、弯筋，Ⅱ级钢制作安装 25 以内钢筋	钢筋制安	123.84	3549.21	67.24	34.96	43.34	3818.59 元/t
			小计	123.84	3549.21	67.24	34.96	43.34	
26	010416001004	现浇混凝土钢筋现浇构件箍筋，Ⅰ级钢制作安装 10 以内钢筋	钢筋制安	323.76	3354.52	53.70	67.25	113.32	3912.55 元/t
			小计	323.76	3354.52	53.70	67.25	113.32	

续表

序号	项目编码	项目名称	工程内容	综合单价分析/元					综合单位
				人工费	材料费	机械费	管理费	利润	
A7. 屋面及防水工程									
27	010702002001	屋面涂膜防水 屋面防水层 面1:2水泥砂浆加5%防水剂分两次抹平压光 底刷PUK聚氨酯涂层厚2mm,铺贴一层玻璃纤维布	铺防水涂层	1.72	54.01		0.17	0.60	66.59 元/m²
			抹找平层	2.52	6.26	0.16	0.26	0.88	
			小计	4.24	60.27	0.16	0.43	1.46	
28	010703002001	涂膜防水 卫生间涂膜防水层 20厚1:2水泥砂浆加5%防水剂分抹平压光 刷PUK聚氨酯涂层厚1.5mm,四周沿墙边翻高150mm	铺防水涂层	2.54	54.19		0.24	0.89	75.42 元/m²
			基层处理	4.36	10.89	0.32	0.45	1.53	
			小计	6.90	65.09	0.32	0.70	2.41	
29	010703004001	变形缝 三层楼面分割缝 1mm厚铜片底, 2mm厚PUK聚氨酯中层,10mm厚钢板盖面,缝宽100mm 1mm厚铝片封顶	填缝	1.34	9.95		0.13	0.47	287.03 元/m
			盖缝	7.10	264.86		0.69	2.48	
			小计	8.44	274.81		0.82	2.96	
A8. 防腐、隔热、保温工程									
30	010803001001	保温隔热屋面 隔热层 轻质泡沫混凝土现场捣制,厚度80mm	隔热层捣制	1.30	9.58	0.32	0.16	0.46	11.82 元/m²
			小计	1.30	9.58	0.32	0.16	0.46	

表 4.25　措施项目费分析

工程名称：某办公楼——建筑工程　　　　　　　　　　　　　　　　　　　　　第　页　共　页

序号	项目名称	单位	数量	金额/元					
				人工费	材料费	机械费	管理费	利润	小计
1	安全防护、文明施工措施费含环境保护、文明施工、安全施工、临时设施								
1.1	文明施工费(含环境保护、文明施工)	项	1.00						12 420.17
1.2	建筑物密目网垂直防护架	项	1	2570	34 788	1520	894.194	2573.26	39 772.19
A2－56	建筑物密目网垂直防护架	m²	3620.00	2570	34 788	1520	894.194	2573.26	39 772.19
1.3	建筑物密目网垂直封闭	项	1	1701	29 177		710.194	2043.76	31 588.19

续表

序号	项目名称	单位	数量	金额/元					
				人工费	材料费	机械费	管理费	利润	小计
A2—57	建筑物密目网垂直封闭	m²	3620.00	1701	29 177		710.194	2043.76	31 588.19
1.4	水平防护架	项	1	240	3 517	91	88.504	254.69	3936.50
A2—58	水平防护架	m²	152	240	3 517	91	88.504	254.69	3936.50
1.5	洞口水平防护网	项	1	28	181	3	4.876	14.03	216.88
A2—60	洞口水平防护网	m²	50	28	181	3	4.876	14.03	216.88
1.6	安全网　立挂式	项	1	3	177		4.14	11.91	184.14
A2—61	安全网　立挂式	m²	52	3	177		4.14	11.91	184.14
1.7	安全网　挑出式	项	1	66	369	24	10.557	30.38	469.56
A2—62	安全网　挑出式	m²	162	66	369	24	10.557	30.38	469.56
1.8	楼梯防护栏杆	项	1	422	651	122	27.485	79.09	1222.49
A2—64	楼梯防护栏杆	m²	214	422	651	122	27.485	79.09	1222.49
1.9	洞口垂直防护栏杆	项	1	292	959	19	29.21	84.06	1299.21
A2—65	洞口垂直防护栏杆	m²	52	292	959	19	29.21	84.06	1299.21
2	其他措施费部分								
2.1	大型机械进出场费	项							17 976.33
A2001	塔式起重机 60kN·m 以内	台次				5284.79	121.55	349.79	5756.13
A1001	固定式基础(带配重)	座				4154.74	95.56	274.99	4525.29
A3014	塔式起重机 60kN·m 以内	台次				7064.81	162.49	467.61	7694.91
2.2	混凝土、钢筋混凝土模板支架费	项	1	94 535	149 650	11 534	5881.54	16 925.55	278 526.09
A1—7	办公用房　框剪结构	m²	3 620	94 535	149 650	11 534	5881.54	16 925.55	278 526.09
2.3	脚手架	项	1						
A2—4	综合脚手架	m²	3 620	9 417	20 659	2 628	752.19	2164.62	35 620.81
2.4	已完工程保护费	项	1						3000.00
2.5	施工排水、降水	项	1						6000.00
	合　计	元							432 232.56

复习思考题

1. 简述工程量清单的组成。
2. 工程量清单报价一般要完成哪些表格的编制?
3. 工程量清单计价的费用由哪些部分组成?
4. 工程量清单计价的方法有哪些?

5. 工程量清单计价表格由哪些部分组成？

6. 简述工程量清单计价的程序。

习 题

1. 某砖混住宅楼土方工程，土的类别为三类土，基础为带型钢筋混凝土基础，垫层宽度为 1 200，带形基础垫层的总长度为 1 500m，挖土深度为 1.8m，弃土运距为 5km，根据建筑工程量清单规范及当地的计价定额，试计算该土方工程的综合价格。

2. 如果某项目的管理费率为 2.50%，利润率为 5.20%，试根据表 4.26 中给出的措施费中的直接费计算措施项目费的费用。

表 4.26 措施项目费用计算

序号	项目名称	单位	数量	金额/元					
				人工费	材料费	机械费	管理费	利润	小计
1	大型机械进出场费	项							
1.1	塔式起重机 60kN·m 以内	台次				2650			
1.2	固定式基础（带配重）	座		250	1230	360			
1.3	塔式起重机 60kN·m 以内	台次	1			860			
2	混凝土、钢筋混凝土模板支架费	项	1	865	2650	1530			
3	脚手架	项	1	1560	3680	456			
合　计		元							

第5章　建筑面积的计算

本章提示：

本章内容根据国家标准《建筑工程建筑面积计算规范》(GB/T50353—2005)编写,适用于新建、扩建、改建的工业与民用建筑工程,包括工业厂房、仓库,公共建筑、居住建筑,农业生产使用的房屋、粮种仓库、地铁车站等的建筑面积的计算。

本章介绍了建筑面积的概念和作用,建筑面积计算中所涉及的相关术语以及建筑面积的计算规则。在建筑面积计算规则中,重点论述了单层建筑物、多层建筑物、其他建筑面积的计算,以及不计算建筑面积的范围。通过本章学习,熟练掌握各类建筑物的建筑面积计算规定与具体计算方法。

5.1　概　　述

5.1.1　建筑面积的概念

建筑面积,也称建筑展开面积,是指建筑物各层外围水平投影面积总和。由使用面积、辅助面积和结构面积组成。

使用面积是指建筑物各层平面布置中,可直接为生产或生活使用的净面积总和,如居住生活空间、工作间和生产车间等的净面积。

辅助面积是指建筑物各层平面布置中为辅助生产或生活所占净面积的总和,如楼梯间、走道间、电梯间等。使用面积与辅助面积的总和称为"有效面积"。

结构面积是指建筑面积各层平面布置中的墙体、柱子、通风道等结构所占面积的总和。

5.1.2　建筑面积的作用

建筑面积是反映建筑规模大小的一项重要技术经济指标,它是房屋建筑计算工程量的主要指标,也是计算单位建筑面积经济指标(如单方造价指标、单方资源消耗量指标等)的主要依据。

建筑面积在工程造价管理中起着重要的作用。它是核定估算、概算、预算工程造价的一个重要基础数据,是确定与控制工程造价、分析工程造价与工程设计合理性的一个基础指标。

建筑面积是统计部门汇总发布房屋建筑面积完成情况的基础,如开工面积、已完工面积、竣工面积等均是以建筑面积指标来表示的。

建筑面积是房产管理、土地管理、房地产交易、工程承发包交易中的一个关键指标。目前,建设部和国家质量技术监督局颁发的《房产测量规范》的房产面积计算,以及《住宅设计规范》中有关面积的计算,均以《建筑工程建筑面积计算规范》为依据。

5.1.3　相关术语

计算建筑面积时,涉及一些专业术语,现解释如下:

(1) 层高:上下两层楼面或楼面与地面之间的垂直距离。

(2) 自然层:按楼板、地板结构分层的楼层。

(3) 架空层:建筑物深基础或坡地建筑吊脚架空部位不回填土石方形成的建筑空间。

(4) 走廊:建筑物的水平交通空间。

(5) 挑廊:挑出建筑物外墙的水平交通空间。

(6) 檐廊:设置在建筑物底层出檐下的水平交通空间。

(7) 回廊:在建筑物门厅、大厅内设置在二层或二层以上的回形走廊。

(8) 门斗:在建筑物出入口设置的起分隔、挡风、御寒等作用的建筑过渡空间。

(9) 建筑物通道:为道路穿过建筑物而设置的建筑空间。

(10) 架空走廊:建筑物与建筑物之间,在二层或二层以上专门为水平交通设置的走廊。

(11) 勒脚:建筑物的外墙与室外地面或散水按触部位墙体的加厚部分。

(12) 围护结构:围合建筑空间四周的墙体、门、窗等。

(13) 围护性幕墙:直接作为外墙起围护作用的幕墙。

(14) 装饰性幕墙:设置在建筑物墙体外起装饰作用的幕墙。

(15) 落地橱窗:突出外墙面根基落地的橱窗。

(16) 阳台:供使用者进行活动和晾晒衣物的建筑空间。

(17) 眺望间:设置在建筑物顶层或挑出房间的供人们远眺或观察周围情况的建筑空间。

(18) 雨篷:设置在建筑物进出口上部的遮雨、遮阳篷。

(19) 地下室:房间地平面低于室外地平面的高度超过该房间净高的 1/2 者为地下室。

(20) 半地下室:房间地平面低于室外地平面的高度超过该房间净高的 1/3,且不超过 1/2 者为半地下室。

(21) 变形缝:伸缩缝(温度缝)、沉降缝和抗震缝的总称。

(22) 永久性顶盖:经规划批准设计的永久使用的顶盖。

(23) 飘窗:为房间采光和美化造型而设置的突出外墙的窗。

(24) 骑楼:楼层部分跨在人行道上的临街楼房。

(25) 过街楼:有道路穿过建筑空间的楼房。

5.2　建筑面积的计算规则

建筑面积计算规则,是确定建筑物建筑面积数值的原则和方法。

5.2.1 单层建筑物的建筑面积计算

（1）单层建筑物的建筑面积，应按其外墙勒脚以上结构外围水平面积计算，并应符合下列规定：单层建筑物高度在 2.20m 及以上者应计算全面积；高度不足 2.20m 者应计算 1/2 面积。

说明：勒脚是墙根部很矮的一部分墙体加厚，不能代表整个外墙结构，因此计算建筑面积要扣除勒脚墙体加厚的部分，按外墙勒脚以上结构外围水平面积计算。所谓"结构外围水平面积"即不包括外墙抹灰、装饰材料厚度等所占面积。

如图 5.1 所示，为某单层建筑平面示意图，其建筑面积计算为

$$S = L \times B \tag{5.1}$$

式中：S——单层建筑面积；

　　　L——两端山墙勒脚以上结构外表面间水平长度；

　　　B——两纵墙勒脚以上结构外表面间水平长度。

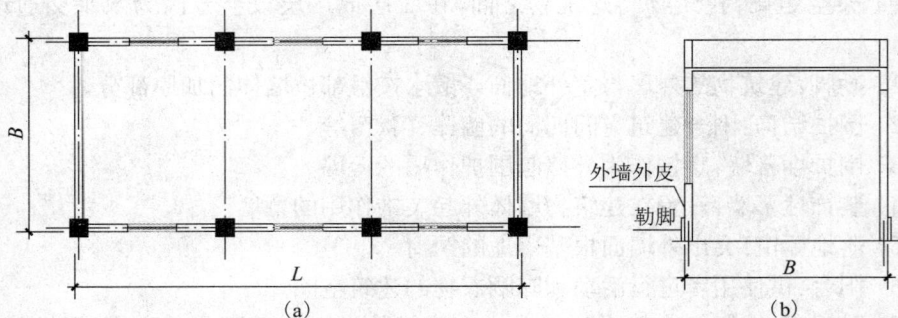

图 5.1　单层建筑物示意图
（a）平面图；（b）剖面图

（2）利用坡屋顶内空间时净高超过 2.10m 的部位应计算全面积；净高在 1.20～2.10m 的部位应计算 1/2 面积；净高不足 1.20m 的部位不应计算面积。单层坡屋顶建筑如图 5.2 所示。

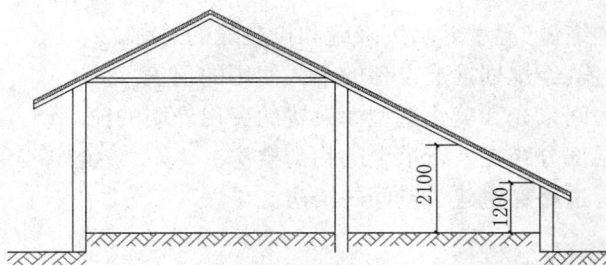

图 5.2　单层坡屋顶剖面示意图

说明：单层建筑物应按不同的高度确定其面积的计算。高度指室内地面标高至屋面板板面结构标高之间的垂直距离。遇有以屋面板找坡的平屋顶单层建筑物，其高度指室

内地面标高至屋面板最低处板面结构标高之间的垂直距离。坡屋顶内空间的建筑面积，按不同净高确定其面积进行计算。净高指楼面或地面至上部楼板底或吊顶底面之间垂直距离。

（3）单层建筑物内设有部分楼层者，首层建筑面积已包括在单层建筑物内，二层及二层以上应计算建筑面积。

说明：单层建筑物内设有部分楼层者，应将围起楼层的内外墙厚包括在建筑面积内。如图 5.3 所示，其建筑面积计算为

$$S = L \times B + \sum (l \times b) \tag{5.2}$$

式中：l——内部二层结构的横墙长度；

　　　b——内部二层结构的纵墙长度；

　　　求和项不包括底层建筑面积在内。

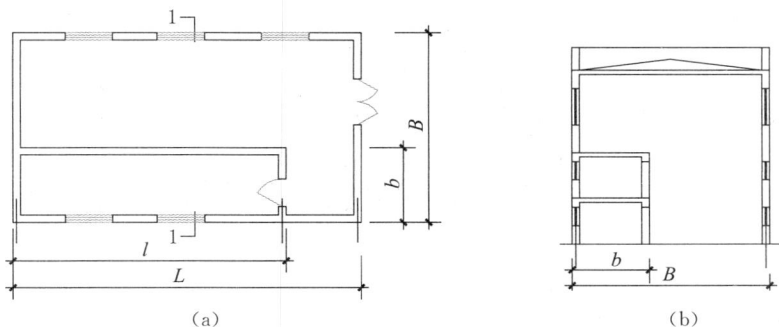

图 5.3　单层建筑物带部分楼层
（a）平面图；（b）1—1 剖面图

【例 5.1】　参照图 5.3 所示，某带有部分楼层的单层建筑物，内外墙厚均为 240mm，层高为 7.2m，横墙外墙长 $L = 20$m，纵墙外墙长 $B = 10$m，内部二层结构的横墙 $l = 10$m，纵墙 $b = 5$m，局部楼层一层层高为 2.8m，二层层高为 2.1m，计算该建筑物的总建筑面积。

解　根据题意及图示可知，该建筑物层高及局部楼层首层的层高均大于 2.2m，故应计算全面积，局部二层层高小于 2.2m，根据规定应计算 1/2 面积为

$$S = 20\text{m} \times 10\text{m} + 10\text{m} \times 5\text{m}/2 = 225\text{m}^2$$

5.2.2　多层建筑物的建筑面积计算

（1）多层建筑物首层应按其外墙勒脚以上结构外围水平面积计算；二层及以上楼层应按其外墙结构外围水平面积计算。层高在 2.20m 及以上者应计算全面积；层高不足 2.20m 者应计算 1/2 面积。

（2）多层建筑坡屋顶内和场馆看台下，当设计加以利用时，净高超过 2.10m 的部位应计算全面积；净高在 1.20～2.10m 的部位应计算 1/2 面积。当设计不利用或室内净高不足 1.20m 时不应计算建筑面积。

说明：

（1）多层建筑物的建筑面积计算应按不同的层高分别计算。

层高是指上下两层楼面结构标高之间的垂直距离。建筑物最底层的层高，有基础底板的按基础底板上表面结构至上层楼面的结构标高之间的垂直距离；没有基础底板指地面标高至上层楼面结构标高之间的垂直距离；最上一层的层高是其楼面结构标高至屋面板板面结构标高之间的垂直距离。遇有以屋面板找坡的屋面，层高指楼面结构标高至屋面板最低处板面结构标高之间的垂直距离。

（2）多层建筑坡屋顶内和场馆看台下的空间应视为坡屋顶内的空间，设计加以利用时，应按其净高确定其建筑面积的计算。设计不利用的空间，不应计算建筑面积。

（3）同一建筑物如结构、层数不同，应分别计算建筑面积。如底层为框架结构，以上为砖混；或主楼为框架，附楼为砖混，均应分别计算框架结构与砖混结构的建筑面积。

5.2.3 其他建筑面积的计算

（1）地下室、半地下室（车间、商店、车站、车库、仓库等），包括相应的有永久性顶盖的出入口，应按其外墙上口（不包括采光井、外墙防潮层及其保护墙）外边线所围水平面积计算。层高在 2.20m 及以上者应计算全面积；层高不足 2.20m 者应计算 1/2 面积。

地下室建筑如图 5.4 所示，其建筑面积（S）包含地下、半地下建筑面积以及出入口部分建筑面积，计算如下式所示，即

$$S = S_1 + S_2 \tag{5.3}$$

式中：S_1——地下、半地下室建筑面积，按式（5.4）计算；

S_2——出入口部分建筑面积，按式（5.5）计算。

$$S_1 = L_1 \times B_1 \tag{5.4}$$

$$S_2 = L_2 \times B_2 \tag{5.5}$$

式中：L_1，B_1——地下室上口外围的水平长与宽；

L_2，B_2——地下室出入口外围的水平长与宽。

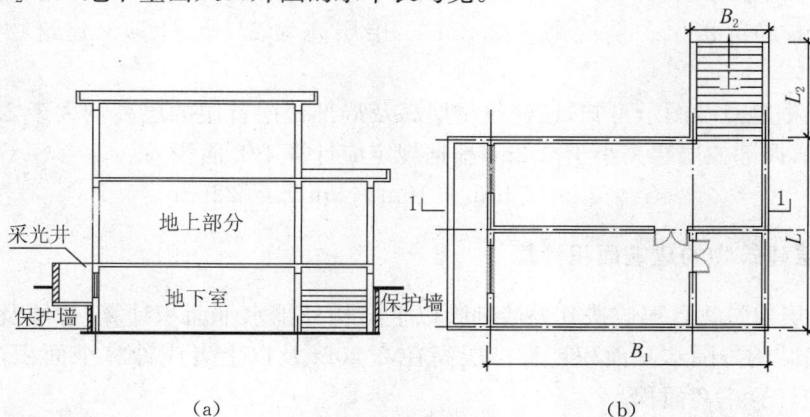

（a）   （b）

图 5.4 地下室建筑剖面示意图

（a）1—1 剖面图；（b）地下室平面图

（2）坡地的建筑物吊脚架空层、深基础架空层，设计加以利用并有围护结构的，层高在 2.20m 及以上的部位应计算全面积；层高不足 2.20m 的部位应计算 1/2 面积，如图 5.5 所示。设计加以利用、无围护结构的建筑吊脚架空层，应按其利用部位水平面积的1/2 计算；设计不利用的深基础架空层、坡地吊脚架空层、多层建筑坡屋顶内、场馆看台下的空间不应计算面积。

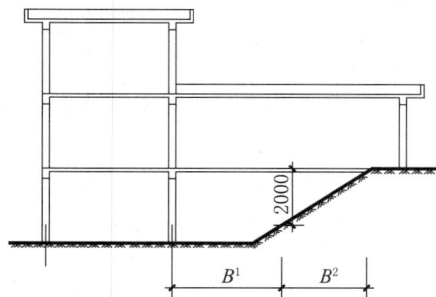

图 5.5　坡地吊脚架空层

（3）建筑物的门厅、大厅按一层计算建筑面积。门厅、大厅内设有回廊时，应按其结构底板水平面积计算。层高在 2.20m 及以上者应计算全面积；层高不足 2.20m 者应计算1/2 面积。有回廊的建筑物如图 5.6 所示。

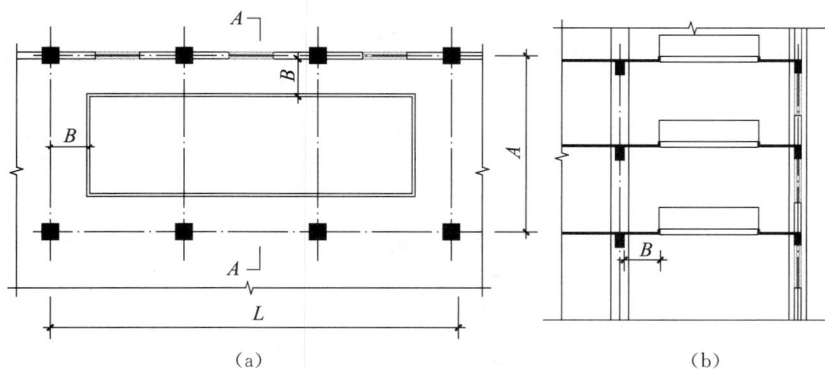

（a）　　　　　　　　　　　　　　　　（b）

图 5.6　有回廊大厅

（a）平面图；（b）剖面图

（4）建筑物间有围护结构的架空走廊，应按其围护结构外围水平面积计算。层高在2.20m 及以上者应计算全面积；层高不足 2.20m 者应计算 1/2 面积。有永久性顶盖无围护结构的应按其结构底板水平面积的 1/2 计算。有围护结构的架空走廊如图 5.7 所示，无围护结构的架空走廊如图 5.8 所示。

（5）立体书库、立体仓库、立体车库，无结构层的应按一层计算，有结构层的应按其结构层面积分别计算。层高在 2.20m 及以上者应计算全面积；层高不足 2.20m 者应计算1/2 面积。

说明：立体车库、立体仓库、立体书库不规定是否有围护结构，均按是否有结构层判断。应区分不同的层高确定建筑面积计算的范围。

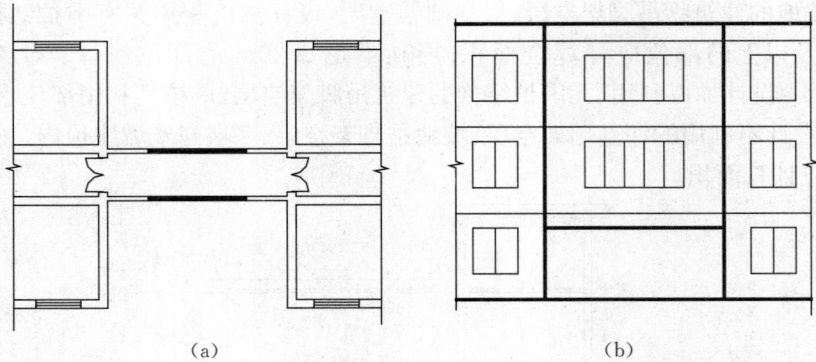

（a） （b）

图 5.7 有围护结构的架空走廊
（a）平面图；（b）立面图

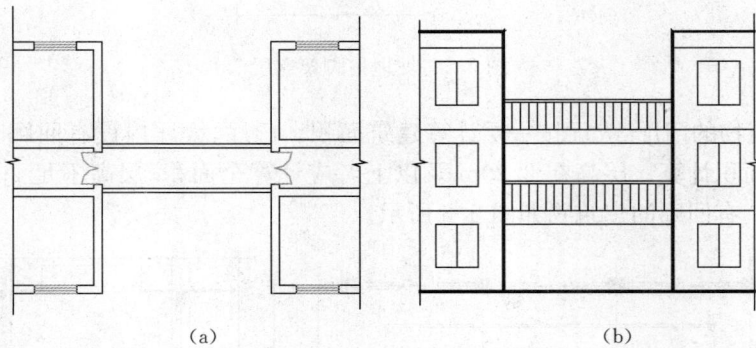

（a） （b）

图 5.8 无围护结构的架空走廊
（a）平面图；（b）立面图

（6）有围护结构的舞台灯光控制室，应按其围护结构外围水平面积计算。层高在 2.20m 及以上者应计算全面积；层高不足 2.20m 者应计算 1/2 面积。

（7）建筑物外有围护结构的落地橱窗、门斗、挑廊、走廊、檐廊，应按其围护结构外围水平面积计算。层高在 2.20m 及以上者应计算全面积；层高不足 2.20m 者应计算 1/2 面积。有永久性顶盖无围护结构的应按其结构底板水平面积的 1/2 计算。建筑物廊道示意图如图 5.9 所示。

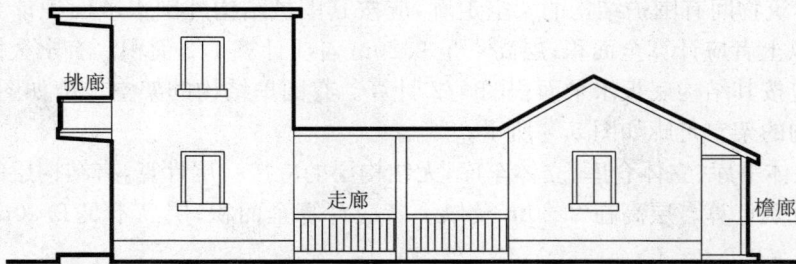

图 5.9 建筑物廊道示意图

（8）有永久性顶盖无围护结构的场馆看台应按其顶盖水平投影面积的 1/2 计算。

说明:"场馆"实质上是指"场"(如足球场、网球场等)看台上有永久性顶盖部分;"馆"应是有永久性顶盖和围护结构的,应按单层或多层建筑相关规定计算面积。

（9）建筑物顶部有围护结构的楼梯间、水箱间、电梯机房等,层高在 2.20m 及以上者应计算全面积;层高不足 2.20m 者应计算 1/2 面积。

说明:如遇建筑物屋顶的楼梯间是坡屋顶,应按坡屋顶的相关规则计算面积。

（10）设有围护结构不垂直于水平面而超出底板外沿的建筑物,应按其底板面的外围水平面积计算。层高在 2.20m 及以上者应计算全面积;层高不足 2.20m 者应计算 1/2 面积。

说明:设有围护结构不垂直于水平面而超出底板外沿的建筑物是指向建筑物外倾斜的墙体。若遇有向建筑物内倾斜的墙体,应视为坡屋顶,应按坡屋顶有关规则计算面积。

（11）建筑物内的室内楼梯间、电梯井、观光电梯井、提物井、管道井、通风排气竖井、垃圾道、附墙烟囱应按建筑物的自然层计算。建筑物内的室内楼梯间、电梯井剖面示意图如图 5.10 所示。

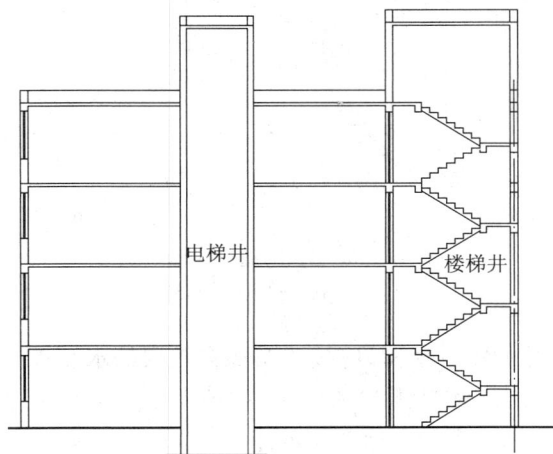

图 5.10　建筑物的室内楼梯间、电梯井剖面示意图

说明:室内楼梯间的面积计算,应按楼梯依附的建筑物的自然层数计算并在建筑物面积内。遇跃层建筑,其共用的室内楼梯应按自然层计算面积;上下两错层户室共用的室内楼梯,应选上一层的自然层计算面积。户室错层剖面示意图如图 5.11 所示。

（12）雨篷结构的外边线至外墙结构外边线的宽度超过 2.10m 者,应按雨篷结构板的水平投影面积的 1/2 计算。

说明:雨篷均以其宽度超过 2.10m 或不超过 2.10m 衡量,超过 2.10m 者应按雨篷的结构板水平投影面积的 1/2 计算。有柱雨篷和无柱雨篷的计算应一致。雨篷示意图如图 5.12 所示。

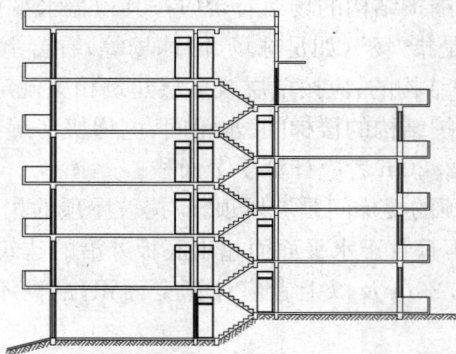

图 5.11　户室错层剖面示意图

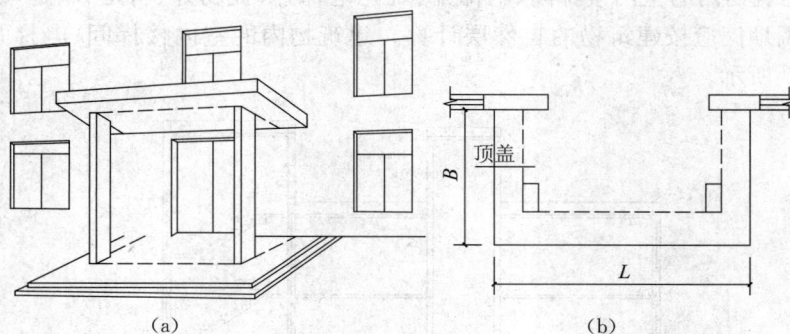

(a)　　　　　　　　　　　　　　(b)

图 5.12　雨篷示意图

(a) 透视图；(b) 平面图

（13）有永久性顶盖的室外楼梯，应按建筑物自然层的水平投影面积的 1/2 计算。

说明：室外楼梯，最上层楼梯无永久性顶盖，或不能完全遮盖楼梯的雨篷，最上层楼梯不计算面积。上层楼梯可视为下层楼梯的永久性顶盖，下层楼梯应计算面积。室外楼梯如图 5.13 所示。

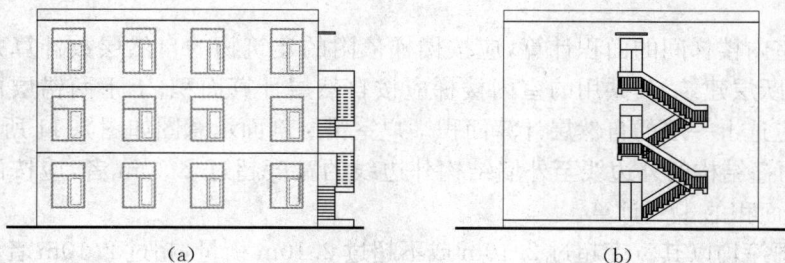

(a)　　　　　　　　　　　　　　(b)

图 5.13　室外楼梯示意图

(a) 正立面；(b) 侧立面

【例 5.2】　参照图 5.13 所示，有一带室外楼梯的三层建筑物，层高均为 3.6m，单层

建筑面积为 $450m^2$，室外楼梯的单层水平投影面积为 $12m^2$，试计算该建筑物的总建筑面积。

　　解　根据题意及示意图所示，该建筑物的建筑面积 S 由外墙以内围成的建筑面积 S_1 和室外楼梯所占建筑面积 S_2 两部分组成。

$$S_1 = 450m^2 \times 3 = 1350m^2$$
$$S_2 = 12m^2/2 \times 2 = 12m^2$$
$$S = S_1 + S_2 = 1362m^2$$

该建筑物的总建筑面积为 $1362m^2$。

（14）建筑物的阳台均应按其水平投影面积的 1/2 计算。

说明：建筑物的阳台有凹阳台、挑阳台、封闭阳台、不封闭阳台等多种形式，均按其水平投影面积的一半计算。建筑物的阳台示意如图 5.14 所示。

　　【例 5.3】　某四层住宅楼平面参照图 5.14 所示，层高均为 2.8m，单层外墙围成建筑面积为 $230m^2$，南、北阳台栏板与外墙围成的水平面积为 $12.6m^2$，试计算该住宅楼的总建筑面积。

　　解　根据题意可知，该住宅楼的建筑面积 S 由外墙以内围成的建筑面积 S_1 及以外阳台所占建筑面积 S_2 两部分组成。

$$S_1 = 230m^2 \times 4 = 920m^2$$
$$S_2 = 12.6m^2/2 \times 4 = 25.2m^2$$
$$S = S_1 + S_2 = 920m^2 + 25.2m^2 = 945.2m^2$$

该住宅楼的总建筑面积为 $945.2m^2$。

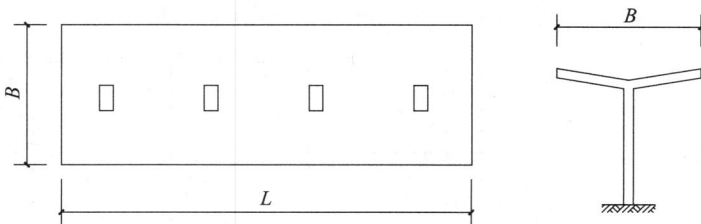

图 5.14　建筑物阳台示意图

（15）有永久性顶盖无围护结构的车棚、货棚、站台、加油站、收费站等，应按其顶盖水平投影面积的 1/2 计算。

说明：在车棚、货棚、站台、加油站、收费站内设有围护结构的管理室、休息室等，另按相关规则计算面积。图 5.15 为单排柱的车棚示意图。

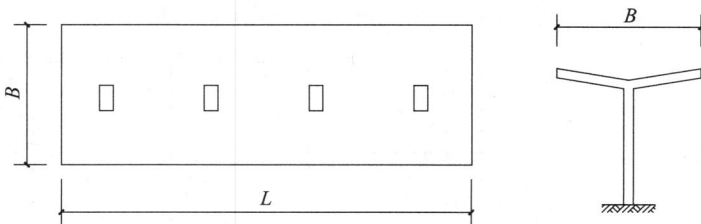

图 5.15　单排柱的车棚示意图

　　【例 5.4】　某单跨货棚平面及剖面如图 5.16 所示，试计算该货棚的建筑面积。

　　解　该货棚有永久性顶盖而无围护结构，所以应按其顶盖水平投影面积的 1/2 计算。

$$S = 16m \times 6.6m/2 = 52.8m^2$$

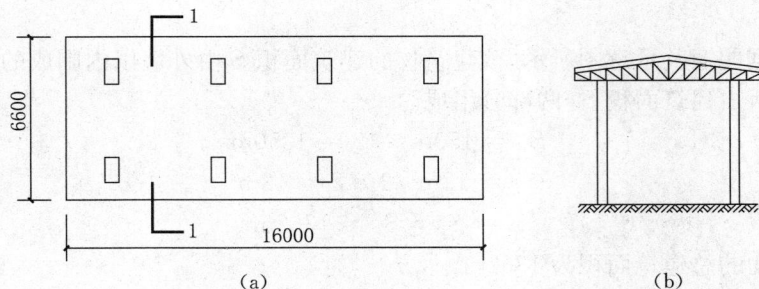

图 5.16　单跨货棚

(a) 平面图；(b) 剖面图

（16）高低联跨的建筑物，应以高跨结构外边线为界分别计算建筑面积；其高低跨内部连通时，其变形缝应计算在低跨面积内。高低联跨厂房示意图如图 5.17 所示。

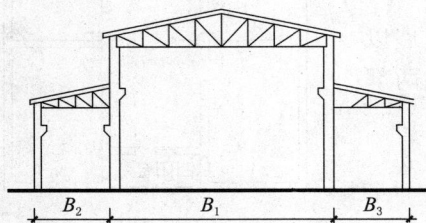

图 5.17　高低联跨单层厂房示意图

图 5.17 中，高跨部分建筑面积 S_1 和低跨部分建筑面积 S_2 分别为

$$S_1 = L \times B_1$$

$$S_2 = L \times B_2 + L \times B_3$$

式中：L——厂房纵向外墙外边线长。

【例 5.5】　某单层高低联跨厂房平面和剖面如图 5.18 所示，柱断面尺寸为 400mm × 600mm，墙厚 300mm，试计算该厂房高、低跨的建筑面积。

解　高跨部分的建筑面积：

$$S_1 = (36.00\text{m} + 0.4\text{m} + 2 \times 0.3\text{m}) \times (9.00\text{m} + 0.6\text{m} + 0.3\text{m}) = 366.3\text{m}^2$$

低跨部分的建筑面积：

$$S_2 = (36.00\text{m} + 0.4\text{m} + 2 \times 0.3\text{m}) \times (6.00\text{m} + 0.3\text{m}) = 233.1\text{m}^2$$

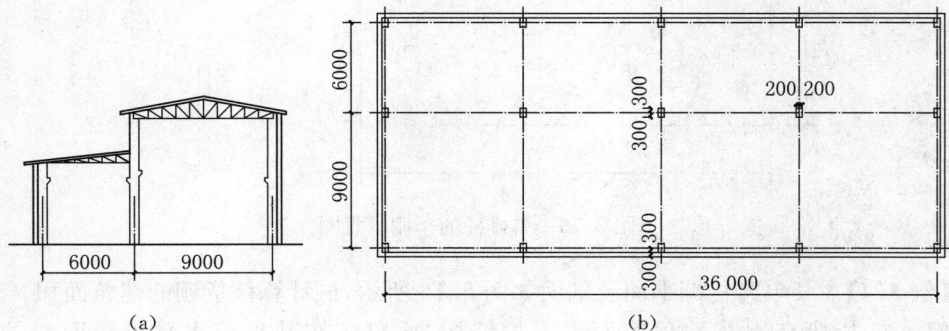

图 5.18　单层高低联跨厂房

(a) 剖面图；(b) 平面图

（17）以幕墙作为围护结构的建筑物，应按幕墙外边线计算建筑面积。

（18）建筑物外墙外侧有保温隔热层的，应按保温隔热层外边线计算建筑面积。

（19）建筑物内的变形缝，应按其自然层合并在建筑物面积内计算。

说明：建筑物内的变形缝是与建筑物相连通的变形缝，即暴露在建筑物内，在建筑物内可以看得见的变形缝。

5.2.4　不计算建筑面积的范围

（1）建筑物通道（骑楼、过街楼的底层）。图 5.19 为通道示意图。

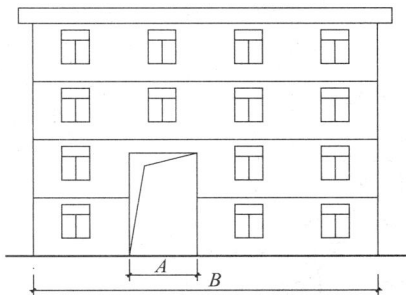

图 5.19　通道示意图

（2）建筑物内的设备管道夹层。

（3）建筑物内分隔的单层房间，舞台及后台悬挂幕布、布景的天桥、挑台等。

（4）屋顶水箱、花架、凉棚、露台、露天游泳池。

（5）建筑物内的操作平台、上料平台、安装箱和罐体的平台。

（6）勒脚、附墙柱、垛、台阶、墙面抹灰、装饰面、镶贴块料面层、装饰性幕墙、空调机外机搁板（箱）、飘窗、构件、配件，宽度在 2.10m 及以内的雨篷以及与建筑物内不相连通的装饰性阳台、挑廊。

（7）无永久性顶盖的架空走廊、室外楼梯和用于检修、消防等的室外钢楼梯、爬梯。

（8）自动扶梯、自动人行道。

（9）独立烟囱、烟道、地沟、油（水）罐、气柜、水塔、储油（水）池、储仓、栈桥、地下人防通道、地铁隧道。

复习思考题

1. 什么是建筑面积？建筑面积由哪几部分构成？

2. 联系所见的建筑物的室外构件来理解专业术语。

3. 建筑面积的计算有哪些具体规则？

4. 不计算建筑面积的范围有哪些？

习　　题

1. 某砖混二层别墅的一、二层平面和剖面如图 5.20 和图 5.21 所示。

问题：依据《建筑工程建筑面积计算规范》（GB/T50353—2005），计算该工程的建筑面积、"三线"（即外墙外边线、外墙中心线和内墙净长线）的工程量。要求详细列出计算过程，计算结果保留两位小数。

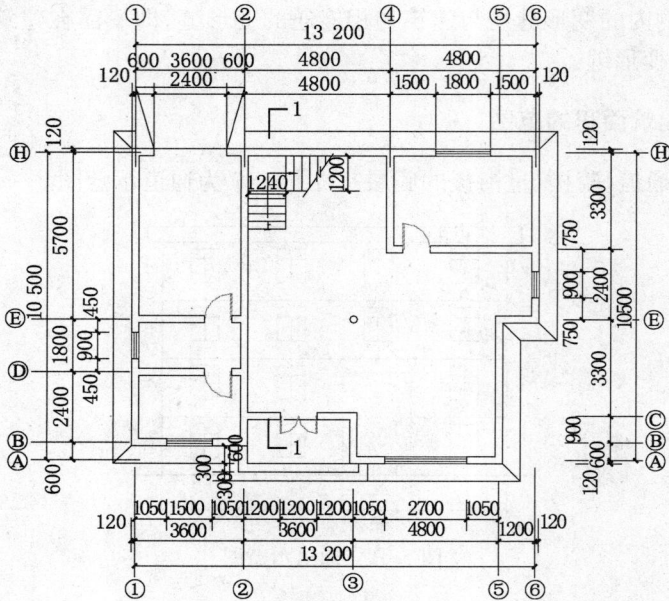

图 5.20　一层平面图

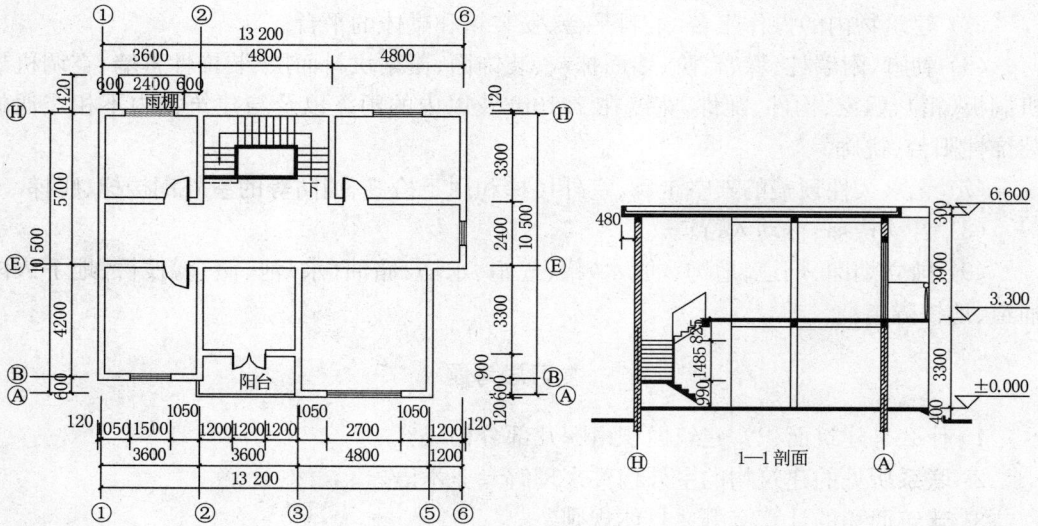

图 5.21　二层平面图、1—1 剖面图

2. 某公寓楼平面及剖面如图 5.22 所示，外墙厚 300mm，内墙厚 200mm，轴线均居中。试计算该公寓楼的建筑面积。要求详细列出计算过程，计算结果保留两位小数。

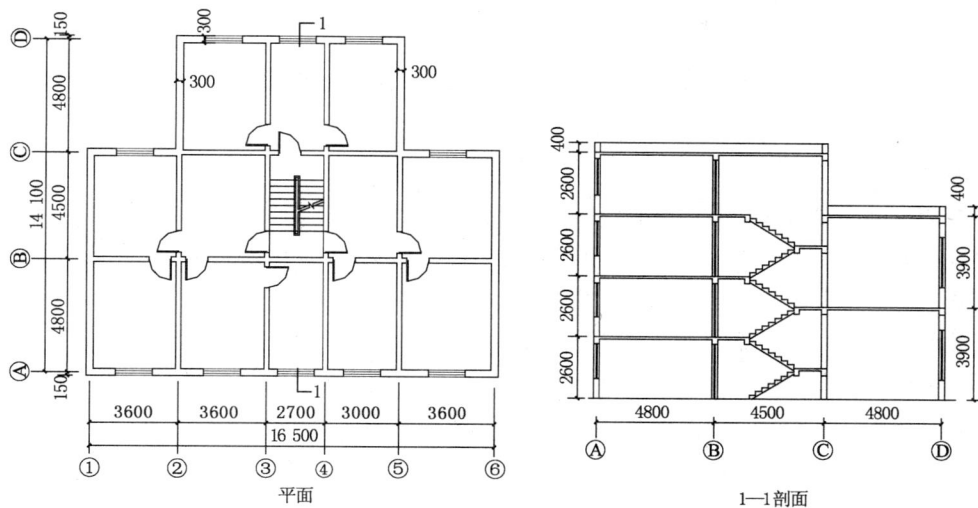

图 5.22　公寓楼平面图及 1—1 剖面图

第6章 土石方与桩基础工程

本章提示：

本章包括土方工程、石方工程、土(石)方回填与运输、混凝土桩、其他桩、地基与边坡处理等内容。在详细介绍各分部分项工程的清单计量规则的基础上，以某地区建筑工程消耗量定额(以下简称本定额)为例，重点阐述了清单计价与定额计价的联系与区别。通过大量的实例，详细介绍了主要分部分项工程综合单价的具体确定方法。通过本章的学习，要求读者掌握土石方和桩基础工程清单计量方法及清单综合单价的确定方法，进行工程量清单的编制；熟练应用地区定额及相关取费标准，完成具体工程土石方与桩基础工程清单综合单价的编制。

6.1 概　　述

《计价规范》将土石方工程列为附录 A 第 1 章，共有 3 节 10 个清单项目，分别为土方工程、石方工程、土(石)方运输与回填三节。将桩与地基基础工程列为附录 A 第 2 章，共有 3 节 12 个清单项目，分别为混凝土桩、其他桩、地基与边坡处理三节。

1. 土(石)方工程

1) 土方工程

本节包括 6 个清单项目，分别为平整场地、挖土方、挖基础土方、冻土开挖、挖淤泥流沙、管沟土方。

土方工程主要以体积(m^3)计价，平整场地以面积(m^2)计价，管沟土方以长度(m)计价。工程量计算规则简单明了，但要注意措辞的规范，比如挖基础土方以基础垫层底面积乘以挖土深度计算，强调基础垫层底面积，不能误认为是基础底面积。

土方工程中每个清单项目所包含的工程内容均有差异，如挖基础土方的工程内容包括排地表水、土方开挖、挡土板支拆、截桩头、基底钎探、运输六项工作内容。在确定清单项目综合单价时，若挖基础土方需设置挡土板，则需考虑支拆挡土板产生的增加费用等。同时，基础土方放坡等施工的增加量，应包括在计价内。

2) 石方工程

本节包括 3 个清单项目，分别为预裂爆破、石方开挖、管沟石方。

石方工程中石方开挖以体积(m^3)计价，预裂爆破和管沟石方以长度(m)计价。每个清单项目的工程内容均有差异，如石方开挖的工程内容包括打眼、装药、放炮，处理渗水、积水，解小，岩石开凿，摊座，清理，运输，安全防护、警卫八项工作内容。在确定综合单价时,要综合考虑每个清单项目所包含的工程内容。如石方开挖清单项目的综合单价,应计取处理渗水、积水的费用,爆破时覆盖的安全网、草袋及架设安全屏障等设施所产生的费用等。

3) 土石方运输与回填

本节包括土(石)方回填 1 个清单项目,以体积(m³)计价。工程量计算规则以体积计算,包括场地回填、室内回填、基础回填。土(石)方回填的工程内容包括挖土方、装卸、运输,回填,分层碾压、夯实 4 项工作内容,计价时应考虑指定范围内的运输以及借土回填的土方开挖费用。

4) 其他相关问题

(1) 土壤及岩石分类应按表 6.1 确定。

表 6.1　土壤及岩石(普氏)分类

土石分类	普氏分类	土壤及岩石名称	天然湿度下平均容量/(kg/m³)	极限压碎强度/(kg/cm²)	用轻钻孔机钻进 1m 耗时/min	开挖方法及工具	紧固系数 f
一、二类土壤	Ⅰ	砂 砂壤土 腐殖土 泥炭	1500 1600 1200 600			用尖锹开挖	0.5～0.6
	Ⅱ	轻壤和黄土类土 潮湿而松散的黄土,软的盐渍土和碱土 平均 15mm 以内的松散而软的砾石 含有草根的密实腐殖土 含有直径在 30mm 以内根类的泥炭和腐殖土 掺有卵石、碎石和石屑的砂和腐殖土 含有卵石或碎石杂质的胶结成块的填土 含有卵石、碎石和建筑料杂质的砂壤土	1600 1600 1700 1400 1100 1650 1750 1900			用锹开挖并少数用镐开挖	0.6～0.8
三类土壤	Ⅲ	肥黏土,其中包括石炭纪、侏罗纪的黏土和冰黏土 重壤土、粗砾石,粒径为 15～40mm 的碎石和卵石 干黄土和掺有碎石或卵石的自然含水量黄土 含有直径大于 30mm 根类的腐殖土或泥炭 掺有碎石或卵石和建筑碎料的土壤	1800 1750 1790 1400 1900			用尖锹并同时用镐开挖(30%)	0.8～1.0

续表

土石分类	普氏分类	土壤及岩石名称	天然湿度下平均容量/(kg/m³)	极限压碎强度/(kg/cm²)	用轻钻孔机钻进 1m 耗时/min	开挖方法及工具	紧固系数 f
四类土壤	IV	土含碎石重黏土其中包括侏罗纪和石英纪的硬黏土	1950			用尖锹并同时用镐和撬棍开挖(30%)	1.0～1.5
		含有碎石、卵石、建筑碎料和重达 25kg 的顽石(总体积 10%以内)等杂质的肥黏上和重壤土	1950				
		冰渍黏土,含有质量在 50kg 以内的巨砾其含量为总体积 10%以内	2000				
		泥板岩	2000				
		不含或含有重量达 10kg 的顽石	1950				
松石	V	含有质量在 50kg 以内的巨砾(占体积 10%以上)的冰渍石	2100	小于 200	小于 3.5	部分用手凿工具,部分用爆破来开挖	1.5～2.0
		砂藻岩和软白垩岩	1800				
		胶结力弱的砾岩	1900				
		各种不坚实的片岩	2600				
		石膏	2200				
次坚石	VI	凝灰岩和浮石	1100	200～400	3.5	用风镐和爆破法开挖	2～4
		松软多孔和裂隙严重的石灰岩和介质石灰岩	1200				
		中等硬变的片岩	2700				
		中等硬变的泥灰岩	2300				
	VII	石灰石胶结的带有卵石和沉积岩的砾石	2200	400～600	6.0		4～6
		风化的和有大裂缝的黏土质砂岩	2000				
		坚实的泥板岩	2800				
		坚实的泥灰岩	2500				
	VIII	砾质花岗岩	2300	600～800	8.5	用爆破方法开挖	6～8
		泥灰质石灰岩	2300				
		黏土质砂岩	2200				
		砂质云母片岩	2300				
		硬石膏	2900				
普坚石	IX	严重风化的软弱的花岗岩、片麻岩和正长岩	2500	800～1000	11.5		8～10
		滑石化的蛇纹岩	2400				
		致密的石灰岩	2500				
		含有卵石、沉积岩的渣质胶结的砾岩	2500				
		砂岩	2500				
		砂质石灰质片岩	2500				
		菱镁矿	3000				

续表

土石分类	普氏分类	土壤及岩石名称	天然湿度下平均容量/(kg/m³)	极限压碎强度/(kg/cm²)	用轻钻孔机钻进 1m 耗时/min	开挖方法及工具	紧固系数 f
普坚石	X	白云石 坚固的石灰岩 大理石 石灰胶结的致密砾石 坚固砂质片岩	2700 2700 2700 2600 2600	1000～1200	15.0	用爆破方法	10～12
	XI	粗花岗岩 非常坚硬的白云岩 蛇纹岩 石灰质胶结的含有火成岩之卵石的砾石 石英胶结的坚固砂岩 粗粒正长岩	2800 2900 2600 2800 2700 2700	1200～1400	18.5		12～14
	XII	具有风化痕迹的安山岩和玄武岩 片麻岩 非常坚固的石炭岩 硅质胶结的含有火成岩之卵石的砾岩 粗石岩	2700 2600 2900 2900 2600	1400～1600	22.0		14～16
	XIII	中粒花岗岩 坚固的片麻岩 辉绿岩 玢岩 坚固的粗面岩 中粒正长岩	3100 2800 2700 2500 2800 2800	1600～1800	27.5		16～18
	XIV	非常坚硬的细粒花岗岩 花岗岩麻岩 闪长岩 高硬度的石灰岩 坚固的玢岩	3300 2900 2900 3100 2700	1800～2000	32.5		18～20
	XV	安山岩、玄武岩、坚固的角页岩 高硬度的辉绿岩和闪长岩 坚固的辉长岩和石英岩	3100 2900 2800	2000～2500	46.0		20～25
	XVI	拉长玄武岩和橄榄玄武岩 特别坚固的辉长辉绿岩、石英石和玢岩	3300 3300	大于 2500	大于 60		大于 25

（2）土石方体积应按挖掘前的天然密实体积计算。如需按天然密实体积折算时，应按表 6.2 系数计算。

表 6.2　土石方体积折算系数

天然密实度体积	虚方体积	夯实后体积	松散体积
1.00	1.30	0.87	1.08
0.77	1.00	0.67	0.83
1.15	1.49	1.00	1.24
0.93	1.20	0.81	1.00

（3）湿土的划分应按地质资料提供的地下常水位为界，地下常水位以下为湿土。

2. 桩与地基基础工程

1）混凝土桩

本节包括三个清单项目：预制钢筋混凝土桩、接桩和混凝土灌注桩。

混凝土桩以桩长（m）或根数（根）计价，接桩以接头数量（个）计价。每个清单项目的工程内容不同，如混凝土灌注桩的工程内容包括成孔、固壁，混凝土制作、运输、灌注、振捣、养护，泥浆池及沟槽砌筑、拆除，泥浆制作、运输、清理、运输五项工作内容。在进行计价时，应考虑人工挖孔时采用护壁的费用，钻孔固壁泥浆的搅拌运输费用，泥浆池、泥浆沟槽的砌筑、拆除费用等。

2）其他桩

本节包括四个清单项目：砂石灌注桩、挤密桩、旋喷桩和喷粉桩。

其他桩以桩长（m）或根数（根）计价。各种桩的工程内容相似，主要包括成孔、成桩材料运输、填充、夯实等工作内容，各种桩的充盈量应考虑在计价内。

3）地基与边坡处理

本节包括五个清单项目：地下连续墙、振冲灌注碎石、地基强夯、锚杆支护和土钉支护。

地基与边坡处理主要以面积（m²）计价，地下连续墙和振冲灌注碎石以体积（m³）计价。工程量计算规则应注意地下连续墙墙体中心线长度的确定方法。若地下连续墙不是永久性的复合型地下结构，而只是作为深基础支护结构，应将其列入措施项目清单，不反映在分部分项工程量清单中。

地基与边坡处理的每个清单项目所包含的工程内容各有不同，如锚杆支护的工程内容包括钻孔，浆液制作、运输、压浆，张拉锚固，混凝土制作、运输、喷射、养护，砂浆制作、运输、喷射、养护五项工作内容。在施工过程中，钻孔、布筋、锚杆安装、灌浆、张拉等搭设脚手架的费用，应计入措施项目费内，不在锚杆支护清单的综合单价中反映。

4）其他相关问题

（1）土壤级别按表 6.3 确定。

表 6.3　土质鉴别

内　容		土 壤 级 别	
		一级土	二级土
砂夹层	砂层连续厚度	＜1m	＞1m
	砂层中卵石含量	—	＜15％
物理性能	压缩系数	＞0.02	＜0.02
	孔隙比	＞0.70	＜0.70
力学性能	静力触探值	＜15	＞50
	动力触探系数	＜12	＞12
每米纯沉桩时间平均值		＜2min	＞2min
说　明		桩经外力作用较易沉入的土，土壤中夹有较薄的砂层	桩经外力作用较难沉入的土，土壤中夹有不超过 3m 的连续厚度砂层

（2）混凝土灌注桩的钢筋笼、地下连续墙的钢筋网制作、安装，应按《计价规范》附录A 第 4 章混凝土及钢筋混凝土工程中相关项目编码列项。

6.2　土　方　工　程

6.2.1　土方工程清单项目

土方工程包括平整场地、挖土方、挖基础土方、冻土开挖、挖淤泥流砂和管沟土方六个子项，其工程量清单项目及工程量计算规则如表 6.4 所示。

表 6.4　土方工程（编码：010101）

项目编码	项目名称	项目特征	计量单位	工程量计算规则	工程内容
010101001	平整场地	1. 土壤类别 2. 弃土运距 3. 取土运距	m²	按设计图示尺寸以建筑物首层面积计算	1. 土方挖填 2. 场地找平 3. 运输
010101002	挖土方	1. 土壤类别 2. 挖土平均厚度 3. 弃土运距		按设计图示尺寸以体积计算	1. 排地表水 2. 土方开挖 3. 挡土板支拆 4. 截桩头 5. 基底钎探 6. 运输
010101003	挖基础土方	1. 土壤类别 2. 基础类型 3. 垫层底宽、底面积 4. 挖土深度 5. 弃土运距	m³	按设计图示尺寸以基础垫层底面积乘以挖土深度计算	
010101004	冻土开挖	1. 冻土厚度 2. 弃土运距		按设计图示尺寸开挖面积乘以厚度以体积计算	1. 打眼、装药、爆破 2. 开挖 3. 清理 4. 运输
010101005	挖淤泥、流砂	1. 挖掘深度 2. 弃淤泥、流砂距离		按设计图示位置、界限以体积计算	1. 挖淤泥、流砂 2. 弃淤泥、流砂

续表

项目编码	项目名称	项目特征	计量单位	工程量计算规则	工程内容
010101006	管沟土方	1. 土壤类别 2. 管外径 3. 挖沟平均深度 4. 弃土石运距 5. 回填要求	m	按设计图示以管道中心线长度计算	1. 排地表水 2. 土方开挖 3. 挡土板支拆 4. 运输 5. 回填

6.2.2 土方工程计量

1. 平整场地

1) 适用对象

平整场地是指开工前为了便于房屋的定位放线,对施工场地厚度在±30cm以内的挖、填、运、找平,如图6.1所示。

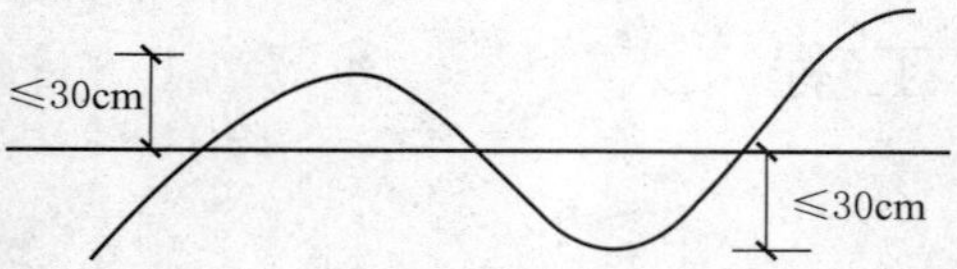

图6.1 平整场地示意图

2) 工程量计算规则

平整场地工程量按设计图示尺寸以建筑物首层面积计算,即

$$S=建筑物首层面积 \qquad (6.1)$$

3) 注意事项

当施工组织设计规定超面积平整场地时,投标人在报价时,应按超面积平整场地计算工程量,且超出部分包含在报价中。

【例6.1】 某工程首层平面图如图6.2所示,试计算平整场地的清单工程量。

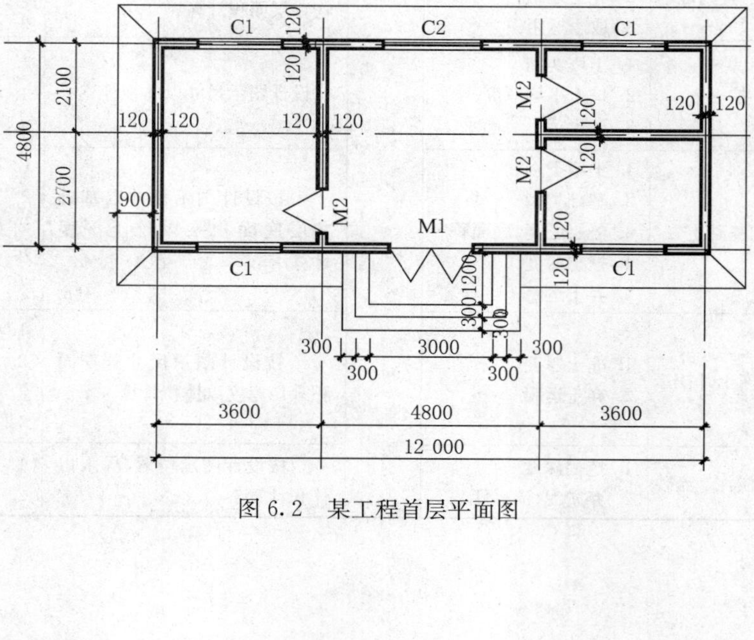

图6.2 某工程首层平面图

解　依据式(6.1),平整场地清单工程量为

$$S = 建筑物首层面积 = (12.0\text{m} + 0.12\text{m} \times 2) \times (4.8\text{m} + 0.12\text{m} \times 2) = 61.69\text{m}^2$$

平整场地工程量清单如表 6.5 所示。

表 6.5　分部分项工程量清单

工程名称:　　　　　　　　　　　　　　　　　　　　　　　　　　　　　　　第　页　共　页

序号	项目编码	项目名称	项目特征描述	计量单位	工程量
1	010101001001	平整场地	土壤类别:Ⅱ类土	m²	61.69

2. 挖土方

1) 适用对象

挖土方是指室外地坪标高以上的挖土,适用于±300mm 以外的竖向布置挖土或山坡切土。

2) 工程量计算规则

挖土方工程量按设计图示尺寸以体积计算,即

$$V = 挖土平均厚度 \times 挖土平面面积 \tag{6.2}$$

3) 注意事项

挖土平均厚度应按自然地面测量标高至设计地坪标高间的平均厚度确定。

3. 挖基础土方

1) 适用对象

挖基础土方是指室外设计地坪以下的土方开挖,适用于基础土方开挖,包括带形基础、独立基础、满堂基础(包括地下室基础)、设备基础及人工挖孔桩等的挖方。

2) 工程量计算规则

挖基础土方工程量按设计图示尺寸以基础垫层底面积乘以挖土深度以体积计算,即

$$V = 基础垫层长 \times 基础垫层宽 \times 挖土深度 \tag{6.3}$$

(1) 当基础为带形基础时,工程量按下式计算,即

$$V = L \times b \times H \tag{6.4}$$

式中:V——挖基础土方体积,m³;

　　　L——基础垫层长度(m),外墙取外墙基础垫层中心线长,内墙取内墙基础垫层净长;

　　　b——基础垫层宽度,m;

　　　H——挖土深度(m),挖土深度应按基础垫层底表面标高至交付施工场地标高确

定,无交付施工场地标高时,应按自然地面标高确定。

（2）当基础为独立基础时,工程量按式（6.5）或式（6.6）计算。

方形或长方形地坑:

$$V = a \times b \times H \tag{6.5}$$

圆形地坑:

$$V = \pi \times R^2 \times H \tag{6.6}$$

式中:V——挖基础土方体积,m³;

　　　a、b——方形或长方形基础垫层底面尺寸,m;

　　　R——圆形基础垫层底面半径;

　　　H——挖土深度,m。

3）注意事项

（1）带形基础应按不同底宽和深度,独立基础和满堂基础应按不同底面积和深度分别编码列项;

（2）根据施工方案规定的放坡、操作工作面和机械挖土进出施工工作面的坡道等增加的施工量所产生的费用,应包括在挖基础土方报价内;

（3）"挖基础土方"项目中应描述弃土运距,施工增加的弃土运输应包括在报价内。

【例 6.2】　某建筑物基础平面及剖面如图 6.3 所示。已知基础土壤类别为Ⅱ类土,弃土运距 4km。试计算挖基础土方清单工程量。

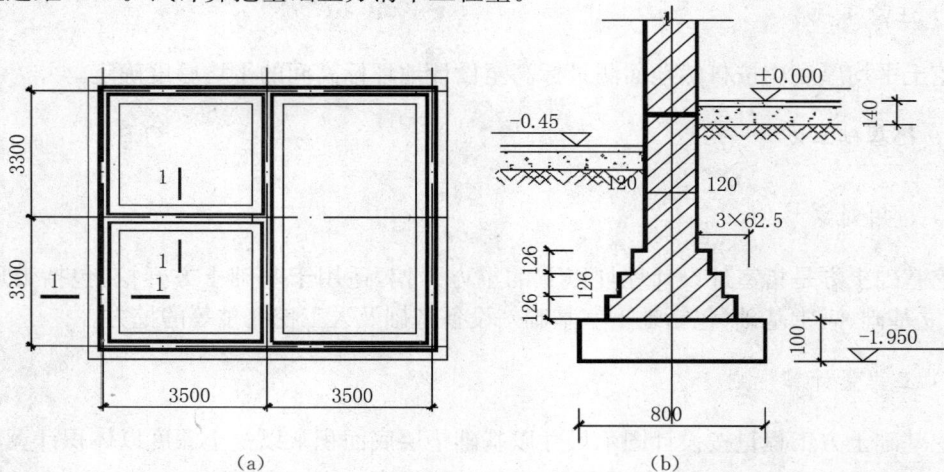

图 6.3　某建筑物基础平面及剖面图
(a) 平面图;(b) 1—1 剖面图

解　挖基础土方清单工程量按设计图示尺寸以基础垫层底面积乘以挖土深度计算,该建筑物基础为带形基础,按式（6.4）计算。

（1）基数计算。为节约时间,提高效率,利用基数计算工程量。

$$L_{外} = (3.5m \times 2 + 0.24m + 3.3m \times 2 + 0.24m) \times 2 = 28.16m$$
$$L_{中} = (3.5m \times 2 + 3.3m \times 2) \times 2 = 27.2m$$
$$L_{内} = 3.3m \times 2 - 0.24m + 3.5m - 0.24m = 9.62m$$
$$L_{内槽} = (6.6 - 0.4 \times 2) + (3.5 - 0.4 \times 2) = 8.5m$$
$$S_{底} = (3.5m \times 2 + 0.24m) \times (3.3m \times 2 + 0.24m) = 49.52m^2$$

（2）挖基础土方工程量计算。

① 外墙挖基础土方

$$V_{外墙} = 27.2m \times 0.8m \times (1.95 - 0.45)m = 32.64m^3$$

② 内墙挖基础土方

$$V_{内墙} = 8.5m \times 0.8m \times (1.95 - 0.45)m = 10.2m^3$$

挖基础土方工程量 V＝外墙挖基础土方＋内墙挖基础土方＝$32.64m^3 + 10.2m^3$ ＝$42.84m^3$

挖基础土方工程量清单见表 6.6。

表 6.6　分部分项工程量清单

工程名称：　　　　　　　　　　　　　　　　　　　　　　　　　　　　　　　第 　页　共 　页

序号	项目编码	项目名称	项目特征描述	计量单位	工程量
1	010101003001	挖基础土方	1. 土壤类别：Ⅱ类土 2. 基础类型：带形基础 3. 垫层底宽，宽度 0.8m 4. 挖土深度：1.5m 5. 弃土运距：4km	m^3	42.84

4. 冻土开挖

冻土开挖是指永久性的冻土和季节性冻土的开挖，其工程量计量按设计图示尺寸开挖面积乘以厚度以体积计算。

5. 挖淤泥、流砂

1）适用对象

淤泥是一种稀软状的、不易成形的灰黑色、有臭味的、含有半腐朽的植物遗体，置于水中有动植物残体渣滓浮于水面，并常有气泡由水中冒出的泥土。

流砂是在坑内抽水时，坑底的土会成流动状态，随地下水涌出，这种土无承载力，边挖边冒，无法挖深，强挖会掏空临近地基。

2）工程量计算规则

挖淤泥、流砂工程量按设计图示位置、界限以体积计算。

3）注意事项

挖方出现淤泥、流砂时，应根据实际情况由发包人与承包人双方认证。

6. 管沟土方

1) 适用对象

管沟土方项目适用于管沟土方开挖、回填。

2) 工程量计算规则

管沟土方工程量按设计图示以管道中心线长度计算。

3) 注意事项

(1) 有管沟设计时,平均深度以沟垫层底表面标高至交付施工场地标高计算;无管沟设计时,直埋管深度应按管底外表面标高至交付施工场地标高的平均高度计算。

(2) 管沟土方工程量不论有无管沟设计均按长度计算。其开挖加宽的工作面、放坡和接口处加宽的工作面,均应包括在管沟土方的报价中。

6.2.3　土方工程计价

《计价规范》中土方工程量的计算依据是工程图纸,所有清单项目的工程量都是依据设计图示尺寸计算,不考虑任何附加因素和条件。但在土方工程具体施工过程中,应结合施工图设计文件,确定合理的施工组织设计及具体的施工方案,并以此为依据进行土方工程计价。

1. 土方工程清单计价要点

1) 平整场地

(1) 清单计量规则:"平整场地"按设计图示尺寸以建筑物首层面积计算。

(2) 定额计量规则:定额结合施工组织设计规定超面积平整场地,超出部分应考虑在报价内。本定额规定建筑物或构筑物的平整场地工程量按外墙外边线每边各加 2m 以面积计算,如图 6.4 所示。

用 $S_平$ 表示平整场地工程量,$S_底$ 表示建筑物首层面积,$L_外$ 表示外墙外边线,则平整场地工程量计算公式为

$$S_平 = S_底 + L_外 \times 2 + 16 \qquad (6.7)$$

另外,平整场地如果出现 ±300mm 以内挖方和填方不平衡时,需外运土方或借土回填,这部分的运输费用也应考虑在报价内。

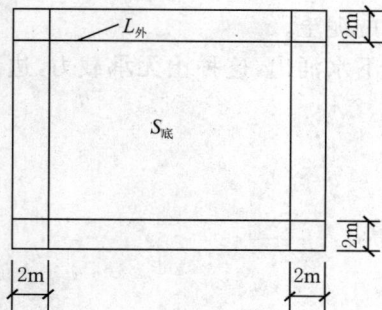

图 6.4　平整场地示意图

2) 挖基础土方

(1) 清单计量规则:"挖基础土方"按设计图示

尺寸以基础垫层底面积乘以挖土深度计算,适用于各种基础土方开挖。

(2)定额计量规则:定额将基础土方划分为地槽和地坑。

① 地槽、地坑的划分。凡底宽在 3m 以内,且槽长大于 3 倍槽宽的为地槽,如图 6.5 所示;凡坑底面积在 20m² 以内的为地坑,如图 6.6 所示;凡底宽 3m 以外、底面积 20m² 以外,均按挖土方计算。

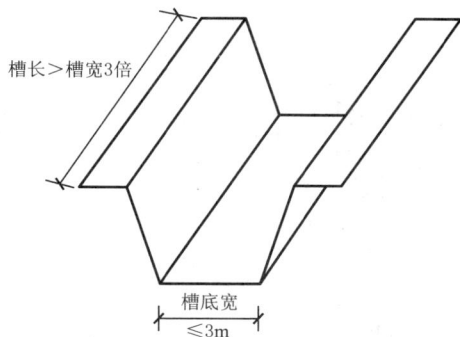

图 6.5　地槽示意图　　　　　　　　　　图 6.6　地坑示意图

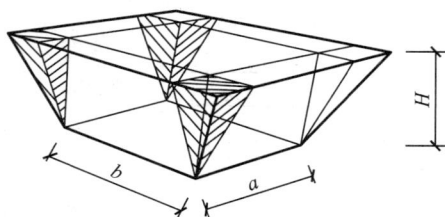

② 施工工程量的确定。挖基础土方根据施工方案规定的放坡、操作工作面和机械挖土进出施工工作面坡道等增加的施工量,应包括在报价内。本定额规定挖地槽、地坑、土方需放坡时,放坡系数按表 6.7 规定计算;坑槽的底部宽度应按设计规定计算,设计无规定时,可按表 6.8 规定,增计施工所需工作面宽度。

表 6.7　放坡高度、比例确定表

土壤类别	坡度比例(高∶宽)			放坡起点深度/m
	人工挖土	机械挖土		
		在槽、坑和沟底挖土	在槽、坑和沟上边挖土	
Ⅰ、Ⅱ类土	1∶0.50	1∶0.33	1∶0.75	1.20
Ⅲ类土	1∶0.33	1∶0.25	1∶0.67	1.50
Ⅳ类土	1∶0.25	1∶0.10	1∶0.33	2.00

表 6.8　基础施工所需工作面宽度表

基础材料	增加工作面宽度
块石基础	按块石基础底宽每边增加 0.15m
砖基础	按砖基础底宽每边增加 0.20m
支模板的混凝土基础或垫层	按基础或垫层底宽每边增加 0.30m
基础做垂直防水或防潮层	按基础防水层或防潮层一侧增加 0.80m

地槽断面形式很多,如图 6.7 所示。

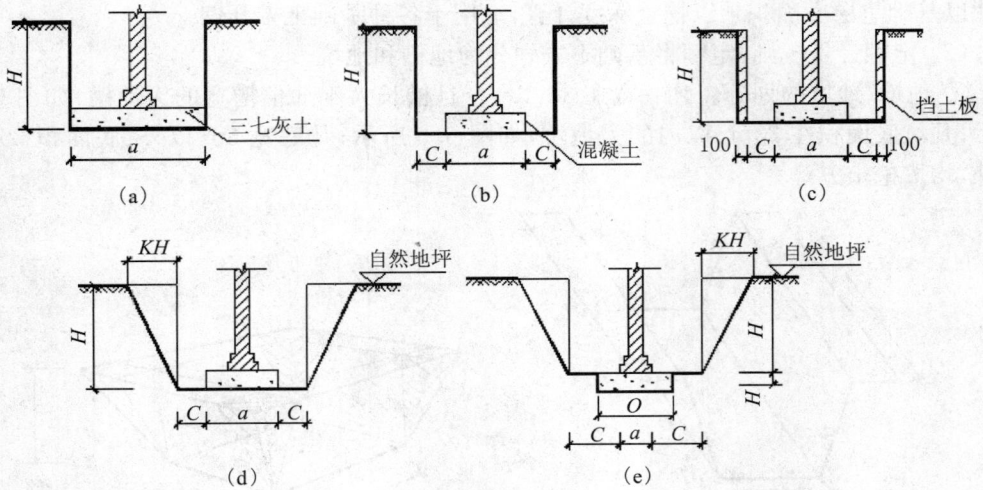

图 6.7　地槽断面形式图

以图 6.7(d)为例,是有放坡的地槽,挖地槽土方工程量可按下式计算为

$$V = (a + 2c + KH)HL \tag{6.8}$$

式中:V——挖地槽土方工程量,m^3;

　　　a——基础垫层宽度,m;

　　　c——基础工作面宽度,m(查表 6.8);

　　　K——基础放坡系数(查表 6.7)

　　　H——地槽挖土深度,m;

　　　L——地槽长度,外墙地槽按地槽中心线长度计算,内墙地槽按地槽底部净长度
　　　　　计算。

图 6.7(e)中,垫层部分土方需另行单独计算后并入放坡部分土方量中。

挖地槽、地坑需支挡土板时,其宽度按图示地槽、地坑底宽,单面加 0.1m、双面加 0.2m 计算。挡土板面积,按坑槽支撑面积计算。支挡土板后,不得再计算放坡。

2. 土方工程计价示例

为了便于在实际工作中指导清单项目综合单价分析,结合本定额,表 6.9 列出了土方工程中平整场地和挖基础土方清单项目可组合的主要内容及相应的消耗量定额子目。

【例 6.3】　根据例 6.1 中平整场地清单项目,试确定此清单项目的综合单价及合价。

解　根据例 6.1,平整场地清单工程量为 61.69m^2,结合具体施工方案,该工程挖方、填方基本平衡,因此不涉及土方运输。依据表 6.9,人工平整场地对应的消耗量定额子目是 1—93,计量单位是 m^2。

(1) 施工工程量计算。平整场地施工工程量依据式(6.7)计算为

$$S_平 = S_底 + L_外 \times 2 + 16$$

$$= 61.69 + [(12.00 + 0.24) + (4.80 + 0.24)] \times 2 \times 2 + 16$$

$$= 146.81 \ (m^2)$$

表 6.9　土方工程组价内容

项目编码	项目名称	计量单位	主要工程内容		对应定额子目
010101001	平整场地	m²	1. 挖、填、找平	人工平整场地	1—93
				场地机械平整	1—143～1—144
			2. 土方运输	人工运土	1—98～1—99
				机动翻斗车运土	1—100～1—101
				自卸汽车运土	1—102～1—103
010101003	挖基础土方	m³	1. 土方开挖	人工挖地槽、地坑	1—19～1—54
				挖掘机挖土	1—118～1—123
			2. 截桩头		2—180～2—181
			3. 土方运输	人工土方运输	1—98～1—103
				推土机推土	1—112～1—117
				挖掘机挖土自卸汽车运土	1—124～1—130
				铲运机铲运土方	1—131～1—142

（2）综合单价计算。依据定额子目 1—93 可查得，平整场地 1m² 消耗人工综合工日为 0.0318 工日，无材料和机械消耗，依据本地区市场价可知人工单价为 23.43 元/工日，即人工费单价为 0.745 元/m²。参考本地区建设工程费用定额，管理费和利润的计费基数均为直接工程费，费率分别为 5.00% 和 2.29%，即管理费和利润单价为 0.054 元/m²。

① 本工程平整场地人工费为

$$146.81 \times 0.745 = 109.37(元)$$

② 本工程管理费和利润合计为

$$146.81 \times 0.054 = 7.93(元)$$

③ 本工程平整场地综合单价为

$$(109.37 + 7.93)/61.69 = 1.90(元/m²)$$

（3）本工程合价计算

$$1.90 \times 61.69 = 117.21(元)$$

平整场地清单项目综合单价计算分析如表 6.10 所示。

【例 6.4】 试根据例 6.2 中挖基础土方清单项目，确定此清单项目的综合单价及合价。

解　根据例 6.2，挖基础土方清单工程量为 42.84m³，按施工组织设计规定，挖土时按垫层底宽每边增加 0.30m 的工作面，二类土挖土深度超过 1.20m 时需放坡，人工挖土放坡系数为 $K = 0.50$。

(1) 施工工程量计算。有放坡的挖地槽土方施工工程量按式(6.8)计算为

$$V = (a + 2c + KH)HL$$

式中

$H = 1.95 - 0.45 = 1.50(m)$

$L = L_{中} - L_{内槽}$

　$= (3.50 \times 2 + 3.30 \times 2) \times 2 + 3.30 \times 2 - (0.40 + 0.30) \times 2$

　$+ 3.50 - (0.40 + 0.30) \times 2$

　$= 27.20 + 5.20 + 2.10 = 34.50(m)$

即

$$V = (0.80 + 2 \times 0.30 + 0.50 \times 1.50) \times 1.50 \times 34.50 = 111.26 \ (m^3)$$

表 6.10　工程量清单综合单价分析

工程名称：　　　　　　　　　　　　　　　　　　　　　　　　　　　第　页　共　页

项目编号	010101001001	项目名称	平整场地	计量单位		m²			
清单综合单价组成明细									
定额编号	定额名称	定额单位	数量	单价/(元/m²)				合价/元	
				人工费	材料费	机械费	管理费和利润	人工费	材料费	机械费	管理费和利润
1—93	平整场地	m²	146.81	0.745	—	—	0.054	109.37	—	—	7.93
人工单价			小计					109.37	—	—	7.93
23.43 元/工日			未计价材料费					—			
清单项目综合单价/(元/m²)								1.90			

(2) 综合单价计算。依据表 6.9,挖基础土方对应的消耗量定额子目是 1—19,计量单位是 m³。由定额子目 1—19 可查得,挖地槽每 m³ 消耗人工综合工日为 0.2681 工日,无材料和机械消耗,依据本地区市场价可知人工单价为 23.43 元/工日,即人工费单价为 6.282 元/m³。参考本地区建设工程费用定额,管理费和利润的计费基数均为直接工程费,费率分别为 5.00% 和 2.29%,即管理费和利润单价为 0.458 元/m³。

① 本工程挖地槽人工费为

$$111.26 \times 6.282 = 698.94(元)$$

② 本工程管理费和利润合计为

$$111.26 \times 0.458 = 50.96(元)$$

③ 本工程挖基础土方综合单价为

$$(698.94 + 50.96)/42.84(清单工程量) = 17.50(元/m^3)$$

(3) 本工程合价计算

$$17.50 \times 42.84 = 749.90(元)$$

挖基础土方清单项目综合单价计算分析表如表 6.11 所示。

表 6.11 工程量清单综合单价分析

工程名称： 第 页 共 页

| 项目编号 | 010101003001 | 项目名称 | 挖基础土方 | 计量单位 | | | m³ | | |

<table>
<tr><td colspan="13" align="center">清单综合单价组成明细</td></tr>
<tr><td rowspan="2">定额
编号</td><td rowspan="2">定额
名称</td><td rowspan="2">定额
单位</td><td rowspan="2">数量</td><td colspan="4">单 价/(元/ m³)</td><td colspan="4">合价/元</td></tr>
<tr><td>人工费</td><td>材料费</td><td>机械费</td><td>管理费
和利润</td><td>人工费</td><td>材料费</td><td>机械费</td><td>管理费
和利润</td></tr>
<tr><td>1—19</td><td>挖基础土方</td><td>m³</td><td>111.26</td><td>6.282</td><td>—</td><td>—</td><td>0.458</td><td>698.94</td><td>—</td><td>—</td><td>50.96</td></tr>
<tr><td colspan="2" align="center">人工单价</td><td colspan="6" align="center">小 计</td><td>698.94</td><td>—</td><td>—</td><td>50.96</td></tr>
<tr><td colspan="2" align="center">23.43 元/工日</td><td colspan="6" align="center">未计价材料费</td><td colspan="4" align="center">—</td></tr>
<tr><td colspan="8" align="center">清单项目综合单价/(元/ m³)</td><td colspan="4" align="center">17.50</td></tr>
</table>

6.3 石 方 工 程

6.3.1 石方工程清单项目

石方工程包括预裂爆破、石方开挖和管沟石方三个子项，其工程量清单项目及工程量计算规则如表 6.12 所示。

表 6.12 石方工程（编码：010102）

项目编码	项目名称	项目特征	计量单位	工程量计算规则	工程内容
010102001	预裂爆破	1. 岩石类别 2. 单孔深度 3. 单孔装药量 4. 炸药品种、规格 5. 雷管品种、规格	m	按设计图示以钻孔总长度计算	1. 打眼、装药、放炮 2. 处理渗水、积水 3. 安全防护、警卫
010102002	石方开挖	1. 岩石类别 2. 开凿深度 3. 弃碴运距 4. 光面爆破要求 5. 基底摊座要求 6. 爆破石块直径要求	m³	按设计图示尺寸以体积计算	1. 打眼、装药、放炮 2. 处理渗水、积水 3. 解小 4. 岩石开凿 5. 摊座 6. 清理 7. 运输 8. 安全防护、警卫
010102003	管沟石方	1. 岩石类别 2. 管外径 3. 开凿深度 4. 弃碴运距 5. 基底摊座要求 6. 爆破石块直径要求	m	按设计图示以管道中心线长度计算	1. 石方开凿、爆破 2. 处理渗水、积水 3. 解小 4. 摊座 5. 清理、运输、回填 6. 安全防护、警卫

6.3.2 石方工程计量

1. 预裂爆破

1）适用对象

预裂爆破是指为降低爆震波对周围已有建筑物或构筑物的影响,按照设计的开挖边线,钻一排预裂炮眼,炮眼均需按设计规定药量装炸药,在开挖区炮爆破前,预先炸裂一条缝,在开挖炮爆破时,这条缝能够反射、阻隔爆震波。

2）工程量计算规则

预裂爆破工程量按设计图示以钻孔总长度计算。

3）注意事项

设计要求采用减震孔方式减弱爆破震动波时,应按预裂爆破项目编码列项。

2. 石方开挖

1）适用对象

石方开挖适用于人工凿石、人工打眼爆破、机械打眼爆破等,并包括指定范围内的石方清除运输。

光面爆破是指按照设计要求,某一坡面(多为垂直面)需要实施光面爆破,在这个坡面设计开挖边线,加密炮眼和缩小排间距离,控制药量,达到爆破后该坡面比较规整的要求。基底摊座是指开挖炮爆破后,在需要设置基础的基底进行剔打找平,使基底达到设计标高要求,以便基础垫层的浇筑。

2）工程量计算规则

石方开挖工程量按设计图示尺寸以体积计算。

3）注意事项

石方爆破的超挖量所产生的费用,应包括在石方报价内。

3. 管沟石方

1）适用对象

管沟石方适用于管沟石方开挖、回填。

2）工程量计算规则

管沟石方工程量按设计图示以管道中心线长度计算。

3）注意事项

管沟石方工程量不论有无管沟设计均按长度计算。其开挖加宽的工作面、放坡和接口处加宽的工作面,均应包括在管沟石方的报价中。

6.4　土石方运输与回填

6.4.1　土石方运输与回填清单项目

土石方运输与回填包括土(石)方回填 1 个子项,其工程量清单项目及工程量计算规则如表 6.13 所示。

表 6.13　土石方回填(编码:010103)

项目编码	项目名称	项目特征	计量单位	工程量计算规则	工程内容
010103001	土(石)方回填	1. 土质要求 2. 密实度要求 3. 粒径要求 4. 夯填(碾压) 5. 松填 6. 运输距离	m³	按设计图示尺寸以体积计算 注:1. 场地回填:回填面积乘以平均回填厚度 2. 室内回填:主墙间净面积乘以回填厚度 3. 基础回填:挖方体积减去设计室外地坪以下埋设的基础体积(包括基础垫层及其他构筑物)	1. 挖土方 2. 装卸、运输 3. 回填 4. 分层碾压、夯实

6.4.2　土石方运输与回填计量

1. 土石方运输与回填项目的适用对象

土石方运输与回填适用于场地回填、室内回填和基础回填,并包括指定范围内的土石方运输以及借土回填的土方开挖,如图 6.8 所示。

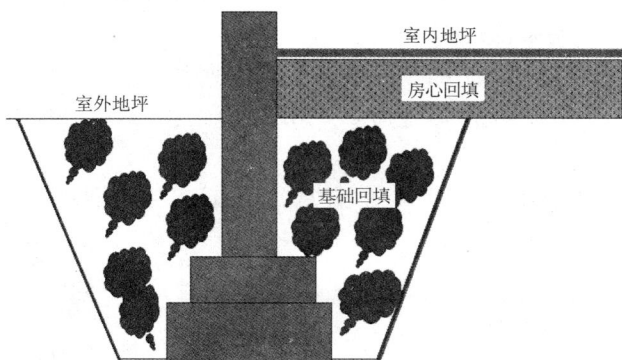

图 6.8　土石方回填示意图

2. 工程量计算规则

土石方运输与回填工程量按设计图示尺寸以体积计算。回填总量包括三部分,即

$$V_{回填} = 场地回填 + 室内回填 + 基础回填 \qquad (6.9)$$

1) 场地回填

场地回填工程量按回填面积乘以平均回填厚度计算为

$$V_{场地} = 回填面积 \times 平均回填厚度 \qquad (6.10)$$

2) 室内回填

室内回填土又称房心回填土,其工程量按主墙间净面积乘以回填厚度计算,计算见下式[其中,主墙是指结构厚度在 120mm 以上(不含 120mm)的各类墙体]

$$
\begin{aligned}
V_{室内} &= 主墙间净面积 \times 回填厚度 \\
&= (S_{底} - S_{墙}) \times (室内外高差 - 地面构造层厚度)
\end{aligned}
\qquad (6.11)
$$

式中:$S_{底}$——建筑物首层面积;

$\quad\;\; S_{墙}$——主墙面积。

3) 基础回填

基础回填工程量按挖方体积减去设计室外地坪以下埋设的基础体积(包括基础垫层及其他构筑物)计算为

$$V_{基础} = 挖方体积 - 设计室外地坪以下埋设的基础体积(包括基础垫层及其他构筑物)$$
$$(6.12)$$

3. 注意事项

(1)基础土石方操作工作面、放坡等施工的增加量,应包括在报价内。

(2)因地质情况变化或因设计变更引起的土石方工程量的变更,由发包人与承包人双方现场认证,依据合同条件进行调整。

【例 6.5】 某建筑物基础平面及剖面如图 6.3 所示。已知设计室外地坪以下砖基础工程量为 15.85 m³,混凝土垫层体积为 2.86m³;基础土壤类别为 Ⅱ 类土,弃土运距 4km。试计算土方回填清单工程量。

解 土方回填清单工程量按式(6.9)计算,本题计算室内回填和基础回填工程量。

(1)基数计算

$$L_{外} = (3.5 \times 2 + 0.24 + 3.3 \times 2 + 0.24) \times 2 = 28.16(m)$$
$$L_{中} = (3.5 \times 2 + 3.3 \times 2) \times 2 = 27.2(m)$$
$$L_{内} = 3.3 \times 2 - 0.24 + 3.5 - 0.24 = 9.62(m)$$
$$S_{底} = (3.5 \times 2 + 0.24) \times (3.3 \times 2 + 0.24) = 49.52(m^2)$$

（2）室内回填。依据式（6.11）计算

$$V_{室内} = 主墙间净面积 \times 回填厚度$$
$$= (S_底 - S_墙) \times (室内外高差 - 地面构造层厚度)$$
$$S_墙 = L_中 \times 外墙厚度 + L_内 \times 内墙厚度$$
$$= 27.2 \times 0.24 + 9.62 \times 0.24$$
$$= 8.84 \ (m^2)$$
$$V_{室内} = (49.52 - 8.84) \times (0.45 - 0.14)$$
$$= 12.61 \ (m^3)$$

（3）基础回填。依据式（6.12）计算

$$V_{基础} = 挖方体积 - 设计室外地坪以下埋设的基础体积（包括基础垫层及其他构筑物）$$

根据例 6.2 计算结果可知挖方体积为 42.84 m^3，因此

$$V_{基础} = 42.84 - 15.85 - 2.86 = 24.13 \ (m^3)$$

（4）土方回填清单工程量

$$V_{回填} = 室内回填 + 基础回填 = 12.61 + 24.13 = 36.74 (m^3)$$

土方回填工程量清单如表 6.14 所示。

表 6.14　分部分项工程量清单

工程名称：　　　　　　　　　　　　　　　　　　　　　　　　　　　第　页　共　页

序号	项目编码	项目名称	项目特征描述	计量单位	工程量
1	010103001001	土(石)方回填	1. 土质要求 2. 密实度要求 3. 粒径要求 4. 夯填(碾压) 5. 运输距离:4km	m^3	36.74

6.4.3　土石方运输与回填计价

1. 土石方运输与回填清单计价要点

"土(石)方回填"清单项目中,基础土方因放坡、增加工作面等施工增加的工程量,应包括在报价内,回填后余土的运输也应包括在报价内。

2. 土石方运输与回填工程计价示例

为了便于在实际工作中指导清单项目综合单价分析,结合本定额,表 6.15 列出了土(石)方回填清单项目可组合的主要内容及相应的消耗量定额子目。

表 6.15　土(石)方运输与回填组价内容

项目编码	项目名称	计量单位	主要工程内容		对应定额子目
010103001	土(石)方回填	m³	1. 土方回填	人工填土、夯实	1－90～1－91
				场地机械填土碾压	1－145～1－146
			2. 土方运输	人工土方运输	1－98～1－103
				推土机推土	1－112～1－117
				挖掘机挖土自卸汽车运土	1－124～1－130
				铲运机铲运土方	1－131～1－142

【例 6.6】　试根据例 6.5 中土方回填清单项目,确定该清单项目的综合单价及合价。

解　由例 6.5 知土方回填清单工程量为 36.74m³,按施工组织设计规定,基础土方是有放坡的地槽,例 6.4 已计算出挖地槽土方工程量为 111.26 m³,并且考虑余土外运。

(1) 施工工程量计算

利用例 6.5 中计算结果计算土方回填施工工程量为

$$V_{回填} = 室内回填 + 基础回填$$
$$= 12.61 + (111.26 - 15.85 - 2.86)$$
$$= 105.16 \ (m^3)$$

余土工程量为

$$V_{余土} = 挖方体积 - 回填土体积$$
$$= 111.26 - 105.16$$
$$= 6.10 \ (m^3)$$

计算结果为正,表明有余土,需外运。

(2) 综合单价计算

依据表 6.15,土方回填对应的消耗量定额子目是 1－91,余土外运 4km 对应的消耗量定额子目是 1－102 和 1－103,计量单位均为 m³。由定额子目 1－91 查得,夯填土 1m³ 消耗人工 0.2964 工日,水 0.0126 m³,电动夯实机 0.0798 台班。由定额子目 1－102、1－103 可查得,土方运输 2000m 1m³ 消耗人工 0.1353 工日,自卸汽车 0.0391 台班,每增加 500m,消耗自卸汽车 0.0026 台班。

依据本地区市场价可知人工单价为 23.43 元/工日,即夯填土人工费单价为 6.945 元/ m³,土方运输人工费单价为 3.170 元/ m³;水单价为 2.30 元/ m³,即夯填土材料费单价为 0.029 元/ m³;电动夯实机单价为 19.80 元/台班,即夯填土机械费单价为 1.58 元/ m³;自卸汽车台班单价为 277.24 元/台班,即土方运输(2000m)机械费单价为 10.84 元/ m³,增加 500m×4 机械费单价为 2.88 元/ m³。

参考本地区建设工程费用定额,管理费和利润的计费基数均为直接工程费,费率分别为 5.00% 和 2.29%,即夯填土管理费和利润单价为 0.624 元/ m³,土方运输(2000m)管理费和利润单价为 1.021 元/ m³,增加 500m×4 管理费和利润单价为 0.210 元/ m³。

① 本工程夯填土和土方运输直接工程费分别为

夯填土直接工程费＝105.16×(6.945＋0.029＋1.58)＝899.54(元)

土方运输直接工程费＝6.10×[(3.170＋10.84)＋2.88]＝103.03(元)

② 本工程夯填土和土方运输管理费和利润合计分别为

夯填土管理费和利润合计＝105.16×0.624＝65.62(元)

土方运输(2000m)管理费和利润合计＝6.10×1.021＝6.23(元)

增加 500m×4 管理费和利润合计＝6.10×0.210＝1.28(元)

③ 本工程土方回填综合单价为

(899.54＋103.03＋65.62＋6.23＋1.28)/36.74(清单工程量)＝29.28(元/ m³)

（3）本工程合价计算

29.28×36.74＝1075.75(元)

土方回填清单项目综合单价计算分析表见表 6.16。

表 6.16　工程量清单综合单价分析

工程名称：　　　　　　　　　　　　　　　　　　　　　　　　　　　　第　页　共　页

项目编号	010103001001	项目名称	土(石)方回填	计量单位	m³		

清单综合单价组成明细											
定额编号	定额名称	定额单位	数量	单 价/(元/ m³)				合价/元			
				人工费	材料费	机械费	管理费和利润	人工费	材料费	机械费	管理费和利润
1—91	夯填土	m³	105.16	6.945	0.029	1.580	0.624	730.34	3.05	166.15	65.62
1—102	土方运输 (2000m)	m³	6.10	3.170	—	10.840	1.021	19.34	—	66.12	6.23
1—103	土方运输 （每增加 500m）	m³	6.10	—	—	2.880	0.210	—	—	17.57	1.28
人工单价	小计							749.68	3.05	249.84	73.13
23.43 元/工日	未计价材料费							—			
清单项目综合单价/(元/ m³)								29.28			

6.5　桩与地基基础工程

6.5.1　桩与地基基础工程清单项目

桩与地基基础工程分为混凝土桩、其他桩、地基与边坡处理三节。其中，混凝土桩包括预制钢筋混凝土桩、接桩、混凝土灌注桩三个子项，其他桩包括砂石灌注桩、灰土挤密桩、旋喷桩、喷粉桩四个子项，地基与边坡处理包括地下连续墙、振冲灌注碎石、地基强夯、锚杆支护、土钉支护五个子项，共计 12 个子项。其工程量清单项目及工程量计算规则如表 6.17～表 6.19 所示。

表 6.17　混凝土桩(编码:010201)

项目编码	项目名称	项目特征	计量单位	工程量计算规则	工程内容
010201001	预制钢筋混凝土桩	1. 土壤级别 2. 单桩长度、根数 3. 桩截面 4. 板桩面积 5. 管桩填充材料种类 6. 桩倾斜度 7. 混凝土强度等级 8. 防护材料种类	m/根	按设计图示尺寸以桩长(包括桩尖)或以根数计算	1. 桩制作、运输 2. 打桩、试验桩、斜桩 3. 送桩 4. 管桩填充材料、刷防护材料 5. 清理、运输
010201002	接桩	1. 桩截面 2. 接头长度 3. 接桩材料	个/m	按设计图示规定以接头数量(板桩按接头长度)计算	1. 桩制作、运输 2. 接桩、材料运输
010201003	混凝土灌注桩	1. 土壤级别 2. 单桩长度、根数 3. 桩截面 4. 成孔方法 5. 混凝土强度等级	m/根	按设计图示尺寸以桩长(包括桩尖)或根数计算	1. 成孔、固壁 2. 混凝土制作、运输、灌注、振捣、养护 3. 泥浆池及沟槽砌筑、拆除 4. 泥浆制作、运输 5. 清理、运输

表 6.18　其他桩(编码:010202)

项目编码	项目名称	项目特征	计量单位	工程量计算规则	工程内容
010202001	砂石灌注桩	1. 土壤级别 2. 桩长 3. 桩截面 4. 成孔方法 5. 砂石级配	m	按设计图示尺寸以桩长(包括桩尖)计算	1. 成孔 2. 砂石运输 3. 填充 4. 振实
010202002	灰土挤密桩	1. 土壤级别 2. 桩长 3. 桩截面 4. 成孔方法 5. 灰土级配			1. 成孔 2. 灰土拌和、运输 3. 填充 4. 夯实
010202003	旋喷桩	1. 桩长 2. 桩截面 3. 水泥强度等级			1. 成孔 2. 水泥浆制作、运输 3. 水泥浆旋喷
010202004	喷粉桩	1. 桩长 2. 桩截面 3. 粉体种类 4. 水泥强度等级 5. 石灰粉要求			1. 成孔 2. 粉体运输 3. 喷粉固化

表 6.19　地基与边坡处理(编码:010203)

项目编码	项目名称	项目特征	计量单位	工程量计算规则	工程内容
010203001	地下连续墙	1. 墙体厚度 2. 成槽深度 3. 混凝土强度等级	m³	按设计图示墙中心线长乘以厚度乘以槽深以体积计算	1. 挖土成槽、余土运输 2. 导墙制作、安装 3. 锁口管吊拔 4. 浇注混凝土连续墙 5. 材料运输
010203002	振冲灌注碎石	1. 振冲深度 2. 成孔直径 3. 碎石级配		按设计图示孔深乘以孔截面积以体积计算	1. 成孔 2. 碎石运输 3. 灌注、振实
010203003	地基强夯	1. 夯击能量 2. 夯击遍数 3. 地耐力要求 4. 夯填材料种类		按设计图示尺寸以面积计算	1. 铺夯填材料 2. 强夯 3. 夯填材料运输
010203004	锚杆支护	1. 锚孔直径 2. 锚孔平均深度 3. 锚固方法、浆液种类 4. 支护厚度、材料种类 5. 混凝土强度等级 6. 砂浆强度等级	m²	按设计图示尺寸以支护面积计算	1. 钻孔 2. 浆液制作、运输、压浆 3. 张拉锚固 4. 混凝土制作、运输、喷射、养护 5. 砂浆制作、运输、喷射、养护
010203005	土钉支护	1. 支护厚度、材料种类 2. 混凝土强度等级 3. 砂浆强度等级			1. 钉土钉 2. 挂网 3. 混凝土制作、运输、喷射、养护 4. 砂浆制作、运输、喷射、养护

6.5.2　桩与地基基础工程计量

1. 混凝土桩

1)预制钢筋混凝土桩

(1)预制钢筋混凝土桩适用于预制混凝土方桩、管桩和板桩等。

(2)工程量计量规则:按设计图示尺寸以桩长(包括桩尖)或根数计算。

(3)注意事项:试桩应按"预制钢筋混凝土桩"项目编码单独列项;试桩与打桩之间间歇时间,机械在现场的停滞,应包括在打试桩报价内;打钢筋混凝土预制板桩是指留滞原位(即不拔出)的板桩,板桩应在工程量清单中描述其单桩垂直投影面积;预制桩刷防护材料应包括在报价内。

2)接桩

(1)接桩适用于预制钢筋混凝土方桩、管桩和板桩的接桩。

（2）工程量计算规则：方桩、管桩的接桩工程量按设计图示规定以接头数量按个计算；板桩接桩工程量按设计图示规定以接头长度计算。

3）混凝土灌注桩

（1）混凝土灌注桩适用于人工挖孔灌注桩、钻孔灌注桩、爆扩灌注桩、打管灌注桩、振动管灌注桩等。

（2）工程量计算规则：按设计图示尺寸以桩长（包括桩尖）或根数计算。

（3）注意事项：人工挖孔时采用的护壁（如砖砌护壁、预制钢筋混凝土护壁、现浇钢筋混凝土护壁、钢模周转护壁、竹笼护壁等），应包括在报价内；钻孔固壁泥浆的搅拌运输，泥浆池、泥浆沟槽的砌筑、拆除，应包括在报价内。

【例 6.7】 某工程有 50 根钢筋混凝土柱，每根柱下有 4 根 400mm×400mm 方桩，桩长 20m（用 2 根 10m 长方桩采用焊接方法接桩）。桩由预制厂运至工地，运距为 10km，土壤级别为一级土，采用柴油机打桩，桩用 C20 混凝土。试计算预制钢筋混凝土桩、接桩的清单工程量。

解　预制钢筋混凝土桩清单工程量以桩长或根数计算，方桩接桩清单工程量以接头数量计算，则：

（1）预制钢筋混凝土桩。预制钢筋混凝土方桩总长为

$$50×4×20＝4000（m）$$

（2）接桩。钢筋混凝土方桩接桩工程量为

$$50×4＝200（个）$$

分部分项工程量清单如表 6.20 所示。

表 6.20　分部分项工程量清单

工程名称：　　　　　　　　　　　　　　　　　　　　　　　　　　　　第　页　共　页

序号	项目编码	项目名称	项目特征描述	计量单位	工程量
1	010201001001	预制钢筋混凝土桩	1. 土壤级别：一级土 2. 单桩长度：20m；根数：200 根 3. 桩截面：400mm×400mm 4. 混凝土强度等级：C20 5. 桩运距：10km	m	4000
2	010201002001	接桩	1. 桩截面：400mm×400mm 2. 接桩材料：硫磺胶泥	个	200

【例 6.8】 某工程混凝土灌注桩。已知土壤级别为二级土，单根桩设计长度：8m；总根数：10 根；桩截面：φ800；灌注混凝土强度等级 C20。试计算混凝土灌注桩清单工程量。

解　混凝土灌注桩清单工程量按设计桩长计算，则

混凝土灌注桩总长为

$$8×10＝80（m）$$

混凝土灌注桩工程量清单见表 6.21。

表 6.21　分部分项工程量清单

工程名称：　　　　　　　　　　　　　　　　　　　　　　　　　　　　　　第　页　共　页

序号	项目编码	项目名称	项目特征描述	计量单位	工程量
1	010201003001	混凝土灌注桩	1. 土壤级别：二级土 2. 单桩长度：8m；根数：10 根 3. 桩截面：ϕ800 4. 成孔方法：钻孔灌注桩 5. 混凝土强度等级：C20	m	80

2. 其他桩

1）其他桩的种类

其他桩是指砂石灌注桩、灰土挤密桩、旋喷桩和粉喷桩，其中：

(1) 砂石灌注桩，适用于各种成孔方式（振动沉管、锤击沉管）的砂石灌注桩。

(2) 灰土挤密桩，适用于各种成孔方式的灰土、石灰、水泥粉、煤灰、碎石等的挤密桩。

(3) 旋喷桩，适用于水泥浆旋喷桩。

(4) 粉喷桩，适用于水泥、生石灰粉等粉喷桩。

2）工程量计量规则

各种桩均按设计图示尺寸以桩长（包括桩尖）计算。

3）注意事项

灌注桩的砂石级配、密实系数均应包括在报价内；挤密桩的灰土级配、密实系数均应包括在报价内。

3. 地基与边坡处理

1）地下连续墙

(1) 地下连续墙适用于构成建筑物、构筑物地下结构部分的永久性的复合型地下连续墙。

(2) 工程量计量规则：按设计图示墙中心线长乘以厚度乘以槽深以体积计算为

$$V = L \times b \times H \tag{6.13}$$

式中：V——地下连续墙体积，m^3；

　　　L——地下连续墙中心线长度，m；

　　　b——地下连续墙厚度，m；

　　　H——槽深，m。

(3) 注意事项:作为深基础支护结构,应列入清单措施项目费,在分部分项工程量清单中不反映其项目;地下连续墙钢筋网的制作、安装,应按钢筋工程项目编码列项。

2) 振冲灌注碎石

(1) 振冲灌注碎石适用于振冲法成孔,灌注填料加以振密所形成的桩体。

(2) 工程量计算规则:按设计图示孔深乘以孔截面积以体积计算为

$$V = \pi \times R^2 \times H \tag{6.14}$$

式中:V——振冲灌注碎石体积,m^3;

R——振冲孔半径,m;

H——振冲孔孔深,m。

3) 地基强夯

(1) 地基强夯适用于各种夯击能量的地基夯击工程。

(2) 工程量计算规则:按设计图示尺寸以面积计算为

$$S = L \times B \tag{6.15}$$

式中:S——地基强夯面积,m^2;

L——地基强夯长度,m;

B——地基强夯宽度,m。

4) 锚杆支护

(1) 锚杆支护是指在需要加固的土体中设置锚杆(钢管或粗钢筋、钢丝束、钢绞线)并灌浆,之后进行锚杆张拉并固定后所形成的支护;适用于岩石高削坡混凝土支护挡墙和风化岩石混凝土、砂浆护坡。

(2) 工程量计算规则:按设计图示尺寸以支护面积计算。

(3) 注意事项:锚杆支护项目中的钻孔、布筋、锚杆安装、灌浆、张拉等需要搭设的脚手架,应列入措施项目清单费内;锚杆支护的钢筋网制作、安装,应按钢筋工程项目编码列项。

5) 土钉支护

(1) 土钉支护是指在需要加固的土体中设置一排土钉(变形钢筋或钢管、角钢等)并灌浆,在加固的土体面层上固定钢丝网后,喷射混凝土面层后所形成的支护。适用于土层的锚固。

(2) 工程量计算规则:按设计图示尺寸以支护面积计算。

(3) 注意事项:土钉支护项目中的钻孔、布筋、锚杆安装、灌浆、张拉等需要搭设的脚手架,应列入措施项目清单费内;土钉支护的钢筋网制作、安装,应按钢筋工程项目编码列项。

6.5.3 桩基础工程计价

《计价规范》中桩基础工程的混凝土桩和其他桩的计量规则均以桩长或根数计算,不考虑任何附加因素和条件,但在桩基础施工过程中,应结合施工图设计文件,将涉及的工程内容所发生的相关费用包括在报价内。

1. 桩基础工程清单计价要点

1) 预制钢筋混凝土桩

本定额规定打预制钢筋混凝土方桩的工程量按设计桩长(包括桩尖长度,不扣除桩尖虚体积)乘以桩身断面积以 m^3 计算。打桩定额按只打不送(不包括送桩)和既打又送(包括送桩)两种情况分别制定。

2) 混凝土灌注桩

混凝土灌注桩按成孔方式分为人工挖桩孔和机械成孔两种。

(1) 人工挖桩孔。本定额将人工挖桩孔列为人工土石方工程中,定额计量规则按图示桩的不同断面积乘以设计桩孔中心线深度(含扩大头进入持力层部分)计算。

(2) 机械成孔灌注桩。机械成孔方式包括打孔灌注混凝土桩、振动沉管灌注混凝土桩、长螺旋钻孔灌注混凝土桩、冲击成孔灌注桩、潜水钻机钻孔灌注混凝土桩等。

① 机械打孔的灌注混凝土桩按设计桩长(包括桩尖)乘以钢管外径截面面积,单位以 m^3 计算。

② 机械钻孔灌注混凝土桩按设计桩长(包括桩尖)增加 0.50m 乘以钻头外径截面面积,单位以 m^3 计算。

③ 冲击成孔灌注混凝土桩按设计图示尺寸的孔深乘以孔截面面积,单位以 m^3 计算。

2. 桩基础工程计价示例

为了便于在实际工作中指导清单项目综合单价分析,结合本定额,表6.22列出了预制钢筋混凝土桩和混凝土灌注桩清单项目可组合的主要内容及相应的消耗量定额子目。

表 6.22　混凝土桩组价内容

项目编码	项目名称	计量单位	主要工程内容		对应定额子目
010201001	预制钢筋混凝土桩	m^3	1. 桩制作、运输	桩制作	4－64～4－65
				桩运输	4－158～4－189
				走管式柴油打桩机打预制钢筋混凝土方桩	1－98～1－103
			2. 打桩	履带式柴油打桩机打预制钢筋混凝土方桩	1－112～1－117
				液压静力压桩机压预制钢筋混凝土方桩	1－124～1－130

续表

项目编码	项目名称	计量单位	主要工程内容		对应定额子目
010201003	混凝土灌注桩	m³	1. 成孔、固壁、混凝土制作、运输、灌注、振捣、养护、泥浆制作	1. 人工挖桩孔	1—55～1—74
				2. 打孔灌注混凝土桩	2—182～2—202
				3. 振动沉管灌注混凝土桩	2—203～2—223
				4. 长螺旋钻孔灌注混凝土桩	2—224～2—235
				5. 冲击成孔灌注桩	2—236～2—238
				6. 潜水钻机钻孔灌注混凝土桩	2—239～2—244
			2. 泥浆运输		2—245～2—246

【例 6.9】　根据例 6.8 中混凝土灌注桩,采用长螺旋钻孔方式成孔,试确定此清单项目的综合单价及合价。

解　根据例 6.8 可知混凝土灌注桩的清单工程量为 80m。依据表 6.22,长螺旋钻孔灌注混凝土桩对应的消耗量定额子目是 2—225,计量单位为 m³。

(1) 施工工程量计算。机械钻孔灌注混凝土桩计价工程量按设计桩长(包括桩尖)增加 0.50m 乘以钻头外径截面面积(m³)计算,即

$$V = (8.00+0.50)\times3.141\,6\times(0.40)^2\times10 = 42.73\,(\text{m}^3)$$

(2) 综合单价计算。依据定额子目 2—225 可知,长螺旋钻孔灌注混凝土桩每 m³ 消耗人工 1.387 工日,混凝土 1.253 m³,汽车式钻孔机 0.052 台班,泥浆泵 0.052 台班,抽水机 0.052 台班,汽车式起重机 0.013 台班,混凝土搅拌机 0.048 台班,机动翻斗车 0.142 台班。

依据本地区市场价可知长螺旋钻孔灌注混凝土桩 1m³ 人工费 32.50 元,材料费 187.21 元,机械费 55.89 元。

参考本地区建设工程费用定额,管理费和利润的计费基数均为直接工程费,费率分别为 5.00% 和 2.29%,即长螺旋钻孔灌注混凝土桩管理费和利润单价为 20.09 元/ m³。

① 本工程长螺旋钻孔灌注混凝土桩直接工程费分别为

$$42.73\times(32.50+187.21+55.89)=11\,776.39(\text{元})$$

② 本工程长螺旋钻孔灌注混凝土桩管理费和利润合计分别为

$$42.73\times20.09=858.45(\text{元})$$

③ 本工程长螺旋钻孔灌注混凝土桩综合单价为

$$(11\,776.39+858.45)/80(清单工程量)=157.94(\text{元/m}^3)$$

(3) 本工程合价计算

$$157.94\times80=12\,635.2(\text{元})$$

长螺旋钻孔灌注混凝土桩清单项目综合单价计算分析表见表 6.23。

表 6.23　工程量清单综合单价分析表

工程名称：　　　　　　　　　　　　　　　　　　　　　　　　　　　　　　　　第　页　共　页

项目编号	010201003001		项目名称	混凝土灌注桩		计量单位		m³	

<table>
<tr><td colspan="10" align="center">清单综合单价组成明细</td></tr>
<tr><td rowspan="2">定额
编号</td><td rowspan="2">定额
名称</td><td rowspan="2">定额
单位</td><td rowspan="2">数量</td><td colspan="4" align="center">单　价/(元/ m³)</td><td colspan="4" align="center">合价/元</td></tr>
<tr><td>人工费</td><td>材料费</td><td>机械费</td><td>管理费
和利润</td><td>人工费</td><td>材料费</td><td>机械费</td><td>管理费
和利润</td></tr>
<tr><td>2—225</td><td>长螺旋钻
孔灌注混
凝土桩</td><td>m³</td><td>42.73</td><td>32.50</td><td>187.21</td><td>55.89</td><td>20.09</td><td>1388.73</td><td>7999.48</td><td>2388.18</td><td>858.45</td></tr>
<tr><td align="center">人工单价</td><td colspan="3" align="center">小　计</td><td colspan="4"></td><td>1388.73</td><td>7999.48</td><td>2388.18</td><td>858.45</td></tr>
<tr><td align="center">23.43 元/工日</td><td colspan="3" align="center">未计价材料费</td><td colspan="6" align="center">—</td></tr>
<tr><td colspan="4" align="center">清单项目综合单价/(元/ m³)</td><td colspan="6" align="center">157.94</td></tr>
</table>

6. 5. 4　实例分析

【例 6.10】　某办公楼工程为框架结构,基础为梁板式满堂基础,基础平面图及剖面图如图 6.9 和图 6.10 所示。已知土壤类别是 Ⅱ 类土,弃土运距 4km,室外地坪标高为 $-0.45m$,室外地坪以下混凝土垫层体积为 $8.856m^3$,混凝土满堂基础体积为 $29.754m^3$,混凝土柱体积为 $1.166m^3$,砖墙体积为 $8.031m^3$。

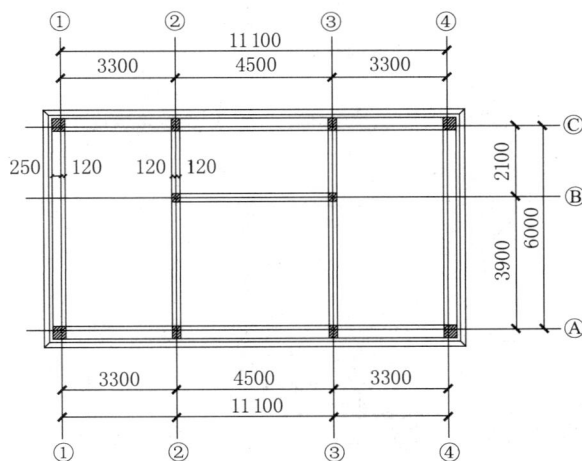

图 6.9　办公楼基础平面图

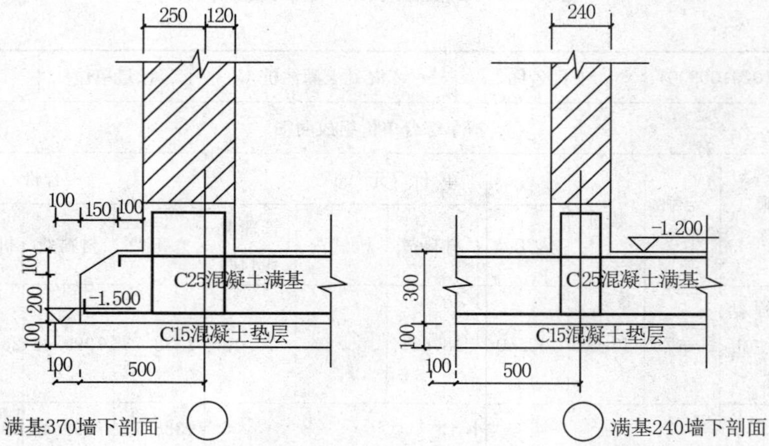

图 6.10　办公楼基础剖面图

房屋平面图如图 6.11 所示,接待室地面装修做法为:①9.5mm 厚硬实木复合地板;②35mm 厚 C15 细石混凝土随打随抹平;③1.5mm 厚聚氨酯涂膜防潮层;④50mm 厚 C15 细石混凝土随打随抹平;⑤150mm 厚 3∶7 灰土;⑥素土夯实。其他房间地面装修做法为:①10mm 厚铺地砖;②6mm 厚建筑胶水泥砂浆黏结层;③20mm 厚 1∶3 水泥砂浆找平;④素水泥结合层一道;⑤50mm 厚 C10 混凝土;⑥150mm 厚 3∶7 灰土;⑦素土夯实。

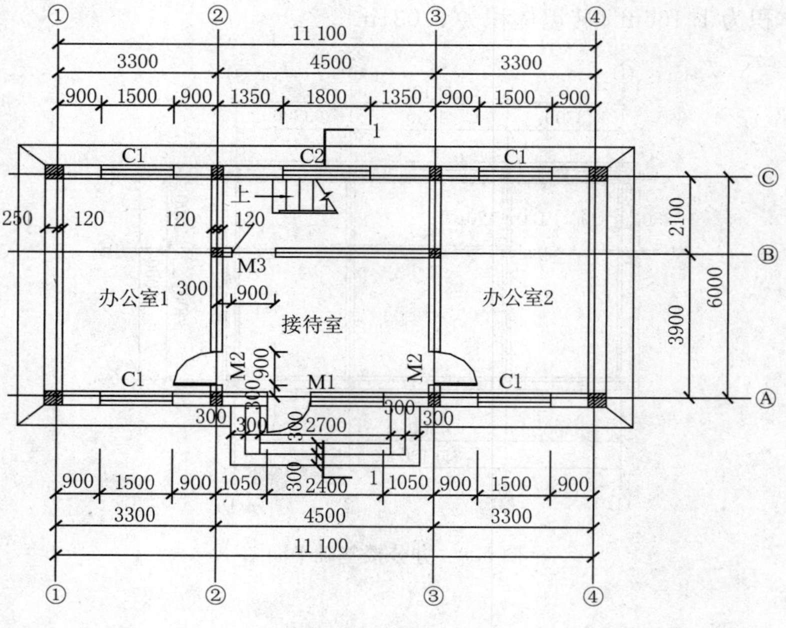

图 6.11　办公楼一层平面图

试计算相应各分部分项工程清单综合单价。

解　该基础工程包括平整场地、挖基础土方、土方回填 3 个清单项目。

（1）计算基数

$$S_{底}=11.6×6.5=75.40(m^2)$$

$$L_{外}=(11.6+6.5)×2=36.20(m)$$

（2）平整场地。

① 清单工程量：依据式（6.1）得

$$S＝建筑物首层面积=11.6×6.5=75.40(m^2)$$

平整场地工程量清单如表 6.24 所示。

表 6.24　分部分项工程量清单

工程名称：某办公楼　　　　　　　　　　　　　　　　　　　　　　　第 1 页　共 1 页

序号	项目编码	项目名称	项目特征描述	计量单位	工程量
1	010101001001	平整场地	土壤类别：Ⅱ类土	m²	75.40

② 综合单价。平整场地计价工程量按式（6.7）计算为

$$S_{平}＝S_{底}＋L_{外}×2+16=75.40+36.20×2+16=163.80(m^2)$$

平整场地清单项目综合单价计算分析表如表 6.25 所示。

表 6.25　工程量清单综合单价分析

工程名称：某办公楼　　　　　　　　　　　　　　　　　　　　　　　第 1 页　共 1 页

项目编号	010101001001		项目名称	平整场地	计量单位		m²		

清单综合单价组成明细

定额编号	定额名称	定额单位	数量	单价/(元/m²)				合价/元			
				人工费	材料费	机械费	管理费和利润	人工费	材料费	机械费	管理费和利润
1—93	平整场地	m²	163.80	0.75	—	—	0.07	122.85	—	—	11.47
人工单价		小　计						122.85	—	—	11.47
23.43 元/工日		未计价材料费						—			
清单项目综合单价/(元/m²)								1.78			

③ 合价

$$75.40×1.78=134.21(元)$$

（3）挖基础土方。

① 清单工程量：依据式（6.3）计算为

$$V＝基础垫层长×基础垫层宽×挖土深度$$
$$=(11.1+0.6×2)×(6+0.6×2)×(1.6-0.45)$$
$$=88.56×1.15=101.844(m^3)$$

挖基础土方工程量清单见表 6.26。

表 6.26　分部分项工程量清单

工程名称:某办公楼　　　　　　　　　　　　　　　　　　　　　　第 1 页　共 1 页

序号	项目编码	项目名称	项目特征描述	计量单位	工程量
1	010101003001	挖基础土方	1. 土壤类别:Ⅱ类土 2. 基础类型:满堂基础 3. 垫层底宽:宽度 12.3m,底面积 88.56m² 4. 挖土深度:1.15m	m³	101.844

　　② 综合单价。该基础挖土深度为 1.15m,不需放坡,基础两边需留设 0.30m 工作面,计价工程量为

$$V = [11.1 + (0.6 + 0.3) \times 2] \times [6 + (0.6 + 0.3) \times 2] \times (1.6 - 0.45)$$
$$= 115.71 \ (m^3)$$

挖基础土方清单项目综合单价计算分析表如表 6.27 所示。

表 6.27　工程量清单综合单价分析表

工程名称:某办公楼　　　　　　　　　　　　　　　　　　　　　　第 1 页　共 1 页

项目编号	010101003001	项目名称	挖基础土方	计量单位	m²

				清单综合单价组成明细							
定额编号	定额名称	定额单位	数量	单 价/(元/ m³)				合价/元			
				人工费	材料费	机械费	管理费和利润	人工费	材料费	机械费	管理费和利润
1—1	人工挖土方	m³	115.71	4.41	—	—	0.40	510.28	—	—	46.284
人工单价			小计					510.28			46.284
23.43 元/工日			未计价材料费					—			
清单项目综合单价/(元/ m³)								5.46			

　　③ 合价

$$101.844 \times 5.46 = 556.07(元)$$

　　(4) 土方回填与运输。

　　① 清单工程量:依据式(6.9)计算。

　　基础回填土工程量

$$101.844 - (8.856 + 29.754 + 1.166 + 8.031) = 54.037(m^3)$$

　　房心回填土工程量

　　接待室地面房心回填土厚度 $= 0.45 - 0.15 - 0.05 - 0.0015 - 0.035 - 0.0095$
$$= 0.204(m)$$

　　其他房间地面房心回填土厚度 $= 0.45 - 0.15 - 0.05 - 0.02 - 0.006 - 0.01$
$$= 0.214(m)$$

　　房心回填土工程量 $= [(3.3 - 0.24) \times (6 - 0.24) \times 2 + (4.5 - 0.24)$
$$\times (2.1 - 0.24)] \times 0.214 + (4.5 - 0.24)$$

$$\times(3.9-0.24)\times0.204$$
$$=11.551(\text{m}^3)$$

土方回填工程量

$$54.037+11.551=65.588\ \text{m}^3$$

土方回填工程量清单如表 6.28 所示。

表 6.28　分部分项工程量清单

工程名称:某办公楼　　　　　　　　　　　　　　　　　　　　　　　　　　　第 1 页　共 1 页

序号	项目编码	项目名称	项目特征描述	计量单位	工程量
1	010103001001	土(石)方回填	1. 土质要求 2. 密实度要求 3. 粒径要求 4. 夯填(碾压) 5. 运输距离:4km	m³	65.588

② 综合单价。基础回填土计价工程量

$$115.713-(8.856+29.754+1.166+8.031)=67.906(\text{m}^3)$$

房心回填土计价工程量为 11.551m³。

土方回填计价工程量

$$67.906+11.551=79.457(\text{m}^3)$$

余土工程量

$$115.713-79.457=36.256(\text{m}^3)$$

土方回填清单项目综合单价计算分析表如表 6.29 所示。

表 6.29　工程量清单综合单价分析

工程名称:某办公楼　　　　　　　　　　　　　　　　　　　　　　　　　　　第 1 页　共 1 页

项目编号	010103001001		项目名称	土(石)方回填	计量单位		m³

清单综合单价组成明细

定额编号	定额名称	定额单位	数量	单价/(元/m³)				合价/元			
				人工费	材料费	机械费	管理费和利润	人工费	材料费	机械费	管理费和利润
1-91	夯填土	m³	79.457	6.94	0.01	1.58	0.77	551.43	0.79	125.54	61.18
1-102	土方运输(2000m)	m³	36.256	3.17	—	10.84	1.26	114.93	—	393.02	45.68
1-103	土方运输(每增加500m)	m³	36.256	—	—	2.88	0.26	—	—	104.42	9.43
人工单价		小计						666.36	0.79	622.98	116.29
23.43 元/工日		未计价材料费						—			
清单项目综合单价/(元/m³)								21.44			

③ 合价为

$$65.588 \times 21.44 = 1\ 406.21(元)$$

(5) 分部分项工程量清单计价(表 6.30)。

表 6.30　分部分项工程量清单计价

工程名称:某办公楼　　　　　　　　　　　　　　　　　　　　　第 1 页　共 1 页

序号	项目编码	项目名称	计量单位	工程数量	金额/元	
					综合单价	合价
1	010101001001	平整场地	m²	75.400	1.78	134.21
2	010101003001	挖基础土方	m³	101.844	5.46	556.07
3	010103001001	土(石)方回填	m³	65.588	21.44	1406.21
合计						2096.49

复习思考题

1.《计价规范》附录 A 的第 1 章是什么? 包括哪几节内容?

2.《计价规范》附录 A 的第 2 章是什么? 包括哪几节内容?

3. 土方工程包括哪些子项? 每个子项的清单计量规则是什么?

4. 平整场地的清单综合单价如何确定?

5. 挖基础土方的清单综合单价如何确定?

6. 石方工程包括哪些子项? 每个子项的清单计量规则是什么?

7. 土石方运输与回填工程包括哪些子项? 每个子项的清单计量规则是什么?

8. 土(石)方回填的清单综合单价如何确定?

9. 桩与地基基础工程包括哪些章节?

10. 混凝土桩工程包括哪些子项? 每个子项的清单计量规则是什么?

11. 其他桩工程包括哪些子项? 每个子项的清单计量规则是什么?

12. 地基与边坡处理工程包括哪些子项? 每个子项的清单计量规则是什么?

13. 预制钢筋混凝土桩的清单综合单价如何确定?

14. 混凝土灌注桩工程依据成孔方式可分为几种灌注桩? 分别是什么?

15. 混凝土灌注桩的清单综合单价如何确定?

习　　题

某基础土方工程如图 6.12 所示,基础形式为砖大放脚带形基础,土壤类别为Ⅲ类土,基础垫层宽为 900mm,挖土深度为 1.8m,基础总长 1200m,弃土运距 4km。

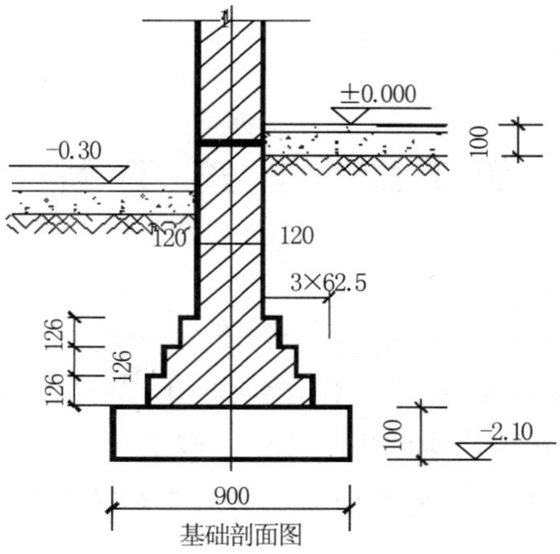

图 6.12　某基础剖面图

问题：

（1）按照《计价规范》规定列出该土方工程的分部分项工程量清单。

（2）参考本地区定额及相关取费标准，计算相关分项工程的综合单价。

第7章 砌筑工程

本章提示：

本章介绍了砌筑工程的组成及施工方面的基础知识，围绕《计价规范》重点介绍了砌筑工程所包含的砖基础、砖砌体、砖构筑物、砌块砌体、石砌体、砖散水地坪地沟六个分部工程的工程量计算规定和具体计算方法。结合工程实例，详细讲解了砌筑工程的工程量清单计价方法。通过本章的学习，要求读者能够对于砌筑工程进行详尽准确的工程量清单编制和相应的工程量清单报价。

7.1 概　　述

7.1.1 砌筑工程基础知识

砌筑工程是建筑工程中的一个主要分部工程，它是指用砂浆和普通黏土实心砖、空心砖、硅酸盐类砖、石材和各类砌体组成的工程。用于砖混结构或砖木结构承重墙、柱，框架间墙或房屋的围护体、房屋的分隔墙等。虽然砖石结构具有取材方便、保温隔热、隔声、耐火、造价低廉和施工简单等优点，但由于其生产效率低，工期长，劳动强度高，且烧黏土砖需占用大量农田，能源消耗高，因而在工程中的应用逐步减少。现阶段我国推荐采用工业废料和天然材料制作中、小型砌块，以代替普通黏土砖。

1. 砌筑材料

砌体主要由块材和砂浆组成。块材主要分为砖、石材及砌块三大类。常用砌筑砂浆可以分为水泥砂浆和水泥混合砂浆。

1）砖

砌筑用砖分为实心砖和承重黏土空心砖两种。根据使用材料和制作方法的不同，实心砖又分为烧结普通砖、蒸压灰砂砖、粉煤灰砖和炉渣砖等。实心砖的规格为 240mm×115mm×53mm（长×宽×厚），即 4 块砖长加 4 个灰缝，8 块砖宽加 8 个灰缝，16 块砖厚加 16 个灰缝（简称 4 顺、8 丁、16 线）均为 1m。空心砖的长度有 240mm、290mm，宽度有 140mm、180mm、190mm，厚度有 90mm、115mm 等不同规格。

2）石材

石材按其外形和加工尺寸可以分为毛石和料石。毛石又分为乱毛石、平毛石。乱毛石指形状不规则的石块;平毛石指形状不规则,但有两个平面大致平行的石块。毛石的中部厚度不小于 150mm。料石按其加工面的平整程度分为细料石、半细料石、粗料石和毛料石四种。

3)砌块

砌块按用途分为承重砌块与非承重砌块(包括隔墙砌块和保温砌块);按有无孔洞分为实心砌块和空心砌块(包括单排孔砌块和多排孔砌块);按使用的原材料分为普通混凝土砌块、粉煤灰砌块、煤矸石混凝土砌块、加气混凝土砌块、浮石混凝土砌块、超轻陶粒混凝土空心砌块、炉渣混凝土空心砌块和火山灰混凝土砌块等;按大小分为小型砌块和中型砌块。目前常用小型砌块,主要规格为 190mm×190mm×390mm。中型砌块的规格有 880mm×190mm×380mm、580mm×190mm×380mm 等。在使用时需辅助其他规格同时使用。

4)砌筑砂浆

砌筑砂浆是由无机胶凝材料、细骨料和水拌制而成。为了获取和改善砂浆的某种性质,往往还需要掺入外加剂,常用砌筑砂浆可以分为水泥砂浆和水泥混合砂浆。其中,水泥砂浆是由水泥、细骨料和水配制成的砂浆;水泥混合砂浆是由水泥、细骨料、掺加料(即为了改善砂浆和易性而加入的无机材料,如石灰膏、电石膏、粉煤灰、黏土膏等)和水配成的砂浆。

2. 砌筑工程的工作内容

砌筑工程是一个综合的施工过程,它包括材料的准备、运输,脚手架的搭设以及基础、墙体、柱和其他零星砌体的砌筑等施工过程。其中,脚手架工程属于措施项目。

砌体砌筑的工作内容包括调制、运输砂浆,运输、砌筑块材;基础还包括清理基槽。墙体砌筑中包括窗台虎头砖、腰线、门窗套,安放木砖、铁件等操作过程。

7.1.2　砌筑工程基本规定

1. 砖基础与墙(柱)身的划分

砖基础与砖墙身(室内砖柱)的划分,以设计室内地坪为界(有地下室者,以地下室室内地坪为界),设计室内地坪以下为基础,以上为墙(柱)身,如图 7.1(a)、(b)所示。

若基础与墙(柱)身使用不同材料,若不同材料分界线位于设计室内地坪的距离在±300mm 以内时,以不同材料分界线为界;若不同材料分界线与设计室内地坪的距离超过±300mm,则以设计室内地坪为界。

室外柱和砖围墙应以设计室外地坪为界,以下为基础,以上为墙(柱)身,如图 7.1(c)所示。

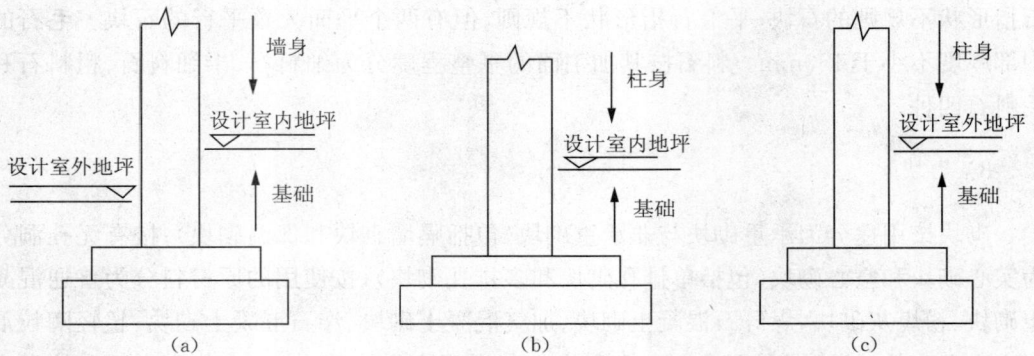

图 7.1　基础与墙(柱)分界示意图

(a)基础与墙身分界示意图;(b)室内柱与基础分界示意图;(c)室外柱与基础分界示意图

2. 石基础、石勒脚、石墙身的划分

石基础与石勒脚应以设计室外地坪为界,石勒脚与石墙身应以设计室内地坪为界。石围墙内外地坪标高不同时,应以较低地坪标高为界,以下为基础;内外标高之差为挡土墙时,挡土墙以上为墙身。

3. 标准砖砌体计算厚度的规定

标准砖砌体的计算厚度按表 7.1 确定。使用非标准砖时,其砌体厚度应按砖的实际规格和设计厚度计算。

表 7.1　标准砖砌体的计算厚度

砖数(厚度)	1/4	1/2	3/4	1	1.5	2	2.5	3
计算厚度/mm	53	115	180	240	365	490	615	740

7.1.3　砌筑工程的计价内容

清单计价中,砌筑工程作为实体性项目,按照砌筑部位和砌体材料的不同分为砖基础、砖砌体、砖构筑物、砌块砌体、石砌体、砖散水、地坪、地沟 6 个分部工程,共计 25 个分项工程,将定额计价中单独存在于构筑物工程中的砌筑构筑物,归属到了本砌筑专业工程中作为第三个分部工程。该专业工程清单项目的划分是按一个综合实体考虑的,其计价内容包括了与砌筑工程有关的砂浆制作、砂浆运输、垫层铺设、基底夯实、砌筑、防潮层铺设、勾缝、砌块材料表面加工等全部工程内容的报价。

为了完成砌筑工程而搭设的脚手架工程属于措施项目,应在措施项目清单中体现。

7.2　砌筑工程计量与计价

7.2.1　砌筑工程清单项目

砌筑工程包括砖基础、砖砌体、砖构筑物、砌块砌体、石砌体、砖散水、地坪、地沟 6 个分部工程量清单项目,其工程量清单项目及工程量计算规则如表 7.2～表 7.7 所示。

表 7.2　砖基础(编码:010301)

项目编码	项目名称	项目特征	计量单位	工程量计算规则	工程内容
010301001	砖基础	1. 砖品种、规格、强度等级 2. 基础类型 3. 基础深度 4. 砂浆强度等级	m³	按设计图示尺寸以体积计算。包括附墙垛基础宽出部分体积,扣除地梁(圈梁)、构造柱所占体积,不扣除基础大放脚 T 形接头处的重叠部分及嵌入基础内的钢筋、铁件、管道、基础砂浆防潮层和单个面积 0.3m² 以内的孔洞所占体积,靠墙暖气沟的挑檐不增加 基础长度:外墙按中心线,内墙按净长线计算	1. 砂浆制作、运输 2. 砌砖 3. 防潮层铺设 4. 材料运输

表 7.3　砖砌体(编码:010302)

项目编码	项目名称	项目特征	计量单位	工程量计算规则	工程内容
010302001	实心砖墙	1. 砖品种、规格、强度等级 2. 墙体类型 3. 墙体厚度 4. 墙体高度 5. 勾缝要求 6. 砂浆强度等级、配合比	m³	按设计图示尺寸以体积计算。扣除门窗洞口、过人洞、空圈、嵌入墙内的钢筋混凝土柱、梁、圈梁、挑梁、过梁及凹进墙内的壁龛、管槽、暖气槽、消火栓箱所占体积。不扣除梁头、板头、檩头、垫木、木楞头、沿椽木、木砖、门窗走头、砖墙内加固钢筋、木筋、铁件、钢管及单个面积 0.3m² 以内的孔洞所占体积。凸出墙面的腰线、挑檐、压顶、窗台线、虎头砖、门窗套的体积亦不增加。凸出墙面的砖垛并入墙体体积内计算 墙长度与高度的确定详见 7.2.2 节	1. 砂浆制作、运输 2. 砌砖 3. 勾缝 4. 砖压顶砌筑 5. 材料运输
010302002	空斗墙	1. 砖品种、规格、强度等级 2. 墙体类型 3. 墙体厚度 4. 墙体高度 5. 勾缝要求 6. 砂浆强度等级、配合比		按设计图示尺寸以空斗墙外形体积计算。墙角、内外墙交接处、门窗洞口立边、窗台砖、屋檐处的实砌部分体积并入空斗墙体积内	1. 砂浆制作、运输 2. 砌砖 3. 装填充料 4. 勾缝 5. 材料运输

续表

项目编码	项目名称	项目特征	计量单位	工程量计算规则	工程内容
010302003	空花墙	1. 砖品种、规格、强度等级 2. 墙体类型 3. 墙体厚度 4. 墙体高度 5. 勾缝要求 6. 砂浆强度等级		按设计图示尺寸以空花部分外形体积计算,不扣除空洞部分体积	
010302004	填充墙	1. 砖品种、规格、强度等级 2. 墙体类型 3. 填充材料种类 4. 勾缝要求 5. 砂浆强度等级		按设计图示尺寸以填充墙外形体积计算	
010302005	实心砖柱	1. 砖品种、规格、强度等级 2. 柱类型 3. 柱截面 4. 柱高 5. 勾缝要求 6. 砂浆强度等级、配合比	$m^3(m^2$、 m、个)	按设计图示尺寸以体积计算。扣除混凝土及钢筋混凝土梁垫、梁头、板头所占体积	1. 砂浆制作、运输 2. 砌砖 3. 勾缝 4. 材料运输
010302006	零星砌体	1. 零星砌砖名称、部位 2. 勾缝要求 3. 砂浆强度等级、配合比			

表 7.4　砖构筑物(编码:010303)

项目编码	项目名称	项目特征	计量单位	工程量计算规则	工程内容
010303001	砖烟囱、水塔	1. 筒身高度 2. 砖品种、规格、强度等级 3. 耐火砖品种、规格 4. 耐火泥品种 5. 隔热材料种类 6. 勾缝要求 7. 砂浆强度等级、配合比	m^3	按设计图示,筒壁平均中心线周长乘以厚度乘以高度,以体积计算。扣除各种孔洞、钢筋混凝土圈梁、过梁等的体积	1. 砂浆制作、运输 2. 砌砖 3. 涂隔热层 4. 装填充料 5. 砌内衬 6. 勾缝 7. 材料运输
010303002	砖烟道	1. 烟道截面形状、长度 2. 砖品种、规格、强度等级 3. 耐火砖品种规格 4. 耐火泥品种 5. 勾缝要求 6. 砂浆强度等级、配合比	m^3	按设计图示尺寸以体积计算	

续表

项目编码	项目名称	项目特征	计量单位	工程量计算规则	工程内容
010303003	砖窨井、检查井	1. 井截面 2. 垫层材料种类、厚度 3. 底板厚度 4. 勾缝要求 5. 混凝土强度等级 6. 砂浆强度等级、配合比 7. 防潮层材料种类	座	按设计图示数量计算	1. 土方挖运 2. 砂浆制作、运输 3. 铺设垫层 4. 底板混凝土制作、运输、浇筑、振捣、养护 5. 砌砖 6. 勾缝 7. 井池底、壁抹灰 8. 抹防潮层 9. 回填 10. 材料运输
010303004	砖水池、化粪池	1. 池截面 2. 垫层材料种类、厚度 3. 底板厚度 4. 勾缝要求 5. 混凝土强度等级 6. 砂浆强度等级、配合比			

表 7.5 砌块砌体(编码:010304)

项目编码	项目名称	项目特征	计量单位	工程量计算规则	工程内容
010304001	空心砖墙、砌块墙	1. 墙体类型 2. 墙厚 3. 空心砖、砌块品种、规格、强度等级 4. 勾缝要求 5. 砂浆强度等级、配合比	m³	按设计图示尺寸以体积计算(各项具体规定同实心砖墙)	1. 砂浆制作、运输 2. 砌砖、砌块 3. 勾缝 4. 材料运输
010304002	空心砖柱、砌块柱	1. 柱高度 2. 柱截面 3. 空心砖、砌块品种、规格、强度等级 4. 勾缝要求 5. 砂浆强度等级、配合比	m³	按设计图示尺寸以体积计算。扣除混凝土及钢筋混凝土梁垫、梁头、板头所占体积	

表 7.6　石砌体(编码:010305)

项目编码	项目名称	项目特征	计量单位	工程量计算规则	工程内容
010305001	石基础	1. 石料种类、规格 2. 基础深度 3. 基础类型 4. 砂浆强度等级、配合比	m³	按设计图示尺寸以体积计算。包括附墙垛基础宽出部分体积,不扣除基础砂浆防潮层及单个面积0.3m² 以内的孔洞所占体积,靠墙暖气沟的挑檐不增加体积。 　基础长度:外墙按中心线,内墙按净长计算	1. 砂浆制作、运输 2. 砌石 3. 防潮层铺设 4. 材料运输
010305002	石勒脚	1. 石料种类、规格 2. 石表面加工要求 3. 勾缝要求 4. 砂浆强度等级、配合比	m³	按设计图示尺寸以体积计算。扣除单个 0.3m²以外的孔洞所占的体积	1. 砂浆制作、运输 2. 砌石 3. 石表面加工 4. 勾缝 5. 材料运输
010305003	石墙	1. 石料种类、规格 2. 石表面加工要求 3. 勾缝要求 4. 砂浆强度等级、配合比		按设计图示尺寸以体积计算(各项具体规定同实心砖墙)	
010305004	石挡土墙	1. 石料种类、规格 2. 石表面加工要求 3. 勾缝要求 4. 砂浆强度等级、配合比		按设计图示尺寸以体积计算	1. 砂浆制作、运输 2. 砌石 3. 压顶抹灰 4. 勾缝 5. 材料运输
010305005	石柱	1. 石料种类、规格 2. 柱截面		按设计图示尺寸以体积计算	1. 砂浆制作、运输 2. 砌石
010305006	石栏杆	3. 石表面加工要求 4. 勾缝要求 5. 砂浆强度等级、配合比	m	按设计图示尺寸以长度计算	3. 石表面加工 4. 勾缝 5. 材料运输
010305007	石护坡	1. 垫层材料种类、厚度 2. 石料种类、规格 3. 护坡厚度、高度	m³	按设计图示尺寸以体积计算	1. 铺设垫层 2. 石料加工 3. 砂浆制作、运输 4. 砌石 5. 石表面加工 6. 勾缝 7. 材料运输
010305008	石台阶				
010305009	石坡道	4. 石表面加工要求 5. 勾缝要求 6. 砂浆强度等级、配合比	m²	按设计图示尺寸以水平投影计算	
010305010	石地沟、 石明沟	1. 沟截面尺寸 2. 垫层种类、厚度 3. 石料种类、规格 4. 石表面加工要求 5. 勾缝要求 6. 砂浆强度等级、配合比	m	按设计图示尺寸以中心线长度计算	1. 土石挖运 2. 砂浆制作、运输 3. 铺设垫层 4. 砌石 5. 石表面加工 6. 勾缝 7. 回填 8. 材料运输

表 7.7　砖散水、地坪、地沟(编码:010306)

项目编码	项目名称	项目特征	计量单位	工程量计算规则	工程内容
010306001	砖散水、地坪	1. 垫层材料种类、厚度 2. 散水、地坪厚度 3. 面层种类、厚度 4. 砂浆强度等级、配合比	m²	按设计图示尺寸以面积计算	1. 地基找平、夯实 2. 铺设垫层 3. 砌砖散水、地坪 4. 抹砂浆面层
010306002	砖地沟、明沟	1. 沟截面尺寸 2. 垫层材料种类、厚度 3. 混凝土强度等级 4. 砂浆强度等级、配合比	m	按设计图示尺寸以中心线长度计算	1. 挖运土石 2. 铺设垫层 3. 底板混凝土制作、运输、浇筑、振捣、养护 4. 砌砖 5. 勾缝、抹灰 6. 材料运输

7.2.2　砌筑工程计量

1. 砖基础

砖基础常见的类型包括条形基础和独立基础,可用于柱基础、墙基础、烟囱基础、水塔基础、管道基础等。独立基础工程量按设计图示尺寸计算,条形基础的工程量可按下式计算,即

$$V_{条基} = L \times S + V_{踱基} - V_{扣减} \tag{7.1}$$

式中:$V_{条基}$——条形基础的体积;

　　　L——条形基础计算长度;

　　　S——条形基础断面积;

　　　$V_{踱基}$——附墙砖踱基础(简称"踱基")的体积;

　　　$V_{扣减}$——应扣除的体积(详见表 7.2)。

1) 条形基础计算长度的确定

条形基础计算长度,外墙的基础长度按中心线计算;内墙的基础长度按净长线计算;柱间的条形基础按柱间墙体净长度计算。

2) 条形基础断面面积的确定

砖基础受刚性角的限制,需在基础底部做成逐步放阶的形式,俗称大放脚(图 7.2)。带大放脚的砖基础断面面积可利用平面几何知识直接计算,也可根据大放脚的层数、所附基础墙的厚度及是否等高放阶等因素,查表 7.8 和表 7.9 来获得大放脚的折算高度或大放脚的增加面积,分别按式(7.2)或式(7.3)来计算。

基础大放脚部分 T 形接头处的重叠部分不扣除。

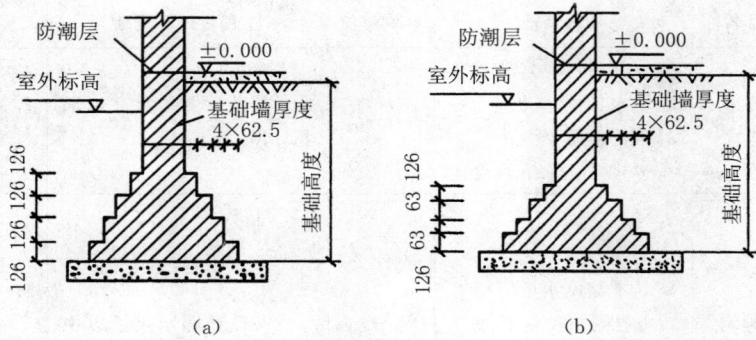

图 7.2　基础大放脚示意图

(a)等高式大放角;(b)不等高式大放角

$$基础断面积＝基础墙厚度×(基础高度＋折加高度) \qquad (7.2)$$
$$基础断面积＝基础墙厚度×基础高度＋大放脚增加的断面面积 \qquad (7.3)$$

式中:基础高度——基础底面至基础与墙身分界线的高度;

折加高度——大放脚增加断面面积/基础墙厚度。

表 7.8　等高式砖基础大放脚折加高度和增加断面面积

大放脚/层数	折加高度/m						增加面积 /m²
	½砖	1砖	1½砖	2砖	2½砖	3砖	
1	0.137	0.066	0.043	0.032	0.026	0.021	0.015 75
2	0.411	0.197	0.129	0.096	0.077	0.064	0.04 725
3	0.822	0.394	0.259	0.193	0.154	0.128	0.094 50
4	1.369	0.656	0.432	0.321	0.256	0.213	0.157 50
5	2.054	0.984	0.647	0.432	0.384	0.319	0.236 30
6	2.876	1.378	0.906	0.675	0.538	0.447	0.330 80
7	3.835	1.838	1.206	0.900	0.717	0.596	0.441 00
8	4.930	2.363	1.553	1.157	0.922	0.766	0.567 00
9	6.163	2.953	1.942	1.447	1.153	0.958	0.708 80
10	7.553	3.610	2.372	1.768	1.409	1.171	0.866 30

表 7.9 不等高式砖基础大放脚折加高度和增加断面面积

大放脚/层数	折加高度/m						增加面积/m²
	½砖	1砖	1½砖	2砖	2½砖	3砖	
1低	0.069	0.033	0.022	0.016	0.013	0.011	0.007 88
1高1低	0.342	0.164	0.108	0.080	0.064	0.053	0.039 38
2高1低	0.685	0.328	0.216	0.161	0.128	0.106	0.078 75
2高2低	1.096	0.525	0.345	0.257	0.205	0.170	0.1260
3高2低	1.643	0.788	0.518	0.386	0.307	0.255	0.1890
3高3低	2.260	1.083	0.712	0.530	0.423	0.351	0.2599
4高3低	3.005	1.444	0.949	0.707	0.563	0.468	0.3456
4高4低	3.836	1.838	1.208	0.900	0.717	0.596	0.4411
5高4低	4.794	2.297	1.510	1.125	0.896	0.745	0.5513
5高5低	5.821	2.789	1.834	1.366	1.088	0.905	0.6694

3) 踩基

踩基是大放脚突出部分的基础,如图 7.3 所示。

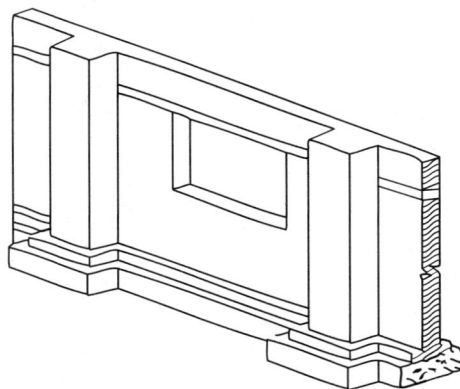

图 7.3 踩基示意图

2. 实心砖墙

实心砖墙的类型包括外墙、内墙、围墙、双面混水墙、双面清水墙、单面清水墙、直形墙、弧形墙等。

1）实心砖墙工程量计算方法

实心砖墙工程量按设计图示实际尺寸以体积（m³）计算为

$$V = L \times H \times B \pm V_{增减} \qquad (7.4)$$

式中：V——实心砖墙体积；

　　　L——墙体长度：外墙按中心线，内墙按净长确定；

　　　H——墙体高度；

　　　B——墙体厚度，标准砖砌筑的墙体厚度参见表 7.1；

　　　$V_{增减}$——应并入或扣除的体积，见表 7.3。

2）墙高的确定

（1）外墙。斜（坡）屋面无檐口顶棚者，算至屋面板底（图 7.4）；有屋架且室内外均有顶棚者算至屋架下弦底另加 200mm（图 7.5）；无顶棚者算至屋架下弦底另加 300mm（图 7.6）；出檐宽度超过 600mm 时按实砌高度计算（图 7.7）；平屋面算至钢筋混凝土板底（图 7.8）。

（2）内墙。位于屋架下弦者，算至屋架下弦底；无屋架者算至顶棚底另加 100mm；有钢筋混凝土楼板隔层者算至楼板顶（图 7.9）；有框架梁时至梁底。

（3）女儿墙。从屋面板上表面算至女儿墙顶面（如有混凝土压顶时算至压顶下表面）。

（4）内、外山墙按其平均高度计算。

（5）围墙。高度算至压顶上表面（如有混凝土压顶时算至压顶下表面）。

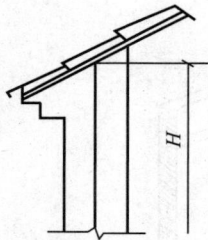

图 7.4　斜屋面且室内外有天棚　　　　图 7.5　斜屋面无檐口天棚

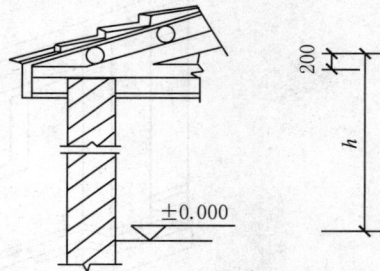

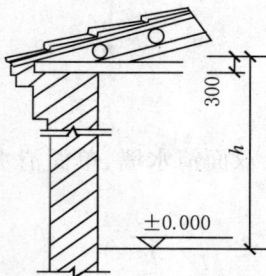

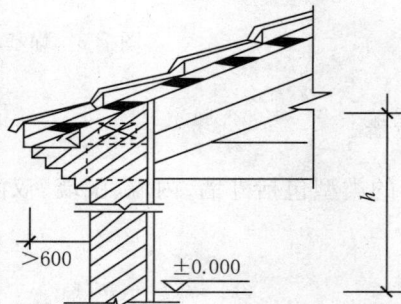

图 7.6　坡屋架无天棚　　　　图 7.7　出檐宽度大于 600mm 的坡屋面

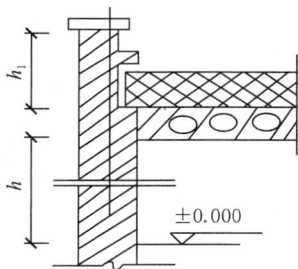

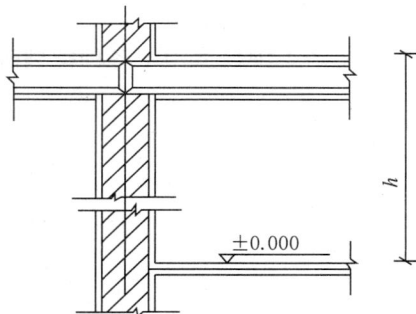

图 7.8　平屋顶图　　　　　　　图 7.9　有钢筋混凝土楼板隔层内墙

3. 空斗墙

空斗墙,一般使用标砖砌筑,使墙体内形成许多空腔的墙体,如一眠一斗、一眠二斗、一眠三斗及无眠空斗等砌法。空斗墙工程量以空斗墙外形体积计算,包括墙角、内外墙交接处、门窗洞口立边、窗台砖、屋檐实砌部分的体积。

4. 空花墙

空花墙用砖砌成各种镂空花式的墙,如图 7.10 所示。空花墙工程量按设计图示尺寸以空花部分的外形体积计算,应包括空花的外框,不扣除空洞部分体积。

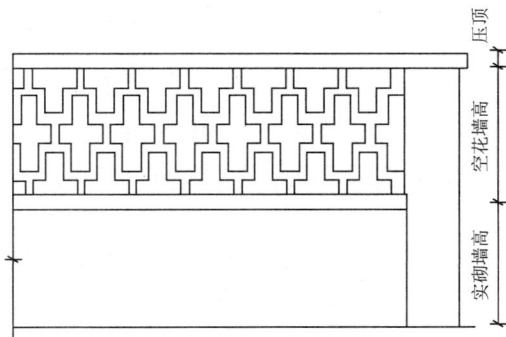

图 7.10　空花墙示意图

5. 零星砌砖

零星砌砖工程量的计算:砖砌锅台与炉灶可按外形尺寸以个计算;砖砌台阶可按水平投影面积,以平方米计算(不包括梯带或台阶挡墙);小便槽、地垄墙可按长度计算;小型池槽、锅台、炉灶可按个计算,应按"长×宽×高"顺序标明外形尺寸;其他工程量按立方米计算。

6. 砖烟囱、水塔

砖烟囱、水塔清单项目适用于各种类型砖烟囱、水塔。

1) 工程量计算方法

砖烟囱体积可按下式分段计算为

$$V = \sum \pi HCD \tag{7.5}$$

式中:V ——筒身体积;

H ——每段筒身垂直高度;

C ——每段筒壁厚度;

D ——每段筒壁平均直径。

2) 基础与筒身、塔身的划分界限

砖烟囱应以设计室外地坪为界,以下为基础,以上为筒身,水塔基础与塔身划分以砖砌体的扩大部分顶面为界,以上为塔身,以下为基础。

7. 石墙

石墙清单项目适用于各种规格(条石、块石等)、各种材质(砂石、青石、大理石、花岗石等)和各种类型(直形、弧形等)的墙体。

石墙工程量按设计图示尺寸以体积计算(与实心砖墙计算方法相同)。墙长与墙高的确定均与实心砖墙的确定方法相同。

8. 石挡土墙

石挡土墙清单项目适用于各种规格(条石、块石、毛石、卵石等)、各种材质(砂石、青石、石灰石等)和各种类型(直形、弧形、台阶形等)的挡土墙。其工程量按设计图示尺寸以体积计算。

石梯膀的工程量计算以石梯带下边线为斜边,与地平相交的直线为一直角边,石梯与平台相交的垂线为另一直角边,形成一个三角形,三角形面积乘以砌石的宽度为石梯膀的工程量。石梯膀是指石梯的两侧面形成的两直角三角形的翼墙(古建筑中称"象眼")。

7.2.3 砌筑工程计价

1. 砌筑工程清单计价要点

1) 基础与垫层

在《计价规范》中基础与垫层应分设清单项目,垫层项目已经独立出来。

2）轻质墙板

关于砌筑轻质墙板，在《计价规范》中无列项，可参照定额中有关砌筑轻质墙板的计算规则，以砌筑轻质墙板的水平投影面积计算，并以补充项目编码的形式编制，并在项目特征一栏描述清楚。

3）墙体高度

在实心砖墙、空心砖墙、砌块墙、石墙清单项目中，外墙高度在平屋面时算至钢筋混凝土板底（与《全国统一建筑工程基础定额》的计算规则不同），在定额中外墙高度算至楼板顶；内墙高度在有钢筋混凝土楼板隔层者时算至楼板顶（与《全国统一建筑工程基础定额》的计算规则不同），在定额中内墙高度算至楼板底。

4）实心砖柱与空心砖柱、砌块柱

关于实心砖柱与空心砖柱、砌块柱清单项目，在《计价规范》中工程量按设计图示尺寸以体积计算，扣除混凝土及钢筋混凝土梁垫、梁头、板头所占体积（与《全国统一建筑工程基础定额》的计算规则不同），而在定额中要扣除混凝土及钢筋混凝土梁垫、梁头、板头所占体积。

5）零星砌砖

关于零星砌砖清单项目，在《计价规范》中包括了台阶、台阶挡墙、框架外贴砖部分、梯带、锅台、炉灶、蹲台、池槽、池槽腿、花台、花池、楼梯栏板、阳台栏板、地垄墙、屋面隔热板下的砖墩、0.3m² 以内孔洞填塞等处的砌筑和空斗墙中窗间墙、窗台下、楼板下、梁头下的实砌部分，而在定额中台阶、栏板应分别计算、计价，框架外贴砖部分并入所付墙体内计价。

6）空花墙

关于空花墙使用混凝土花格砌筑时，将实砌墙体与混凝土花格分别计算工程量，混凝土花格按混凝土及钢筋混凝土预制零星构件编码列项。

7）砖烟囱、水塔

关于砖烟囱、水塔清单项目，在《计价规范》中烟囱内衬及隔热填充材料可与烟囱外壁分别编码（第五级编码）列项，烟囱、水塔爬梯按钢构件相关项目编码列项，砖水箱内外壁可按砖砌体相关项目编码列项。

8）砖窨井、检查井

关于砖窨井、检查井清单项目，在《计价规范》中包括挖土、运输、回填、井底板、池壁、井盖板、井内隔断、隔墙、隔栅小梁、隔板、滤板等全部工程。井、池内爬梯按钢构件相关项目编码列项，构件内的钢筋按混凝土及钢筋混凝土相关项目编码列项。

9）砖水池、化粪池

关于砖水池、化粪池清单项目，在《计价规范》中包括了挖土、运输、回填、池底板、池壁、池盖板、池内隔断、隔墙、隔栅小梁、隔板、滤板等全部工程。在定额中挖土、运输、回填、砌筑水池、砌筑化粪池应分别计算，分别计价。

10）石勒脚

关于石勒脚清单项目，在《计价规范》中单独作为一个清单项目存在，而在定额中参照毛石墙计算。

11）石台阶

关于石台阶清单项目，在《计价规范》中单独设置了该清单项目，包括石梯带（垂带），石梯带是指在石梯的两侧（或一侧），与石梯斜度完全一致的石梯封头的条石，但不包括石梯膀，石梯膀按石挡墙项目单独编码列项。在定额中没有单独设置石台阶项目，一般参照砖台阶处理。

12）石挡土墙

关于石梯膀应按石砌体中石挡土墙清单项目编码列项。在《计价规范》中该清单项目组价时应包括变形缝、泄水孔、压顶抹灰、挡土墙的滤水层、搭拆简易起重架等工作。

13）石地沟、石明沟

关于石地沟、石明沟清单项目，在《计价规范》中单独设置了该清单项目，包括石地沟、石明沟。在定额中没有单独设置石地沟、石明沟定额项目，一般参照砖地沟、砖明沟处理。

2. 工程量清单计价方法

为了便于在实际工作中指导清单项目设置和综合单价分析，结合本定额，表7.10、表7.11分别列出了砖基础与砖砌体中实心砖墙清单项目可组合的主要内容及对应的消耗量定额子目。

表 7.10　砖基础组价内容

项目编码	项目名称	计量单位	主要工程内容	对应定额子目
010301001	砖基础	m³	1. 砌筑砖基础	3-1-1
			2. 烟囱砖基础	8-1-1
			3. 防水砂浆	6-2-5

表 7.11　砖砌体组价内容

项目编码	项目名称	计量单位	主要工程内容		对应定额子目
010302001	实心砖墙砖	m³	1. 实砌砖墙	机制红砖清水墙	3-1-6～3-1-10
				机制红砖混水墙	3-1-11～3-1-16
			2. 轻质砖墙	烧结粉煤灰砖	3-3-1～3-3-4
			3. 多孔砖墙	黏土多孔砖	3-3-5～3-3-8
				煤矸石多孔砖	3-3-9～3-3-12
			4. 弧形墙增工料	3-3-17	
			5. 砌砖碹、砖过梁	3-1-23～3-1-25	

7.2.4　实例分析

【例 7.1】　某基础工程,如图 7.11 所示。已知该条形基础由 M5.0 水泥砂浆砌筑标准黏土砖而成,基础内镶嵌 240mm×240mm 的混凝土地圈梁。试编制该砖基础工程的工程量清单,并对该工程量清单进行报价。

解　(1) 砖基础工程清单的编制。

① 计算砖基础清单工程量。

外墙条形基础长度:$L_中=(9+3.6×5)×2+0.24×3=54.72(m)$

内墙条形基础长度:$L_内=9-0.24=8.76(m)$

应扣除圈梁体积:$V_{圈梁}=0.24×0.24×(54.72+8.76)=3.66(m^3)$

砖基础体积:$V_{基础}=(0.0625×5×0.126×4+0.24×1.5)×(54.72+8.76)-3.66$
$=29.19(m^3)$

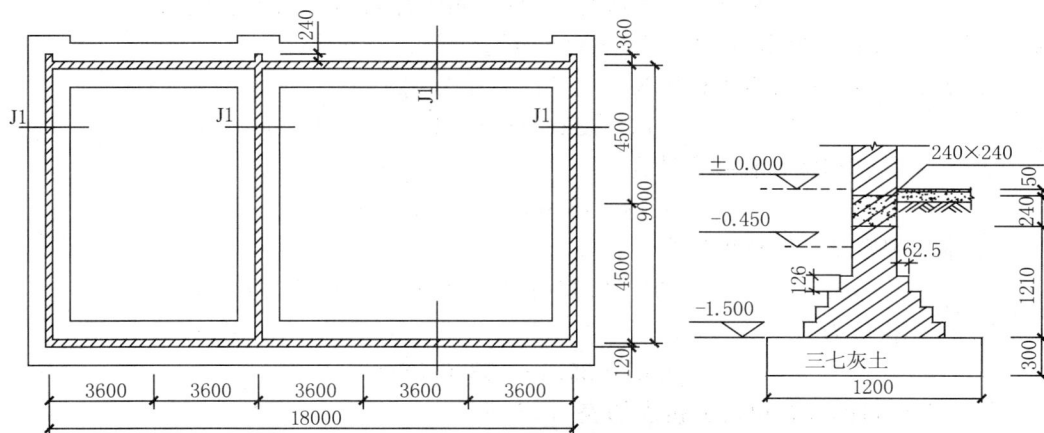

图 7.11　某基础工程示意图

② 编制砖基础分部分项工程量清单,如表 7.12 所示。

表 7.12　分部分项工程量清单与计价

工程名称：　　　　　　　　　　　　　　　标段：　　　　　　　　　第 1 页　共 1 页

序号	项目编码	项目名称	项目特征	计量单位	工程量	金　　额/元		
						综合单价	合价	其中:暂估价
010301001001	砖基础	1. 砖品种、规格、强度等级：机制标准红砖 2. 基础类型：条形基础 3. 基础深度：1.80m 4. 砂浆强度等级：M5.0 水泥砂浆		m³	29.19			
		本页小计						
		合　　计						

（2）砖基础工程工程量清单报价。

① 计算施工工程量。砖基础定额工程量计算规则按设计图示尺寸以体积计算。包括附墙垛基础宽出部分体积，不扣除基础砂浆防潮层及单个面积 0.3m² 以内的孔洞所占体积，靠墙暖气沟的挑檐不增加体积。同清单工程量计算规则，即定额工程量也为 29.19m³。

② 计算综合单价。依据定额子目 3-1-1 和本地区市场价可查得，完成每立方米 M5.0 水泥砂浆砌筑的砖基础人工费为 34.10 元，材料费为 132.41 元，机械费为 1.73 元。

参考本地区建设工程费用定额，管理费和利润的计费基数均为直接工程费的 5.1% 和 3.0%，即管理费和利润单价为 13.63 元/m³。

a. 本工程砖基础直接工程费为

$$29.19 \times (34.10 + 132.41 + 1.73) = 4910.93(元)$$

b. 本工程管理费和利润合计为

$$29.19 \times 13.63 = 485.43(元)$$

c. 本工程砖基础综合单价为

$$(4910.93 + 485.43)/29.19(清单工程量) = 184.87(元/m³)$$

③ 计算合价为

$$184.87 \times 29.19 = 5396.36(元)$$

该清单项目的综合单价分析表如表 7.13 所示。

表 7.13　工程量清单综合单价分析

工程名称：　　　　　　　　　　　　　　　　标段：　　　　　　　　第 1 页　共 1 页

项目编码	010301001001	项目名称		砖基础		计量单位		m³

清单综合单价组成明细

定额编号	定额名称	定额单位	数量	单价				合价			
				人工费	材料费	机械费	管理费与利润	人工费	材料费	机械费	管理费与利润
3-1-1	M5.0 水泥砂浆砖基础	m³	29.19	34.10	132.41	1.73	13.63	995.38	3865.05	50.50	485.43
人工单价		小计						995.38	3865.05	50.50	485.43
28 元/工日		未 计 价 材 料 费						—			
		清单项目综合单价						184.87			
		材料费小计						—		—	

【例 7.2】　某单层建筑物，如图 7.12 所示。已知该工程用 M5.0 混合砂浆砌筑标准黏土砖而成，原浆勾缝，双面混水砖墙，M1 为 1000mm×2400mm，M2 为 900mm×2400mm，C1 为 1500mm×1500mm，门窗上部均设过梁，断面为 240mm×180mm，长度按门窗洞口宽度每边加 250mm，内、外墙均设圈梁，断面为 240mm×240mm。试编制该砖墙工程的工程量清单，并对该工程量清单进行报价。

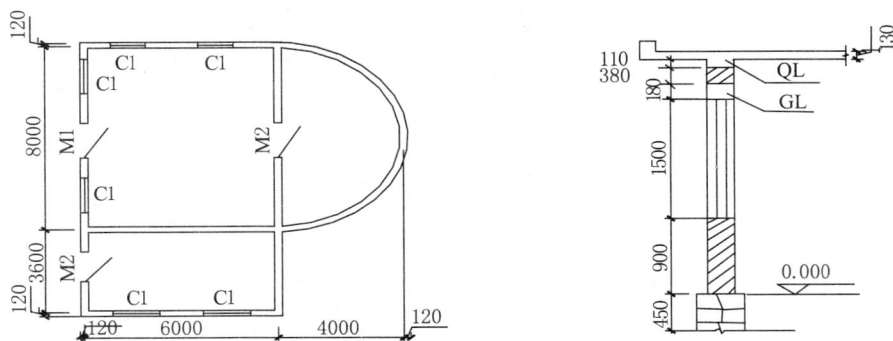

图 7.12　某单层建筑物示意图

解　（1）砖墙工程的工程量清单编制。

① 计算直形墙体清单工程量。

a. 直形外墙墙体。

直形外墙长度：$L_{外直}=6.00+3.60+6.00+3.60+8.00=27.20(m)$

直形外墙高度：$H_{外直}=0.90+1.50+0.18+0.38=2.96(m)$

扣除门窗洞口面积：$S_{门窗}=1.50×1.50×6+1.00×2.40+0.90×2.4=18.06(m^2)$

扣除过梁体积：$V_{过梁}=0.24×0.18×2.00×6+0.24×0.18×1.50+0.24×0.18×1.4=0.64(m^3)$

　　直形外墙工程量：$V_{外直}=(27.20×2.96-18.06)×0.24-0.64=14.35(m^3)$

　　b. 直形内墙墙体。

　　直形内墙长度：$L_{内直}=6.0-0.24+8.0-0.24=13.52(m)$

　　直形内墙高度：$H_{内直}=0.90+1.50+0.18+0.38=2.96(m)$

　　扣除门窗洞口面积：$S_{门窗}=0.90×2.4=2.16(m^2)$

　　扣除过梁体积：$V_{过梁}=0.24×0.18×1.4=0.06(m^3)$

　　直形内墙工程量：$V_{内直}=(13.52×2.96-2.16)×0.24-0.06=9.03(m^3)$

　　直行墙体工程量：$V_{直}=14.35+9.03=23.38(m^3)$

② 计算弧形外墙墙体清单工程量。

　　弧形外墙长度：$L_{外弧}=4.00×3.14=12.56(m)$

　　弧形外墙高度：$H_{外弧}=0.90+1.50+0.18+0.38=2.96(m)$

　　弧形外墙工程量：$V_{外弧}=12.56×2.96×0.24=8.92(m^3)$

③ 编制分部分项工程量清单，如表 7.14 所示。

表 7.14　分部分项工程量清单与计价

工程名称：　　　　　　　　　　标段：　　　　　　　　第 1 页　共 1 页

序号	项目编码	项目名称	项目特征	计量单位	工程量	金　额/元		
						综合单价	合价	其中：暂估价
1	010302001001	实心砖墙	1. 砖品种、规格、强度等级：机制标准红砖 2. 墙体类型：直行墙，双面混水 3. 墙体厚度：240mm 4. 墙体高度：2.96m 5. 勾缝要求：原浆勾缝 6. 砂浆强度等级、配合比：M5.0 混合砂浆	m^3	23.38			

续表

序号	项目编码	项目名称	项目特征	计量单位	工程量	金　额/元		
						综合单价	合价	其中:暂估价
2	010302001002	实心砖墙	1. 砖品种、规格、强度等级： 机制标准红砖 2. 墙体类型:弧行外墙,双面混水 3. 墙体厚度:240mm 4. 墙体高度:2.96m 5. 勾缝要求:原浆勾缝 6. 砂浆强度等级、配合比:M5.0 混合砂浆	m³	8.92			
			本页小计					
			合　　计					

（2）墙体工程工程量清单报价。

① 施工工程量的计算。实心砖墙定额工程量同清单工程量,即定额工程量分别为 23.38m³、8.92m³。

② 综合单价的计算。依据定额子目 3－1－14 和 3－1－17 和本地区市场价可查得,完成每立方米 M5.0 混合砂浆砌筑的直行砖墙人工费为 43.06 元,材料费为 134.53 元,机械费为 1.65 元;完成每立方米 M5.0 混合砂浆砌筑的弧行砖墙人工费为 47.26 元,材料费为 136.59 元,机械费为 1.65 元。

参考本地区建设工程费用定额,管理费和利润的计费基数均为直接工程费的 5.1% 和 3.0%,即直行墙体管理费和利润单价为 14.52 元/ m³,弧行墙体管理费和利润单价为 15.03 元/ m³。

a. 计算直接工程费。

直行墙体直接工程费:23.38×(43.06＋134.53＋1.65)＝4190.63(元)

弧行墙体直接工程费:8.92×(47.26＋136.59＋1.65)＝1654.66(元)

b. 计算工程管理费和利润。

直行墙体管理费和利润:23.38×14.52＝339.48(元)

弧行墙体管理费和利润:8.92×15.03＝134.07(元)

c. 计算综合单价。

直行墙体清单项目综合单价：

$$(4190.63+339.48)/23.38(清单工程量)=193.76(元/m^3)$$

弧行墙体清单项目综合单价：

$$(1654.66+134.07)/8.92(清单工程量)=200.53(元/m^3)$$

③ 合价的计算。

直行墙体清单项目合价：

$$193.76×23.38=4530.11(元)$$

弧行墙体清单项目合价：

$$200.53×8.92=1788.73(元)$$

该直行墙体清单项目和弧形墙体清单项目的综合单价分析表见表 7.15 和表 7.16。

表 7.15　工程量清单综合单价分析

工程名称：　　　　　　　　　　　　标段：　　　　　　　　第 1 页　共 1 页

项目编码	010302001001	项目名称	实心砖墙	计量单位	m³

清单综合单价组成明细

定额编号	定额名称	定额单位	数量	单价/元				合价/元			
				人工费	材料费	机械费	管理费与利润	人工费	材料费	机械费	管理费与利润
3-1-14	混水砖墙砌筑	m³	23.38	43.06	134.53	1.65	14.52	1006.74	3145.31	38.58	339.48
人工单价			小计					1006.74	3145.31	38.58	339.48
28 元/工日			未 计 价 材 料 费					—			
清单项目综合单价								193.76			

材料费明细	主要材料名称、规格、型号	单位	数量	单价/元	合价/元	暂估单价/元	暂估合价/元
	机制标准红砖	千块	12.42	200.00	2484.00		
	其他材料费			—	—	—	
	材料费小计			—	2484.00	—	

表 7.16　工程量清单综合单价分析

工程名称：　　　　　　　　　　　　　　标段：　　　　　　　　　第 1 页　共 1 页

项目编码	010302001002	项目名称	实心砖墙	计量单位	m³

清单综合单价组成明细

定额编号	定额名称	定额单位	数量	单价/元				合价/元			
				人工费	材料费	机械费	管理费与利润	人工费	材料费	机械费	管理费与利润
3-1-14	混水砖墙砌筑	m³	8.92	43.06	134.53	1.65	14.52	384.10	1200.01	14.72	129.52
3-1-17	弧形砖墙另加工料	m³	8.92	4.20	2.06	—	0.51	37.46	18.38	—	4.55
人工单价		小计						421.56	1218.39	14.72	134.07
28 元/工日		未计价材料费						—			
		清单项目综合单价						200.53			

材料费明细	主要材料名称、规格、型号	单位	数量	单价/元	合价/元	暂估单价/元	暂估合价/元
	机制标准红砖	千块	4.831	200.00	966.20		
	其他材料费			—	—	—	—
	材料费小计			—	966.20	—	

复习思考题

1. 实心砖墙清单项目的理解应是"实心砖"墙，还是"实心"砖墙？

2. 砌体内加强筋的制作、安装是否还要单独编写清单？

3. 实心砖墙清单项目中，砖砌围墙、女儿墙压顶突出墙面部分是否计算工程量？

4. 石挡土墙项目在报价时，压顶抹灰、泄水孔、变形缝是否应包括在报价内？

5. 砖砌内墙高度在《计价规范》和《全国统一建筑工程基础定额》中的规定是否一致？

6. 空斗墙砌筑中的窗台下、楼板下、梁头下的实砌部分是否需要单独编写清单项目？对应的清单项目名称是什么？

7. 装饰性雕刻花纹的石栏杆可否按石砌体中的石栏杆清单项目编写清单？

8. 实际工程中采用了轻质墙板，在清单编制和清单报价时该如何处理？

习　　题

1. 某砖基础工程平面图、剖面图，如图 7.13 所示，采用 M5.0 水泥砂浆砌筑标准黏土砖而成，就地取土拌制 3∶7 灰土铺设 300mm 厚垫层，基础防潮层采用抹防水砂浆

25mm 厚。试编制该砖基础工程量清单,并进行工程量清单报价。

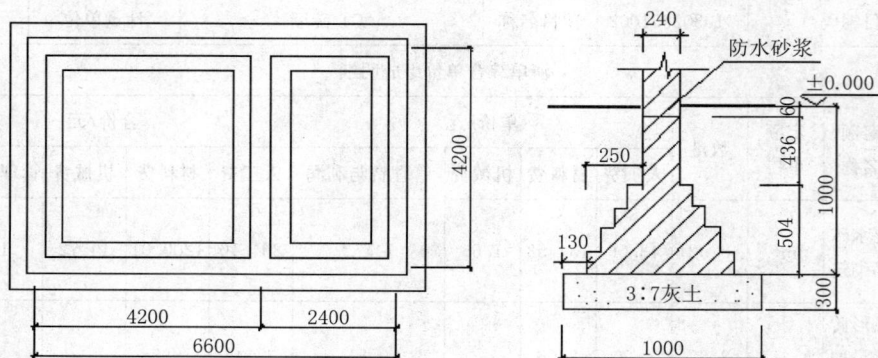

图 7.13　某工程砖基础示意图

2. 某住宅楼附属项目:砖砌矩形化粪池 6 个[S231(一)4#,无地下水],在人工原土夯实的基础上做 C20 现浇混凝土垫层,采用 M5.0 混合砂浆砌筑,C25 现浇混凝土顶板,1:2 水泥砂浆抹面。试编制化粪池的工程量清单,并进行工程量清单报价。

3. 某单层建筑物工程的平面图、剖面图,如图 7.14 所示,框架结构,墙身用 M5.0 混合砂浆砌筑加气混凝土砌块,女儿墙砌筑煤矸石空心砖,混凝土压顶断面 240mm×80mm,外墙厚均为 240mm,内墙采用 80mm 厚石膏空心条板砌筑。框架柱断面 240mm×240mm 到女儿墙顶,框架梁断面 240mm×500mm,门窗洞口上均采用现浇钢筋混凝土过梁,断面 240mm×180mm。M1:1560mm×2700mm,M2:900mm×2700mm,C1:1800mm×1800mm,C2:1560mm×1800mm。请编制砌块墙、空心砖墙、轻质条板墙的工程量清单,并相应地进行工程量清单报价。

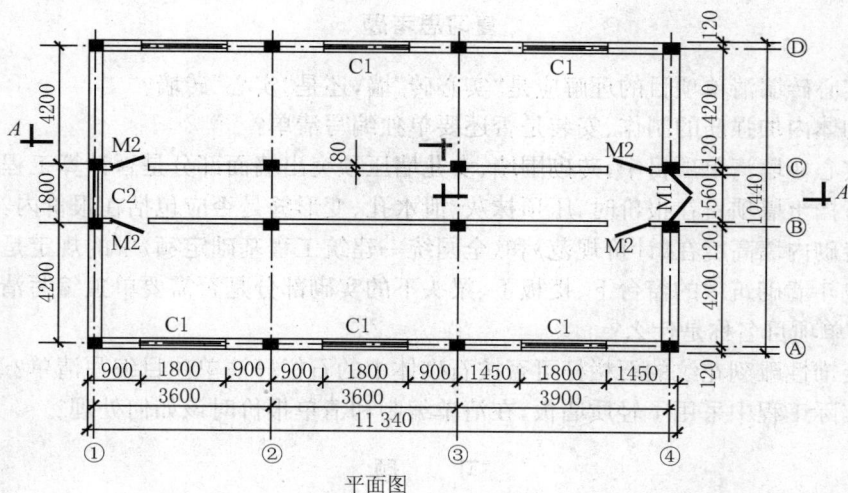

图 7.14　某单层建筑物示意图

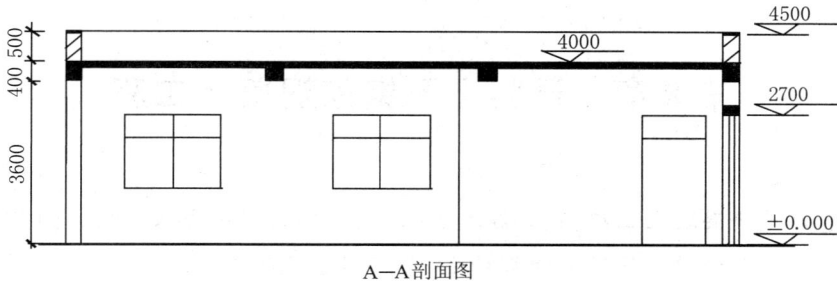

A—A剖面图

图 7.14 某单层建筑物示意图(续)

第 8 章　混凝土及钢筋混凝土工程

本章提示：

　　本章包括现浇混凝土工程、预制混凝土工程、钢筋工程等内容。在详细介绍各分部分项工程实体项目清单计量规则的基础上，重点阐述了现浇混凝土基础、柱、梁、墙、板、楼梯等的计量方法；预制混凝土构件的制作、运输、安装和接头灌缝以及混凝土构筑物、钢筋工程的计量方法。结合工程实例，详细讲解了现浇混凝土、预制混凝土和钢筋工程的分部分项工程综合单价的具体确定方法。通过本章的学习，要求读者熟练掌握混凝土和钢筋混凝土工程的工程量计算方法，能够运用地方定额及相关资料进行清单综合单价及分部分项工程费用的计算。

8.1　概　　述

8.1.1　基础知识

　　混凝土结构是土木工程结构的主要形式之一。混凝土结构工程由模板工程、钢筋工程和混凝土工程三个主要工种工程组成。

　　混凝土结构工程按施工方法分为现浇混凝土结构和预制装配混凝土结构。

　　现浇混凝土结构施工是按工程部位就地浇筑混凝土，作业以现场为主。这种施工方法施工难度大、工期较长、模板及支架材料消耗多、现场运输量大、作业条件差、劳动强度高，但现浇混凝土结构整体性好、抗震、防渗性能强、钢材耗用少，且不需大型起重机械。

　　预制装配混凝土结构施工是柱、梁、板、屋架等构件在工厂或现场预制，用起重机械装配成整体。钢筋混凝土预制构件可实行工厂化、机械化施工，在很大程度上减少了劳动强度，而且可以使施工现场的组织和管理工作大为简化。

8.1.2　计价内容

　　在钢筋混凝土工程施工的三个工种工序中，钢筋工程和混凝土工程主要是依据施工图（主要是结构施工图中设计表达的内容）应完成的实体项目，而模板工程是为完成实体项目而采取的措施。目前在计价规范和定额计价中均把模板工程归为措施项目，这部分内容在第 11 章论述。

　　依据施工方式、构件类型，混凝土及钢筋混凝土工程的计价内容大致包括图 8.1 所列的几个部分。

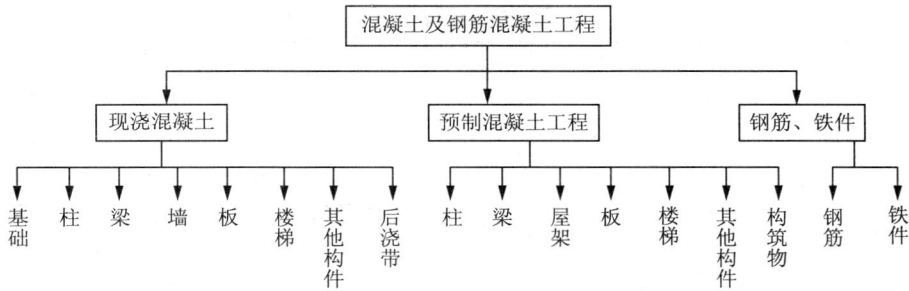

图 8.1　混凝土及钢筋混凝土工程

8.2　现浇混凝土工程

8.2.1　现浇混凝土工程清单项目

现浇混凝土清单项目包括 8 个子项（图 8.1），具体工程量清单项目设置及工程量计算规则，见表 8.1～表 8.8。

表 8.1　现浇混凝土基础（编码：010401）

项目编码	项目名称	项目特征	计量单位	工程量计算规则	工程内容
010401001	带形基础	1. 混凝土强度等级 2. 混凝土拌和料要求 3. 砂浆强度等级	m³	按设计图示尺寸以体积计算。不扣除构件内钢筋、预埋铁件和伸入承台基础的桩头所占体积	1. 铺设垫层 2. 混凝土制作、运输、浇筑、振捣、养护 3. 地脚螺栓二次灌浆
010401002	独立基础				
010401003	满堂基础				
010401004	设备基础				
010401005	桩承台基础				
010401006	垫层				

表 8.2　现浇混凝土柱（编码：010402）

项目编码	项目名称	项目特征	计量单位	工程量计算规则	工程内容
010402001	矩形柱	1. 柱高度 2. 柱截面尺寸 3. 混凝土强度等级 4. 混凝土拌和料要求	m³	按设计图示尺寸以体积计算。不扣除构件内钢筋、预埋铁件所占体积 柱高： 1. 有梁板的柱高，应自柱基上表面（或楼板上表面）至上一层楼板上表面之间的高度计算 2. 无梁板的柱高，应自柱基上表面（或楼板上表面）至柱帽下表面之间的高度计算 3. 框架柱的柱高，应自柱基上表面至柱顶高度计算 4. 构造柱按全高计算，嵌接墙体部分并入柱身体积 5. 依附柱上的牛腿和升板的柱帽，并入柱身体积计算	混凝土制作、运输、浇筑、振捣、养护
010402002	异形柱				

表 8.3　现浇混凝土梁(编码:010403)

项目编码	项目名称	项目特征	计量单位	工程量计算规则	工程内容
010403001	基础梁			按设计图示尺寸以体积计算。不扣除构件内钢筋、预埋铁件所占体积,伸入墙内的梁头、梁垫并入梁体积内梁长: 1. 梁与柱连接时,梁长算至柱侧面 2. 主梁与次梁连接时,次梁长算至主梁侧面	混凝土制作、运输、浇筑、振捣、养护
010403002	矩形梁	1. 梁底标高 2. 梁截面 3. 混凝土强度等级 4. 混凝土拌和料要求	m³		
010403003	异形梁				
010403004	圈梁				
010403005	过梁				
010403006	弧形、拱形梁				

表 8.4　现浇混凝土墙(编码:010404)

项目编码	项目名称	项目特征	计量单位	工程量计算规则	工程内容
010404001	直形墙	1. 墙类型 2. 墙厚度 3. 混凝土强度等级 4. 混凝土拌和料要求	m³	按设计图示尺寸以体积计算。不扣除构件内钢筋、预埋铁件所占体积,扣除门窗洞口及单个面积 0.3m² 以外的孔洞所占体积,墙垛及突出墙面部分并入墙体体积计算内	混凝土制作、运输、浇筑、振捣、养护
010404002	弧形墙				

表 8.5　现浇混凝土板(编码:010405)

项目编码	项目名称	项目特征	计量单位	工程量计算规则	工程内容
010405001	有梁板			按设计图示尺寸以体积计算。不扣除构件内钢筋、预埋铁件及单个面积 0.3m² 以内的孔洞所占体积。有梁板(包括主、次梁与板)按梁、板体积之和计算,无梁板按板和柱帽体积之和计算,各类板伸入墙内的板头并入板体积内计算,薄壳板的肋、基梁并入薄壳体积内计算	混凝土制作、运输、浇筑、振捣、养护
010405002	无梁板	1. 板底标高 2. 板厚度 3. 混凝土强度等级 4. 混凝土拌和料要求			
010405003	平板				
010405004	拱板		m³		
010405005	薄壳板				
010405006	栏板				
010405007	天沟、挑檐板			按设计图示尺寸体积计算	
010405008	雨篷、阳台板	1. 混凝土强度等级 2. 混凝土拌和料要求		按设计图示尺寸以墙外部分体积计算,包括伸出墙外的牛腿和雨篷反挑檐的体积	
010405009	其他板			按设计图示尺寸以体积计算	

表 8.6 现浇混凝土楼梯(编码:010406)

项目编码	项目名称	项目特征	计量单位	工程量计算规则	工程内容
010406001	直形楼梯	1. 混凝土强度等级 2. 混凝土拌和料要求	m²	按设计图示尺寸以水平投影面积计算。不扣除宽度小于 500mm 的楼梯井,伸入墙内部分不计算	混凝土制作、运输、浇筑、振捣、养护
010406002	弧形楼梯				

表 8.7 现浇混凝土其他构件(编码:010407)

项目编码	项目名称	项目特征	计量单位	工程量计算规则	工程内容
010407001	其他构件	1. 构件的类型 2. 构件规格 3. 混凝土强度等级 4. 混凝土拌和料要求	m³ (m²、m)	按设计图示尺寸以体积计算。不扣除构件内钢筋、预埋铁件所占体积	混凝土制作、运输、浇筑、振捣、养护
010407002	散水、坡道	1. 垫层材料种类、厚度 2. 面层厚度 3. 混凝土强度等级 4. 混凝土拌和料要求 5. 填塞材料种类	m²	按设计图示尺寸以面积计算。不扣除单个 0.3m² 以内的孔洞所占面积	1. 地基夯实 2. 铺设垫层 3. 混凝土制作、运输、浇筑、振捣、养护 4. 变形缝填塞
010407003	电缆沟、地沟	1. 沟截面 2. 垫层材料种类、厚度 3. 混凝土强度等级 4. 混凝土拌和料要求 5. 防护材料种类	m	按设计图示以中心线长度计算	1. 挖运土石 2. 铺设垫层 3. 混凝土制作、运输、浇筑、振捣、养护 4. 刷防护材料

表 8.8 后浇带(编码:010408)

项目编码	项目名称	项目特征	计量单位	工程量计算规则	工程内容
010408001	后浇带	1. 部位 2. 混凝土强度等级 3. 混凝土拌和料要求	m³	按设计图示尺寸以体积计算	混凝土制作、运输、浇筑、振捣、养护

其他相关问题应按下列规定处理:

(1)混凝土垫层包括在基础项目内。

(2)有肋带形基础、无肋带形基础应分别编码(第五级编码)列项,并注明肋高。

(3)箱式满堂基础,可按 A.4.1(即 010401,以下类同)～A.4.5 中满堂基础、柱、梁、墙、板分别编码列项;也可利用 A.4.1 的第五级编码分别列项。

(4)框架式设备基础,可按 A.4.1～A.4.5 中设备基础、柱、墙、板分别编码列项;

也可利用 A.4.1 的第五级编码分别列项。

（5）构造柱应按 A.4.2 中矩形柱项目编码列项。

（6）现浇挑檐、天沟板、雨篷、阳台与板（包括屋面板、楼板）连接时，以外墙外边线为分界线；与圈梁（包括其他梁）连接时，以梁外边线为分界线。外边线以外为挑檐、天沟、雨篷或阳台。

（7）整体楼梯（包括直形楼梯、弧形楼梯）水平投影面积包括休息平台、平台梁、斜梁和楼梯的连接梁。当整体楼梯与现浇楼板无梯梁连接时，以楼梯的最后一个踏步边缘加 300mm 为界。

（8）现浇混凝土小型池槽、压顶、扶手、垫块、台阶、门框等，应按 A.4.7 中其他构件项目编码列项。其中，扶手、压顶（包括伸入墙内的长度）应按延长米计算，台阶应按水平投影面积计算。

8.2.2　现浇混凝土工程计量

计算现浇混凝土工程量，除另有规定者外，均按图示尺寸实体体积以 m³ 计算，不扣除构件内钢筋、预埋铁件及墙、板中单个面积 0.3m² 内的孔洞所占体积。

混凝土基础与墙或柱现浇时，均按基础扩大顶面为界划分，基础扩大顶面以下以基础计量，以上以墙或柱计量，如图 8.2 所示。

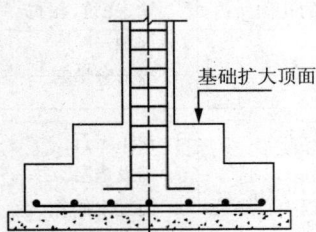

图 8.2　基础与柱（或墙）的划分

1. 现浇混凝土基础

现浇混凝土基础是指现场支模浇筑的各种形式的混凝土基础，包括带形基础、独立基础、满堂基础、设备基础、桩承台基础等。现浇混凝土基础的工程量均以体积（m³）计算。

1）带形基础

（1）墙（柱）下钢筋混凝土带形基础的工程量以基础断面面积乘以长度计算。带形基础断面的形状有矩形、阶梯形（图 8.2）、梯形（图 8.3）等；带形基础的计算长度，外墙按中心线、内墙按基础净长线长度计算。以图 8.3 所示带形基础为例，其工程量计算如下式计算为

$$V = \left(Bh_1 + \frac{B+b}{2}h_2\right) \times (L_中 + L_内) \tag{8.1}$$

式中：$L_中$——外墙中心线长；

　　　$L_内$——内墙净长线长。

（2）有梁式（带肋）带形基础，如图 8.4 所示，肋高与肋宽之比在 4：1 以内的（即 $h_3 \leqslant 4b$），按有肋式带形基础计算；肋高与肋宽之比超过 4：1 的，其底板按板式带形基础计算，以上部分按墙计算。有肋式带形基础的工程量按式（8.2）计算。

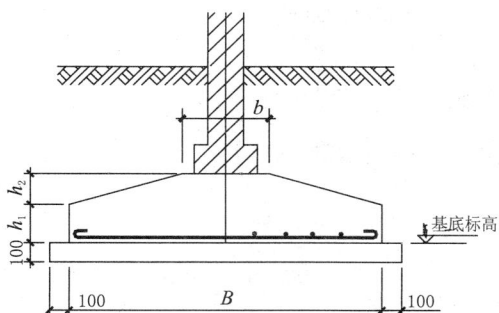

图 8.3 墙下带形基础断面

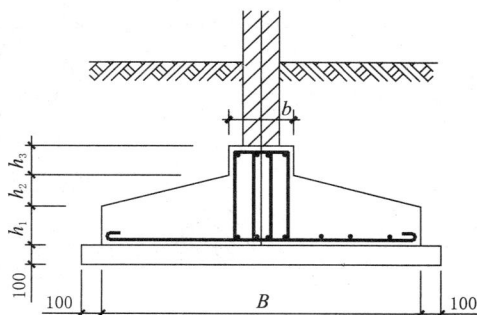

图 8.4 有梁式带形基础断面

$$V = \left(Bh_1 + \frac{B+b}{2}h_2 + bh_3\right) \times (L_{中} + L_{内}) \qquad (8.2)$$

在计算相交的带形基础混凝土工程量时,其搭接处(图 8.5)的工程量按下式计算为

$$V_b = L_b\left(bh_3 + h_2\frac{B+2b}{6}\right) \qquad (8.3)$$

式中:$L_{基}$——带形基础净长;

　　　V_b——搭接处混凝土体积;

　　　L_b——搭接长度。

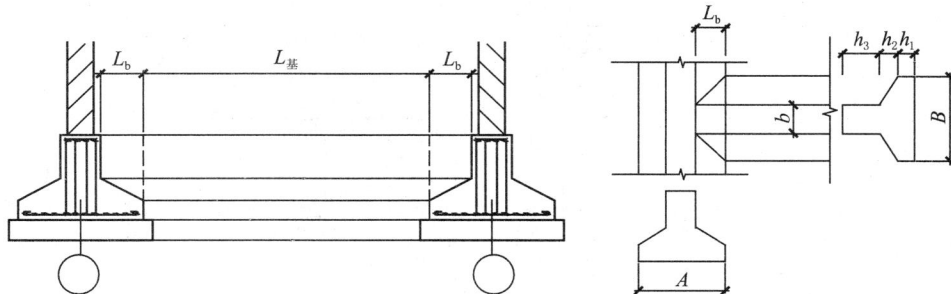

图 8.5 垂直相交的带形基础

当 $h_3 = 0$ 时,即无梁式基础,其工程量计算如下式计算为

$$V_b = L_b h_2 \frac{B+2b}{6} \qquad (8.4)$$

关于基础与垫层的划分,某地区定额做出如下规定:在同一横截面有一阶使用了模板的条形基础,均按带形基础相应定额项目执行;未使用模板而沿槽浇灌的带形基础按混凝土基础垫层执行;使用了模板的混凝土垫层按相应定额执行。

2) 独立基础

独立基础指现浇柱下的独立基础和预制柱下的杯形基础。定额一般按这两类独立基础分别编制子目,凡是有杯口的独立基础套杯形基础定额,无杯口的独立基础均套独立基础定额。

（1）阶梯式独立基础：如图 8.6(a)所示，按下式计算工程量为
$$V = abh_1 + a_1b_1h_2 \tag{8.5}$$
（2）截锥式独立基础：如图 8.6(b)所示，按下式计算工程量为
$$V = abh_1 + \frac{h_2}{6}\left[ab + a_1b_1 + (a + a_1)(b + b_1)\right] \tag{8.6}$$

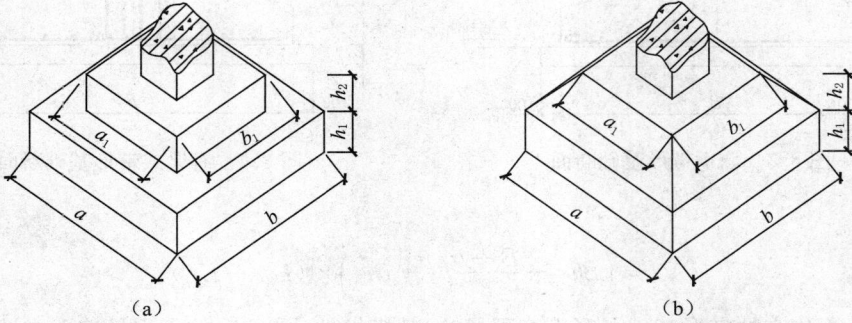

（a）　　　　　　　　　　　　（b）

图 8.6　独立基础

（3）杯形基础：如图 8.7 所示，其工程量按构件外形体积扣除杯口空心棱台体积计算。外形体积的计算方法参照式(8.5)(阶梯式)或式(8.6)(截锥式)。

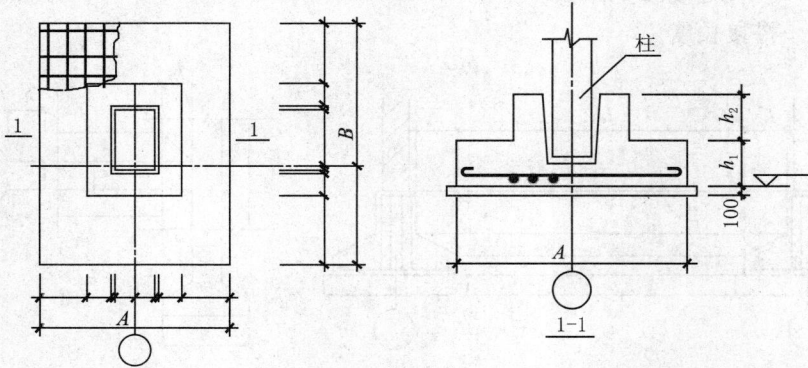

图 8.7　杯形基础示意图

3）满堂基础

（1）筏板基础：分无梁式筏板基础(图 8.8)和有梁式筏板基础(图 8.9)两种。

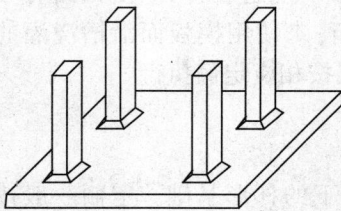

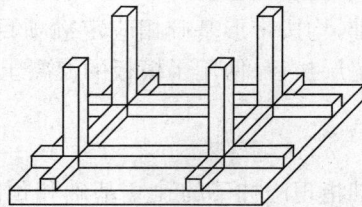

图 8.8　无梁式筏板基础　　　　　　图 8.9　有梁式筏板基础

① 无梁式筏板基础:柱墩并入基础计算。工程量计算为

$$V = 底板长 \times 宽 \times 板厚 + 柱墩体积 \times 柱墩个数 \qquad (8.7)$$

② 有梁式筏板基础:梁板体积合并计算。工程量计算为

$$V = 底板长 \times 宽 \times 板厚 + \sum (梁断面面积 \times 梁长) \qquad (8.8)$$

(2) 箱形基础:工程量应分解计算。底板按无梁满堂基础计算;顶板按现浇板计算;内外纵横墙体或柱分别按墙体或柱计算。

4) 设备基础

设备基础是指机械设备下的块体式基础。框架式设备基础应分别按基础、柱、梁、墙、板等有关规定分别计算。楼层上的设备基础以梁板体积和按有梁板计算。

设备基础定额中一般不包括地脚螺栓的价值。地脚螺栓一般应包括在成套设备价值内,如成套设备价值中未包括地脚螺栓的价值,地脚螺栓应按实际重量计算。

5) 桩承台基础

承台指的是为承受、分布由柱(墩)身传递的荷载,在基桩顶部设置的连接各桩顶的钢筋混凝土平台,是桩与柱或墩联系部分。承台把几根、甚至十几根桩联系在一起形成桩基础。

承台按形式分为带形承台和独立承台,其计量方法同带形基础和独立基础。有的地方定额还依此将桩承台基础划分为带形承台和独立承台两个子目,计价时分别执行不同的定额。

2. 现浇混凝土柱

1) 工程量计算规定

现浇混凝土柱,从外观形式和受力特点分为矩形柱、圆形柱、异形柱及构造柱。计算工程量时,按照类型及混凝土标号分别计算和汇总。其工程量按体积(m^3)计算为

$$V = 柱截面面积 \times 柱高 \qquad (8.9)$$

柱高按下列规定确定:

(1) 有梁板的柱高,自基础上表面或楼板上表面至上一层楼板上表面计算[图 8.10(a)]。

(2) 无梁板的柱高,自基础上表面或楼板上表面至柱帽下表面计算[图 8.10(b)]。

(3) 框架柱的柱高,自柱基上表面至柱顶高度计算[图 8.10(c)]。

依附柱上的牛腿并入柱内计算。单面附墙柱并入墙内计算;双面附墙柱按柱计算。

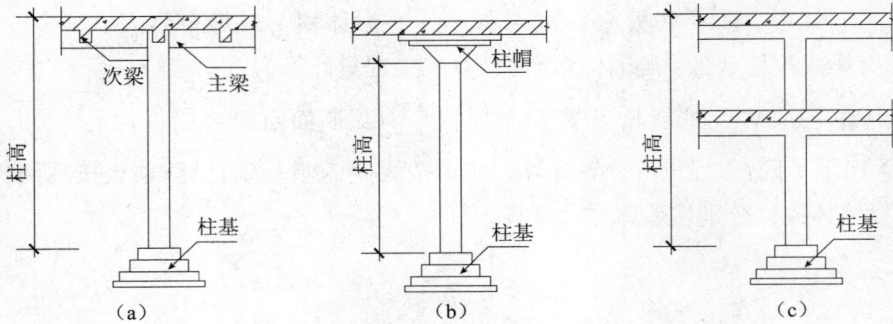

图 8.10　柱高的确定

2）构造柱工程量计算方法

构造柱按全高计算，与砖墙嵌接部分的体积并入柱身体积内计算。其工程量计算为

$$V = 柱折算横截面面积 \times 柱高 \tag{8.10}$$

（1）构造柱的柱高，原则上按全高确定。但是，当构造柱与圈梁连接时，由于构造柱根部一般锚固在地圈梁内，有的地区定额规定：柱高应自地圈梁的顶部至柱顶部高度计算；有梁时按梁间的高度（不含梁高），无梁时按全高计算。

（2）构造柱折算横截面面积的确定。构造柱一般是先砌砖后浇混凝土，在砌砖时一般每隔五皮砖（约 300mm）两边各留一马牙槎，槎口宽度为 60mm。其折算横截面面积根据构造柱占墙位置不同，按表 8.9 中相应公式计算。

（3）依附柱上的牛腿的体积，并入柱身体积内计算；依附柱上的悬臂梁按单梁有关规定计算。

表 8.9　构造柱断面面积的计算

构造柱占墙位置描述	计算公式	图示
一字形	$S = (d_1 + 0.06) \times d_2$	
L 形	$S = (d_1 + 0.03) \times d_2 + d_1 \times 0.03$	

续表

构造柱占墙位置描述	计算公式	图示
T 形	$S=(d_1+0.06)\times d_2+d_1\times 0.03$	
十字形	$S=(d_1+0.06)\times d_2+d_1\times 0.03\times 2$	

3. 现浇混凝土梁

现浇混凝土梁按外观形式和受力特点及所在位置分为基础梁、单梁、连系梁、异形梁、圈梁、过梁等,计量时应按照类型及混凝土标号分别计算和汇总。工程量均按体积(m^3)计算为

$$V = 梁长 \times 梁断面面积 \tag{8.11}$$

梁长按下列规定确定:

(1) 梁与柱连接时,梁长算至柱侧面;次梁与主梁连接时,次梁长度算至主梁侧面(图 8.11);伸入墙内的梁头应计算在梁长度内,梁头有捣制梁垫者(图 8.12),其体积并入梁内计算。

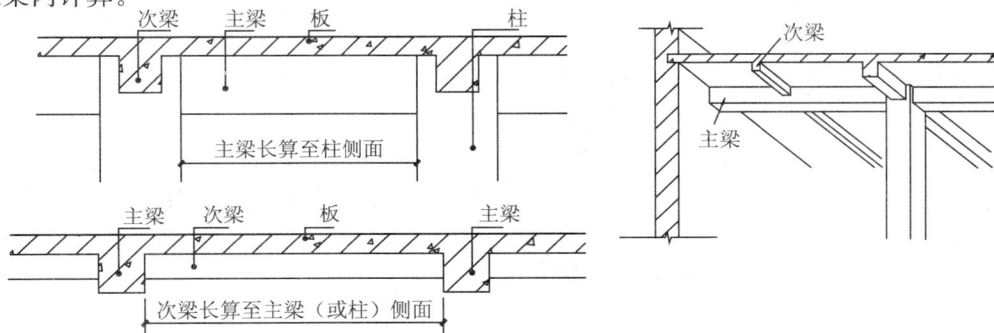

图 8.11　主梁与柱、次梁连接示意图

（2）圈梁与过梁连接时，分别套用圈梁、过梁定额，其过梁长度按门、窗洞口宽度两端共加 50cm 计算，见图 8.13。

图 8.12　现浇梁垫示意图　　　　　　　图 8.13　圈梁与过梁连接示意图

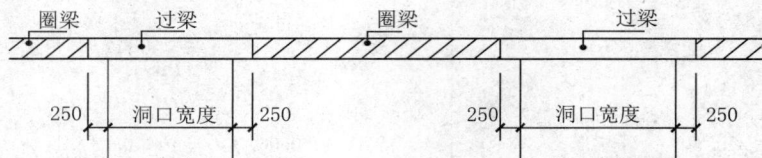

（3）现浇挑梁的悬挑部分按单梁计算，嵌入墙身部分分别按圈梁、过梁计算。

4. 现浇混凝土板

现浇混凝土板的工程量，应区分板的类型、混凝土标号及板厚，分别按图示面积乘以板厚以 m³ 计算和汇总。工程量计算为

$$V = 板长 \times 板宽 \times 板厚 \tag{8.12}$$

现浇混凝土板分为有梁板、无梁板及平板，其工程量计算规定如下：

（1）有梁板，指梁（包括主、次梁）与板构成一体的板。其工程量应按梁、板总和计算，与柱头重合部分体积应扣除。

（2）无梁板，指直接用柱帽支承的板。其体积按板与柱帽之和计算。

（3）平板，指无柱、梁承重，而直接由墙支承的板。平板与圈梁、过梁连接时，板算至梁的侧面。

（4）有多种板连接时，以墙的中心线为界，伸入墙内的板头并入板内计算。

（5）预制板间补缝超过一定宽度（例如，有的地方定额规定 60mm，有的规定 40mm）以上时，按现浇平板计算；在该宽度以下的板缝已在接头灌缝的子目内考虑，不再列项计算。

（6）现浇框架梁和现浇板连接在一起时按有梁板计算。

5. 现浇挑檐天沟与挑檐板

挑檐天沟（图 8.14）工程量按图示尺寸以体积计算为

$$V = [L_{外}(A + B) + 4(A + B)^2 - 4B^2] \times t \tag{8.13}$$

式中：$L_{外}$——外墙外边线长。

捣制挑檐天沟与屋面板连接时，以外墙皮为分界线；与圈梁（包括其他梁）连接时，以梁外皮为分界线。分界线以外为挑檐天沟。

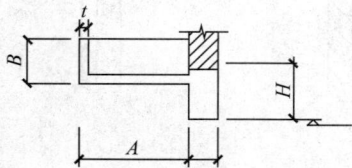

图 8.14　桃檐天沟示意图

6. 现浇混凝土墙

现浇混凝土墙的工程量,按图示中心线长度乘以墙高及厚度,单位以 m³ 计算,应扣除门窗洞口及 0.3m² 以外孔洞的面积,墙垛及突出部分并入墙体积内。

当墙与柱、梁、板等重叠或相交时,需明确定额子目的套用方法。如某地区定额规定如下:

(1) 剪力墙带暗柱一次浇捣成型时套用墙子目;剪力墙带明柱(一侧或两侧突出的柱)一次浇捣成型时,应按结构分开计算工程量,分别套用墙子目和柱子目。

(2) 墙与梁重叠,当墙厚等于梁宽时,墙与梁合并按墙计算;当墙厚小于梁宽时,墙梁分别计算。

(3) 墙与板相交,墙高算至板的底面。

(4) 墙净长小于或等于 4 倍墙厚时,按柱计算;墙净长大于 4 倍墙厚,而小于或等于 7 倍墙厚时,按短肢剪力墙计算。

7. 整体楼梯

整体楼梯包括楼梯间两端的休息平台、梯井斜梁、楼梯板及支承梯井斜梁的梯口梁和平台梁,其混凝土工程量按水平投影面积计算,不扣除小于 500mm 的楼梯井,伸入墙内的板头、梁头也不增加。当楼梯与板无梯梁连接时,以楼梯的最后一个踏步边缘加 300mm 计算。

关于整体楼梯的计量,某地方定额做出如下详细规定:当梯井宽度大于 500mm 时,按整体楼梯混凝土结构净水平投影面积乘以 1.08 系数计算。圆弧形楼梯按水平投影面积计算,不扣除小于 500mm 直径的梯井。依据该项规定,楼梯工程量的计算方法如下。

(1) 有两道梯口梁时,见图 8.15(a),按式(8.14)和式(8.15)计算,即

$$S = B \times L \quad (\text{当} \, C \leqslant 500\text{mm}) \tag{8.14}$$
$$S = 1.08(BL - CX) \quad (\text{当} \, C > 500\text{mm}) \tag{8.15}$$

(2) 仅有一道梯口梁时,见图 8.15(b),按式(8.16)和式(8.17)计算,即

$$S = B \times L \quad (\text{当} \, C \leqslant 500\text{mm}) \tag{8.16}$$
$$S = 1.08(BL - CX) \quad (\text{当} \, C > 500\text{mm}) \tag{8.17}$$

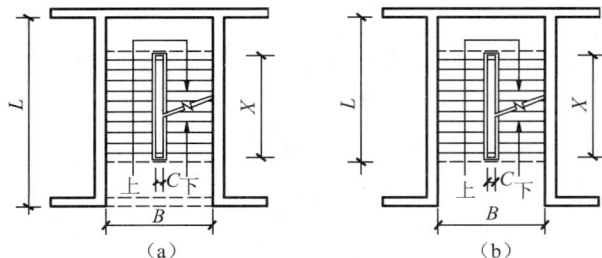

图 8.15　现浇楼梯平面图

8. 阳台、雨篷、遮阳板

阳台、雨篷、遮阳板均按伸出墙外的水平投影面积计算,其中伸出墙外的悬臂梁已包括在定额内,不另计算,但嵌入墙内的梁按相应定额另行计算。有柱、梁的雨篷,一般按有梁板计算,柱按相应定额计算。如果雨篷侧面挑起超过一定高度(如 200mm),一般按栏板项目以全高计算。

8.2.3 现浇混凝土工程计价

现浇混凝土工程清单计价时,应根据分部分项工程量清单中现浇混凝土项目名称及相应的特征描述和工作内容,结合施工组织设计、企业定额(或当地预算定额)分析组价,按照第四章所述方法计算综合单价。以《湖北省统一基价表》为例,在清单组价时需要注意以下要点:

(1)混凝土工程报价时,应明确混凝土的供应方式(如现场搅拌混凝土、商品混凝土、集中搅拌混凝土),以便准确报价。混凝土供应方式以招标文件确定。

(2)商品混凝土单价已包含混凝土的运输费和泵送费(即入模价),泵送费不再列入措施费中。购买的商品混凝土"入模价"与取定的"入模价"(套用预算定额时)的差价应计入综合单价中。

(3)购入的商品混凝土构配件以商品价进入报价,综合单价中应包含构件增值税,并计取管理费及利润。

(4)在使用基价时,现场搅拌混凝土的强度等级与定额子目设置的强度等级不同时,可以换算(换算方法见第 2 章),并计入综合单价。

(5)在组价分析时,捣制混凝土构件碎(砾)石选用可参见表 8.10。

表 8.10 捣制混凝土构件碎(砾)石选用

工程项目	工程单位	混凝土强度等级	混凝土用量/m³	石子最大粒径/mm
毛石混凝土带形基础、挡土墙及地下室墙	m³	C10	0.863	40
毛石混凝土独立基础、设备基础	m³	C10	0.812	40
混凝土台阶	m²	C10	0.167	40
混凝土垫层	m³	C10	1.015	40
带形基础、独立基础、杯形基础、满堂基础,桩承台、设备基础、挡土墙及地下室墙、大钢模板墙、混凝土直形墙、圆弧形墙、建筑滑模工程、电梯井壁、矩形柱、圆形柱、构造柱、基础梁、单梁、连续梁、悬挑梁、异形梁、圈梁、过梁、弧形梁、拱形梁、门框、压顶	m³	C20	1.015	40
有梁板、无梁板、平板、拱板、暖气电缆沟、挑檐天沟、池槽、小立柱	m³	C20	1.015	20
雨篷	m²	C20	0.075	20
遮阳板	m²	C20	0.071	20
阳台	m²	C20	0.116	20
扶手	m	C20	0.0163	20

工程项目	工程单位	混凝土强度等级	混凝土用量/m³	石子最大粒径/mm
整体楼梯	m²	C20	0.243	40
栏板	m	C20	0.049	20
零星构件	m³	C20	1.015	15

8.2.4　实例分析

【例 8.1】　如图 8.16 所示现浇钢筋混凝土单层厂房,屋面板顶面标高 5.0m,柱基础顶面标高 −0.5m,柱截面尺寸为:$Z_1 = 300mm \times 400mm$,$Z_2 = 400mm \times 500mm$,$Z_3 = 300mm \times 400m$(柱中心线与轴线重合),屋面板厚 100mm,设计采用 C20 混凝土,碎石 40mm,现场搅拌,试计算混凝土工程量清单的清单项目费。

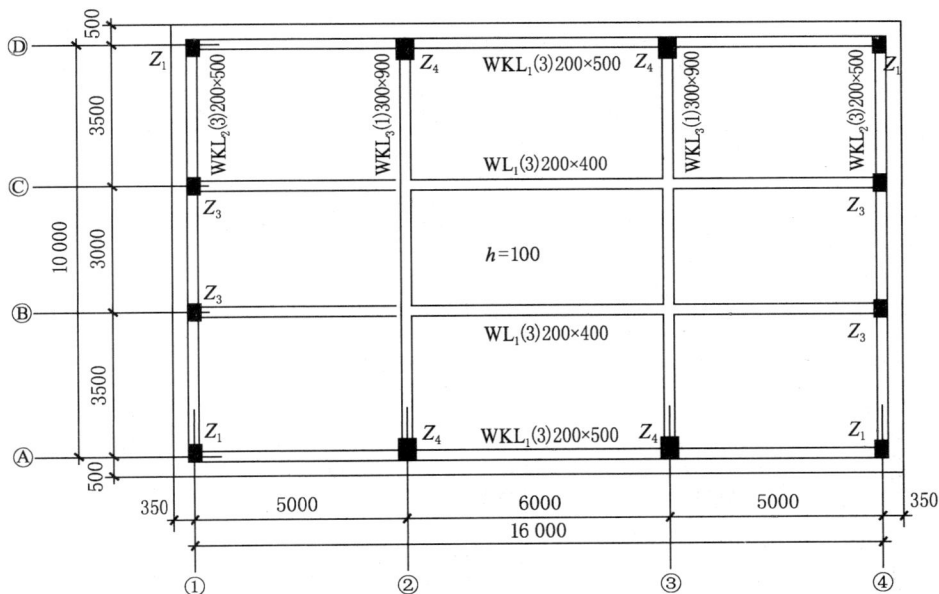

图 8.16　屋顶平面结构布置图

解　(1)编制分部分项工程量清单。

① 现浇柱工程量计算。查《计价规范》A.4.2,其清单项目编码为 010402001,工程量为

$$Z_1:\quad 0.3 \times 0.4 \times 5.5 \times 4 = 2.64(m^3)$$
$$Z_2:\quad 0.4 \times 0.5 \times 5.5 \times 4 = 4.40(m^3)$$
$$Z_3:\quad 0.3 \times 0.4 \times 5.5 \times 4 = 2.64(m^3)$$

小计:9.68m³

② 现浇有梁板工程量计算。查《计价规范》A.4.5,其清单项目编码为 010405001,工程量为

$$WKL_1:(16-0.15 \times 2-0.4 \times 2) \times 0.2 \times (0.5-0.1) \times 2 = 2.38(m^3)$$
$$WL_1:(16-0.15 \times 2-0.3 \times 2) \times 0.2 \times (0.4-0.1) \times 2 = 1.82(m^3)$$

WKL_2：$(10-0.2\times2-0.4\times2)\times0.2\times(0.5-0.1)\times2=1.41(m^3)$

WKL_3：$(10-0.25\times2)\times0.3\times(0.9-0.1)\times2=4.56(m^3)$

板：$[(10+0.2\times2)\times(16+0.15\times2)-(0.3\times0.4\times8+0.4\times0.5\times4)]\times0.1=16.77(m^3)$

小计：26.94 m^3。

③ 现浇挑檐板工程量计算。查《计价规范》A.4.5，其清单项目编码为 010405007。

$\{[0.3\times(16+0.35\times2)]+[0.2\times(11-0.3\times2)]\}\times2\times0.1=1.42(m^3)$

④ 分部分项工程量清单的编制。

分部分项工程量清单如表 8.11 所示。

表 8.11　分部分项工程量清单

工程名称：××建筑工程　　　　　　　　　　　　　　　　　　　　　第 1 页　共 1 页

序号	项目编码	项目名称	计量单位	工程数量
1	010402001001	矩形柱 1. 柱高：5.0m 2. 柱截面尺寸：0.12～0.2m² 3. 混凝土强度等级：C20 4. 混凝土拌和料要求：碎石 40 现场搅拌	m³	9.68
2	010405001001	有梁板 1. 板底标高：4.9m 2. 板厚度：100mm 3. 混凝土强度等级：C20 4. 混凝土拌和料要求：碎石 40 现场搅拌	m³	26.94
3	010405007001	挑檐板 1. 混凝土强度等级：C20 2. 混凝土拌和料要求：碎石 40 现场搅拌	m³	1.42

(2) 计算工程量清单项目费。

① 计算计价工程量。本工程所涉及的三个计价项目的计价工程量均与清单工程量相同。现浇柱 9.68 m^3，现浇有梁板 26.94 m^3，现浇挑檐板 1.42 m^3。

② 计算综合单价。以《湖北省统一基价表》为参考，编制综合单价计算表，如表 8.12～表 8.14 所示。

表 8.12　分部分项工程量清单综合单价计算

工程名称：××建筑工程　　　　　　　　　　　　　　　　　　　计算单位：m³

项目编码：010402001001　　　　　　　　　　　　　　　　　　　工程数量：9.68

项目名称：矩形柱　　　　　　　　　　　　　　　　　　　　综合单价：265.22 元/m³

序号	定额编号	工程内容	单位	数量	综合单价组价/元					小计
					人工费	材料费	机械费	管理费	利润	
1	A4-22	矩形柱 C20 混凝土	m³	1	72.81	166.35	8.71	9.91	7.44	265.22
		小计								265.22

表 8.13　分部分项工程量清单综合单价计算

工程名称:××建筑工程　　　　　　　　　　　　　　　　　　　　　　　　　　　计算单位:m³

项目编码:010405001001　　　　　　　　　　　　　　　　　　　　　　　　　　工程数量:26.94

项目名称:有梁板　　　　　　　　　　　　　　　　　　　　　　　　　　综合单价:249.52 元/m³

| 序号 | 定额编号 | 工程内容 | 单位 | 数量 | 综合单价组价/元 | | | | | 小计 |
					人工费	材料费	机械费	管理费	利润	
1	A4-40	有梁板 C20 混凝土	m³	1	45.57	178.91	8.71	9.33	7.00	249.52
		小计								249.52

表 8.14　分部分项工程量清单综合单价计算

工程名称:××建筑工程　　　　　　　　　　　　　　　　　　　　　　　　　　　计算单位:m³

项目编码:010405007001　　　　　　　　　　　　　　　　　　　　　　　　　　工程数量:1.42

项目名称:挑檐板　　　　　　　　　　　　　　　　　　　　　　　　　　综合单价:249.52 元/m³

| 序号 | 定额编号 | 工程内容 | 单位 | 数量 | 综合单价组价/元 | | | | | 小计 |
					人工费	材料费	机械费	管理费	利润	
1	A4-40	有梁板 C20 混凝土	m³	1	45.57	178.91	8.71	9.33	7.00	249.52
		小计								249.52

③ 编制综合单价分析表。根据分部分项工程量清单和综合单价计算表编制综合单价分析表,如表 8.15 所示。

表 8.15　分部分项工程量清单综合单价分析

工程名称:××建筑工程　　　　　　　　　　　　　　　　　　　　　　　　　　第 1 页　共 1 页

| 序号 | 项目编码 | 项目名称 | 工程内容 | 综合单价组价/元 | | | | | 综合单价/元 |
				人工费	材料费	机械费	管理费	利润	
1	010402001001	矩形柱 1. 柱高:5.0m 2. 柱截面尺寸:0.12～0.2m² 3. 混凝土强度等级:C20 4. 混凝土拌和料要求:碎石 40 现场搅拌	混凝土制作、运输、浇筑振捣、养护	72.81	166.35	8.71	9.91	7.44	265.22
2	010405001001	有梁板 1. 板底标高:4.9m 2. 板厚度:100mm 3. 混凝土强度等级:C20 4. 混凝土拌和料要求:碎石 40 现场搅拌	混凝土制作、运输、浇筑振捣、养护	45.57	178.91	8.71	9.33	7.00	249.52
3	010405007001	挑檐板 1. 混凝土强度等级:C20 2. 混凝土拌和料要求:碎石 40 现场搅拌	混凝土制作、运输、浇筑振捣、养护	45.57	178.91	8.71	9.33	7.00	249.52

④ 计算清单项目费。通过编制分部分项工程量清单计价表（表 8.16）计算清单项目费。

表 8.16　分部分项工程量清单计价

工程名称：××建筑工程　　　　　　　　　　　　　　　　　　　　　　　第 1 页　共 1 页

序号	项目编码	项目名称	计量单位	工程数量	金额/元	
					综合单价	合价
1	010402001001	矩形柱 1. 柱高：5.0m 2. 柱截面尺寸：0.12～0.2m² 3. 混凝土强度等级：C20 4. 混凝土拌和料要求：碎石40 现场搅拌	m³	9.68	265.22	2567.33
2	010405001001	有梁板 1. 板底标高：4.9m 2. 板厚度：100mm 3. 混凝土强度等级：C20 4. 混凝土拌和料要求：碎石40 现场搅拌	m³	26.94	249.52	6700.07
3	010405007001	挑檐板 1. 混凝土强度等级：C20 2. 混凝土拌和料要求：碎石40 现场搅拌	m³	1.42	249.52	534.32

8.3　预制混凝土工程

8.3.1　预制混凝土工程清单项目

预制混凝土清单项目包括 7 个子项（图 8.1），具体工程量清单项目设置及工程量计算规则如表 8.17～表 8.23 所示。

表 8.17　预制混凝土柱（编码：010409）

项目编码	项目名称	项目特征	计量单位	工程量计算规则	工程内容
010409001	矩形柱	1. 柱类型 2. 单件体积 3. 安装高度 4. 混凝土强度等级 5. 砂浆强度等级	m³（根）	1. 按设计图示尺寸以体积计算。不扣除构件内钢筋、预埋铁件所占体积 2. 按设计图示尺寸以"数量"计算	1. 混凝土制作、运输、浇筑、振捣、养护 2. 构件制作、运输 3. 构件安装 4. 砂浆制作、运输 5. 接头灌缝、养护
010409002	异形柱				

表 8.18　预制混凝土梁(编码:010410)

项目编码	项目名称	项目特征	计量单位	工程量计算规则	工程内容
010410001	矩形梁	1. 单件体积 2. 安装高度 3. 混凝土强度等级 4. 砂浆强度等级	m³(根)	按设计图示尺寸以体积计算。不扣除构件内钢筋、预埋铁件所占体积	1. 混凝土制作、运输、浇筑、振捣、养护 2. 构件制作、运输 3. 构件安装 4. 砂浆制作、运输 5. 接头灌缝、养护
010410002	异形梁				
010410003	过　梁				
010410004	拱形梁				
010410005	鱼腹式吊车梁				
010410006	风道梁				

表 8.19　预制混凝土屋架(编码:010411)

项目编码	项目名称	项目特征	计量单位	工程量计算规则	工程内容
01041101	折线型屋架	1. 屋架的类型、跨度 2. 单件体积 3. 安装高度 4. 混凝土强度等级 5. 砂浆强度等级	m³(榀)	按设计图示尺寸以体积计算。不扣除构件内钢筋、预埋铁件所占体积	1. 混凝土制作、运输、浇筑、振捣、养护 2. 构件制作、运输 3. 构件安装 4. 砂浆制作、运输 5. 接头灌缝、养护
01041102	组合屋架				
01041103	薄腹屋架				
01041104	门式刚架屋架				
01041105	天窗架屋架				

表 8.20　预制混凝土板(编码:010412)

项目编码	项目名称	项目特征	计量单位	工程量计算规则	工程内容
010412001	平板	1. 构件尺寸 2. 安装高度 3. 混凝土强度等级 4. 砂浆强度等级	m³(块)	按设计图示尺寸以体积计算。不扣除构件内钢筋、预埋铁件及单个尺寸 300mm×300mm 以内的孔洞所占体积,扣除空心板空洞体积	1. 混凝土制作、运输、浇筑、振捣、养护 2. 构件制作、运输 3. 构件安装 4. 升板提升 5. 砂浆制作、运输 6. 接头灌缝、养护
010412002	空心板				
010412003	槽形板				
010412004	网架板				
010412005	折线板				
010412006	带肋板				
010412007	大型板				
010412008	沟盖板、井盖板、井圈	1. 构件尺寸 2. 安装高度 3. 混凝土强度等级 4. 砂浆强度等级	m³(块、套)	按设计图示尺寸以体积计算。不扣除构件内钢筋、预埋铁件所占体积	1. 混凝土制作、运输、浇筑、振捣、养护 2. 构件制作、运输 3. 构件安装 4. 砂浆制作、运输 5. 接头灌缝、养护

表 8. 21　预制混凝土楼梯(编码:010413)

项目编码	项目名称	项目特征	计量单位	工程量计算规则	工程内容
010413001	楼梯	1. 楼梯类型 2. 单件体积 3. 混凝土强度等级 4. 砂浆强度等级	m³	按设计图示尺寸以体积计算。不扣除构件内钢筋、预埋铁件所占体积,扣除空心踏步板空洞体积	1. 混凝土制作、运输、浇筑、振捣、养护 2. 构件制作、运输 3. 构件安装 4. 砂浆制作、运输 5. 接头灌缝、养护

表 8. 22　其他预制构件(编码:010414)

项目编码	项目名称	项目特征	计量单位	工程量计算规则	工程内容
010414001	烟道、垃圾道、通风道	1. 构件类型 2. 单件体积 3. 安装高度 4. 混凝土强度等级 5. 砂浆强度等级	m³	按设计图示尺寸以体积计算。不扣除构件内钢筋、预埋铁件及单个尺寸 300mm×300mm 以内的孔洞所占体积,扣除烟道、垃圾道、通风道的孔洞所占体积	1. 混凝土制作、运输、浇筑、振捣、养护 2. (水磨石)构件制作、运输 3. 构件安装 4. 砂浆制作、运输 5. 接头灌缝、养护 6. 酸洗、打蜡
010414002	其他构件	1. 构件的类型 2. 单件体积			
010414003	水磨石构件	3. 水磨石面层厚度 4. 安装高度 5. 混凝土强度等级 6. 水泥石子浆配合比 7. 石子品种、规格、颜色 8. 酸洗、打蜡要求			

表 8. 23　混凝土构筑物(编码:010415)

项目编码	项目名称	项目特征	计量单位	工程量计算规则	工程内容
010415001	贮水(油)池	1. 池类型 2. 池规格 3. 混凝土强度等级 4. 混凝土拌和料要求	m³	按设计图示尺寸以体积计算。不扣除构件内钢筋、预埋铁件及单个面积 0.3m² 以内的孔洞所占体积	混凝土制作、运输、浇筑、振捣、养护
010415002	贮仓	1. 类型、高度 2. 混凝土强度等级 3. 混凝土拌和料要求			
010415003	水塔	1. 类型 2. 支筒高度、水箱容积 3. 倒圆锥形罐壳厚度、直径 4. 混凝土强度等级 5. 混凝土拌和料要求 6. 砂浆强度等级			1. 混凝土制作、运输、浇筑、振捣、养护 2. 预制倒圆锥形罐壳、组装、提升、就位 3. 砂浆制作、运输 4. 接头罐缝、养护
010415004	烟囱	1. 高度 2. 混凝土强度等级 3. 混凝土拌和料要求			混凝土制作、运输、浇筑、振捣、养护

其他相关问题应按下列规定处理：

（1）三角形屋架应按 A. 4. 11（即 010411，以下类同）中折线型屋架项目编码列项。

（2）不带肋的预制遮阳板、雨篷板、挑檐板、栏板等，应按 A. 4. 12 中平板项目编码列项。

（3）预制 F 形板、双 T 形板、单肋板和带反挑檐的雨篷板、挑檐板、遮阳板等，应按 A. 4. 12 中带肋板项目编码列项。

（4）预制大型墙板、大型楼板、大型屋面板等，应按 A. 4. 12 中大型板项目编码列项。

（5）预制钢筋混凝土楼梯，可按斜梁、踏步分别编码（第五级编码）列项。

（6）预制钢筋混凝土小型池槽、压顶、扶手、垫块、隔热板、花格等，应按 A. 4. 14 中其他构件项目编码列项。

（7）储水（油）池的池底、池壁、池盖可分别编码（第五级编码）列项。有壁基梁的，应以壁基梁底为界，以上为池壁、以下为池底；无壁基梁的，锥形坡底应算至其上口，池壁下部的八字靴脚应并入池底体积内。无梁池盖的柱高应从池底上表面算至池盖下表面，柱帽和柱座应并在柱体积内。肋形池盖应包括主、次梁体积；球形池盖应以池壁顶面为界，边侧梁应并入球形池盖体积内。

（8）储仓立壁和储仓漏斗可分别编码（第五级编码）列项，应以相互交点水平线为界，壁上圈梁应并入漏斗体积内。

（9）滑模筒仓按 A. 4. 15 中储仓项目编码列项。

（10）水塔基础、塔身、水箱可分别编码（第五级编码）列项。筒式塔身应以筒座上表面或基础底板上表面为界；柱式（框架式）塔身应以柱脚与基础底板或梁顶为界，与基础板连接的梁应并入基础体积内。塔身与水箱应以箱底相连接的圈梁下表面为界，以上为水箱，以下为塔身。依附于塔身的过梁、雨篷、挑檐等，应并入塔身体积内。F 柱式塔身应不分柱、梁合并计算。依附于水箱壁的柱、梁，应并入水箱壁体积内。

8. 3. 2 预制混凝土工程计量

预制混凝土工程计量须分别确定预制混凝土构件的制作、运输、安装和灌缝工程量。计算计价工程量时，需注意按表 8. 24 增计废品损耗量。

表 8. 24 预制混凝土构件和预制钢筋混凝土桩废品损耗

名称	制作废品率	运输堆放废品率	安装、打桩废品率	构件制作工程量	构件运输工程量	构件安装、打桩工程量
各类预制钢筋混凝土构件	0.2%	0.8%	0.5%	A×1.015	A×1.013	A×1.005
预制钢筋混凝土桩	0.1%	0.4%	1.5%	A×1.02	A×1.019	A×1.015

注：1）A 为按施工图计算的构件的工程量。

2）预制混凝土桩及预制混凝土构件均属现场制作。若预制混凝土桩及预制混凝土构件为外购成品，成品价中包括了出厂供应价、运输到施工现场的费用，其表格中制作废品率、运输堆放损耗不计算，仅考虑构件安装，打桩废品率。

1. 预制混凝土构件的制作

(1) 混凝土工程量除另有规定者外,均按图示尺寸实体积以 m³ 计算,不扣除构件内钢筋、铁件及小于 300mm×300mm 以内孔洞的面积,并按表 8.24 增计废品损耗量。

(2) 预制桩按桩全长(包括桩尖)乘以桩断面,计量单位以 m³ 计算。

(3) 预制桩尖按虚体积(不扣除桩尖虚体积部分)计算。

(4) 混凝土与钢杆件结合的构件,混凝土部分按构件实体积,计量单位以 m³ 计算,钢构件部分计量单位按 t 计算,分别套相应的定额项目。

(5) 露花按外围面积乘以厚度,计量单位以 m³ 计算,不扣除孔洞的面积。

(6) 预制柱上的钢牛腿按铁件计算。

2. 预制混凝土构件工程的运输和安装

1) 运输

(1) 预制混凝土构件运输及安装,除注明者外均按构件图示尺寸,以实体积计算,并按表 8.24 增计废品损耗量。

(2) 预制混凝土构件运输的最大运输距离取 50km 以内,超过时另行补充。

2) 安装

(1) 焊接形成的预制钢筋混凝土框架结构,其柱安装按框架柱体积计算,梁安装按框架梁体积计算。节点浇注成形的框架,按连体框架梁柱体积之和计算。

(2) 预制钢筋混凝工字型柱、矩形柱、空腹柱、双肢柱、空心柱、管道支架等安装,均按实体积以柱安装计算。

(3) 组合屋架安装,以混凝土部分实体体积计算,钢杆件部分不另计算。

(4) 预制钢筋混凝土多层柱安装,首层柱以实体积按柱安装计算,二层及二层以上按每节柱实体积套用柱接柱定额子目。

(5) 漏花空格安装,其体积按洞口面积乘以厚度,单位以 m³ 计算,不扣除空花体积。

3. 钢筋混凝土构件接头灌缝

(1) 钢筋混凝土构件接头灌缝,包括构件座浆、灌缝、堵板孔、塞板缝、塞梁缝等,均按预制钢筋混凝土构件实体积,单位以 m³ 计算。

(2) 柱与柱基灌缝,按底层柱体积计算;底层以上柱灌缝按各层柱体积计算。

8.3.3 混凝土构筑物工程计量

(1) 构筑物混凝土工程量除另有规定者外,均以图示尺寸扣除门窗洞口及 0.3m² 以外孔洞所占体积以实体积计算。

(2) 大型池槽等分别按基础、墙、板、梁、柱等有关规定计算并套用相应定额项目。

(3) 屋顶水箱工程量包括底、壁、现浇顶盖及支撑柱等全部现浇构件,预制构件另计;

砖砌支座套砌筑工程零星砌体定额;抹灰、刷浆、金属件制安等套用相应章节定额。

（4）预制倒锥壳水塔水箱组装、提升、就位,按不同容积以座计算。

（5）水塔按如下规定计量:

① 筒身与槽底以槽底连接的圈梁底为界,以上为槽底,以下为筒身。

② 筒式塔身及依附于筒身的过梁、雨篷、挑檐等并入筒身体积内计算;柱式塔身,柱、梁合并计算。

③ 塔顶及槽底:塔顶包括顶板和圈梁,槽底包括底板,挑出的斜壁板和圈梁等合并计算。

（6）储水（油）池不分平底、锥底、坡底,均按池底计算;壁基梁、池壁不分圆形壁和矩形壁,均按池壁计算;其他项目均按现浇混凝土部分相应项目计算。

（7）烟囱钢筋混凝土烟囱基础包括基础底板和筒座,筒座以上为筒身。

8. 3. 4　预制混凝土工程计价

预制混凝土工程清单计价时,应根据分部分项工程量清单中预制混凝土项目名称及相应的特征描述和工作内容,结合施工组织设计、企业定额(或当地预算定额、消耗量定额等)分析组价,按照第四章所述方法计算综合单价。以《湖北省统一基价表》为例,在清单组价时需要注意以下要点:

（1）预制混凝土构件清单项目的工作内容,包括构件的制作,运输、安装及接头灌缝,计算综合单价时应包含上述费用。

（2）预制混凝土构件计算计价工程量时,应计入混凝土构件的制作废品率、运输堆放损耗及安装损耗(表 8.24)。

（3）在使用基价时,预制混凝土的强度等级与定额子目设置的强度等级不同时,可以换算(换算方法见第 2 章),并计入综合单价。

（4）预制混凝土构件运输计价时,需首先确定构件类型。预制混凝土构件的分类可参见表 8.25。

表 8. 25　预制混凝土构件分类

类别	项　　　　　目
1	4m 以内空心板、实心板
2	4~6m 的空心板,6m 以内的桩、屋面板、工业楼板、进深梁、基础梁、吊车梁、楼梯休息板、楼梯段、阳台板、双 T 板、肋形板、天沟板、挂瓦板、间隔板、挑檐、烟道、垃圾道、通风道、桩尖、花格
3	6m 以上至 14m 梁、板、柱、桩、各类屋架、桁架、托架(14m 以上的另行处理)、刚架
4	天窗架、挡风架、侧板、端壁板、天窗上、下档,门框及单件体积在 0.1 m³ 以内的小构件、檩条、支撑
5	装配式内、外墙板、大楼板、厕所板
6	隔墙板(高层用)

（5）预制混凝土构件安装高度是按 20m 考虑的,超过时另行计算,并计入综合单价。

（6）在组价分析时,构筑物、预制混凝土构件碎(砾)石选用可参见表 8.26 和表 8.27。

表 8.26 构筑物混凝土构件碎(砾)石选用表

工程项目		工程单位	混凝土强度等级	混凝土用量/m³	石子最大粒径/mm
储水(油)池	池底、池壁、池盖	m³	C20	1.015	40
储仓	立壁、漏斗、底板、顶板	m³	C20	1.015	40
水塔	塔顶及槽底、塔身(筒式、柱式)、水箱内、外壁、回廊及平台	m³	C20	1.015	40
倒锥壳水塔	支筒、水箱	m³	C20	1.02	40
滑升钢模	烟囱、筒仓	m³	C20	1.02	40

表 8.27 预制混凝土构件碎(砾)石选用表

工程项目	工程单位	混凝土强度等级	混凝土用量/m³	石子最大粒径/mm
矩形梁、异形梁、拱形梁、矩形柱、围墙柱、实心楼梯段、空心楼梯段、过梁、悬挑梁、风道梁	m³	C20	1.015	40
天窗架、大楼板、大墙板、升板、楼梯斜梁、支撑、支架、阳台、雨篷、烟道、垃圾道、通风道、地沟盖板、井盖板、井圈、平板、遮阳板	m³	C20	1.015	20
方桩、桩尖、工形柱、双肢柱、空格柱、T形吊车梁、门式钢架、组合屋架	m³	C30	1.015	40
鱼腹式吊车梁	m³	C40	1.015	40
托架梁	m³	C40	1.015	20
薄腹屋架、檩条、三角形屋架	m³	C30	1.015	20
天沟板、挑檐板、槽形板、肋形板、F形板、双T板、天窗端壁、天窗侧板、楼梯踏步、架空隔热板、门窗框、小型构件、天窗上、下档	m³	C20	1.015	15
拱、梯形屋架、拱形屋面板、大型屋面板、大型多孔墙面板、空心板、网架板	m³	C20	1.015	15
V形折板	m³	C20	1.015	15
漏花空格	1m³外形体积	C20	0.427	15

8.3.5 实例分析

【例 8.2】 如图 8.17 所示,预制混凝土基础梁 20 根,试计算此预制混凝土基础梁的分部分项工程清单量、综合单价及清单项目费。投标人的管理费费率、利润率分别为直接工程费的 10％和 7％，风险暂不考虑（梁宽＝250mm，参考定额见表 8.28）。

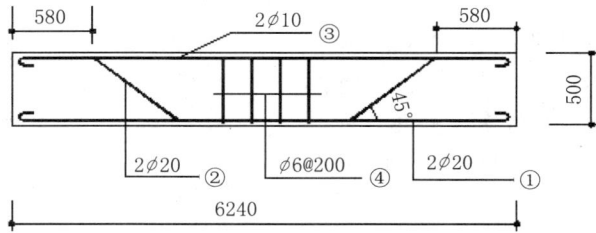

图 8.17　预制混凝土梁

表 8.28　预制混凝土构件参考定额

序　号	定额编号	子目名称	单位	定额单价 /元	其中/元		
					人工费	材料费	机械费
1	A4-66	预制混凝土构件 矩形梁 C20	10m³	2,192.62	344.10	1,626.65	221.87
2	A4-273	二类预制混凝土构件 运距（5km 以内）	10m³	956.50	94.80	27.60	834.10
3	A4-386	梁安装 基础梁 每个构件单体（1.0m³ 以内）履带式 起重机	10m³	315.53	90.00	34.92	190.61
4	A4-624	钢筋混凝土构件接头灌缝 基础梁	10m³	164.55	24.30	133.29	6.96

解　（1）编制分部分项工程量清单

混凝土清单量：$6.24 \times 0.25 \times 0.5 \times 20 = 15.6 (m^3)$

分部分项工程量清单如表 8.29 所示。

表 8.29　分部分项工程量清单表

工程名称：预算书 1　　　　　　　　　　　　　　　　　　　　　　　　第 1 页　共 1 页

序号	项目编码	项目名称	计量单位	工程数量
1	010410001001	预制矩形梁 ［项目特征］ 1. 单件体积：0.48m³ 2. 混凝土强度等级：C20 ［工作内容］ 1. 混凝土制作、运输、浇筑、振捣、养护 2. 构件运输，运距 5km 3. 构件安装 4. 混凝土、砂浆制作、运输、接头灌缝、养护	m³	15.6

（2）计算计价工程量。按照《湖北省统一基价表》相应的工程量计算规则计算。

① 预制混凝土基础梁制作工程量

$6.24 \times 0.25 \times 0.5 \times 1.015 \times 20 = 15.83（m^3）$

② 预制混凝土基础梁运输工程量

$6.24 \times 0.25 \times 0.5 \times 1.013 \times 20 = 15.80（m^3）$

③ 预制混凝土基础梁安装工程量

$6.24 \times 0.25 \times 0.5 \times 1.005 \times 20 = 15.67（m^3）$

④ 预制混凝土基础梁灌缝工程量

$6.24 \times 0.25 \times 0.5 \times 20 = 15.6（m^3）$

（3）编制综合单价分析表。根据工程量清单和综合单价计算表编制综合单价分析表（表 8.30）。

表 8.30　分部分项工程量清单综合单价分析

工程名称：预算书 1　　　　　　　　　　　　　　　　　　　　　　　　　　第 1 页　共 1 页

序号	项目编号	项目名称	定额号	子目名称	单位	数量	人工费	材料费	机械使用费	管理费	利润	综合单价/元
									定额费用/元			
1	010410001001	预制矩形梁[项目特征]1. 单件体积：0.48m³2. 混凝土强度等级：C20[工作内容]1. 混凝土制作、运输、浇筑、振捣、养护2. 构件运输,运距5km3. 构件安装4. 混凝土、砂浆制作、运输、接头灌缝、养护			m³	15.6	56.00	184.74	126.87	36.80	25.76	430.54
			A4-66	预制混凝土构件矩形梁C20	10m³	1.5834	344.10	1626.65	221.87	219.59	153.71	
			A4-273	二类预制混凝土构件 运距（5km 以内）	10m³	1.5803	94.80	27.60	834.10	95.66	66.96	
			A4-386	梁安装基础梁每个构件单体（m³以内）1.0 履带式起重机	10m³	1.5678	90.00	34.92	190.61	31.56	22.09	
			A4-624	钢筋混凝土构件接头灌缝基础梁	10m³	1.56	24.30	133.29	6.96	16.48	11.54	

（4）计算清单项目费，编制清单计价表。

分部分项工程量清单计价表如表 8.31 所示。

表 8.31　分部分项工程量清单计价

工程名称：预算书 1　　　　　　　　　　　　　　　　　　　　　　　　　第 1 页　共 1 页

序号	项目编码	项目名称	计量单位	工程数量	金额/元	
					综合单价	合价
1	010410001001	预制矩形梁 ［项目特征］ 1. 单件体积：0.48m³ 2. 混凝土强度等级：C20 ［工作内容］ 1. 混凝土制作、运输、浇筑、振捣、养护 2. 构件运输，运距 5km 3. 构件安装 4. 砼、砂浆制作、运输、接头灌缝、养护	m³	15.6	430.54	6716.40
小计						6716.40

8.4　钢　筋　工　程

8.4.1　钢筋工程施工要求

为了确保钢筋配筋和加工的准确性，房屋工程中除了简单的砖混住宅可以直接根据结构施工图进行钢筋工程施工以外，现浇混凝土结构施工均应另做钢筋翻样图（实质为钢筋施工图）。钢筋翻样图中构件的各钢筋均应编号，必须根据《混凝土结构设计规范》（GB50010）及《混凝土结构工程施工质量验收规范》（GB 50204）中对混凝土保护层、钢筋弯曲、弯钩等规定计算其下料长度。

钢筋在结构施工图中注明的尺寸是其外轮廓尺寸，即外包尺寸。钢筋在加工前呈直线状下料，加工中弯曲时，外皮延伸，内皮收缩，只有轴线长度不变（图 8.18）。因此，钢筋外包尺寸与轴线长度之间存在一个差值，称为"弯曲调整值"，其大小与钢筋直径和弯心直径以及弯曲的角度等因素有关。

8.4.2　钢筋工程清单项目

钢筋工程清单项目包括 2 个子项（图 8.1），具体工程量清单项目设置及工程量计算规则，应如表 8.32 和表 8.33所示。

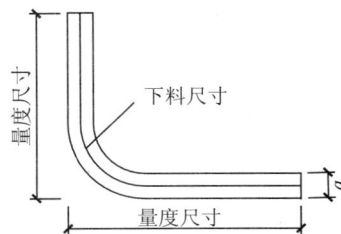

图 8.18　钢筋弯曲时下料方法

表 8.32 钢筋工程(编码 010416)

项目编码	项目名称	项目特征	计量单位	工程量计算规则	工程内容
010416001	现浇混凝土钢筋	钢筋种类、规格		按设计图示钢筋(网)长度(面积)乘以单位理论质量计算	1. 钢筋(网、笼)制作、运输 2. 钢筋(网、笼)安装
010416002	预制构件钢筋				
010416003	钢筋网片				
010416004	钢筋笼				
010416005	先张法预应力钢筋	1. 钢筋种类、规格 2. 锚具种类		按设计图示钢筋长度乘以单位理论质量计算	1. 钢筋制作、运输 2. 钢筋张拉
010416006	后张法预应力钢筋	1. 钢筋种类、规格 2. 钢丝束种类、规格 3. 钢绞线种类、规格 4. 锚具种类 5. 砂浆强度等级	t	按设计图示钢筋(丝束、绞线)长度乘以单位理论质量计算 1. 低合金钢筋两端均采用螺杆锚具时,钢筋长度按孔道长度减 0.35m 计算,螺杆另行计算 2. 低合金钢筋一端采用镦头插片、另一端采用螺杆锚具时,钢筋长度按孔道长度计算,螺杆另行计算 3. 低合金钢筋一端采用镦头插片、另一端采用帮条锚具时,钢筋增加 0.15m 计算;两端均采用帮条锚具时,钢筋长度按孔道长度增加 0.3m 计算 4. 低合金钢筋采用后张混凝土自描时,钢筋长度按孔道长度增加 0.35m 计算 5. 低合金钢筋(钢铰线)采用 JM、XM、QM 型描具,孔道长度在 20m 以内 ,钢筋长度增加 1m 计算;孔道长度 20m 以外时,钢筋(钢铰线)长度按孔道长度增加 1.8m 计算 6. 碳素钢丝采用锥形锚具,孔道长度在 20m 以内时,钢丝束长度按孔道长度增加 1m 计算;孔道长在 20m 以上时,钢丝束长度按孔道长度增加 1.8m 计算。 7. 碳素钢丝束采用镦头锚具时,钢丝束长度按孔道长度增加 0.35m 计算	1. 钢筋、钢丝束、钢绞线制作、运输 2. 钢筋、钢丝束、钢绞线安装 3. 预埋管孔道铺设 4. 锚具安装 5. 砂浆制作、运输 6. 孔道压浆、养护
010416007	预应力钢丝				
010416008	预应力钢绞线				

表 8.33 螺栓、铁件(编码:010417)

项目编码	项目名称	项目特征	计量单位	工程量计算规则	工程内容
010417001	螺栓	1. 钢材种类、规格 2. 螺栓长度 3. 铁件尺寸	t	按设计图示尺寸以质量计算	1. 螺栓(铁件)制作、运输 2. 螺栓(铁件)安装
010417002	预埋铁件				

现浇构件中固定位置的支撑钢筋、双层钢筋用的"铁马"、伸出构件的铺固钢筋、预制构件的吊钩等,应并入钢筋工程量内。

8.4.3 钢筋工程计量

1. 钢筋工程计量的一般方法

钢筋工程应区别现浇、预制构件不同钢种和规格,分别按设计长度(指钢筋中心线)乘以单位质量(以 t 计算),如下式为

钢筋工程量=钢筋下料长度(m)×相应单根钢筋理论质量(kg/m) (8.18)

式中:钢筋下料长度按下式计算,单根钢筋理论顶量如表 8.34 所示。

钢筋下料长度(m)=构件图示尺寸−混凝土保护层厚度+钢筋弯钩增加长度+弯起钢筋弯起部分的增加长度−钢筋弯曲调整值(量度差)+钢筋搭接长度 (8.19)

表 8.34 钢筋的公称直径、及理论质量

直径/mm	理论质量/kg/m	直径/mm	理论质量/(kg/m)	直径/mm	理论质量/(kg/m)
6	0.222	14	1.21	28	4.83
6.5	0.26	16	1.58	32	6.31
8	0.395	18	2	36	7.99
8.2	0.432	20	2.47	40	9.87
10	0.617	22	2.98	50	15.42
12	0.888	25	3.85		

1) 钢筋的混凝土保护层厚度

受力钢筋的混凝土保护层厚度,应符合设计要求。当设计无具体要求时,不应小于受力钢筋直径,并应符合表 8.35 的要求。纵向受力的普通钢筋及预应力钢筋,其混凝土保护层厚度(钢筋外边缘至混凝土表面的距离)不应小于钢筋的公称直径,且应符合表 8.35 的规定。

表 8.35　现浇混凝土保护层最小厚度

单位:mm

环境类别		板、墙、壳			梁			柱		
		≤C20	C25~C45	≥C50	≤C20	C25~C45	≥C50	≤C20	C25~C45	≥C50
一		20	15	15	30	25	25	30	30	30
二	a	—	20	20	—	30	30	—	30	30
	b	—	25	20	—	35	30	—	35	30
三		—	30	25		40	35	—	40	35

注:1) 基础中纵向受力钢筋的混凝土保护层厚度不应小于 40mm;当无垫层时不应小于 70mm。
　　2) 混凝土结构的环境类别:一为室内正常环境;二(a)为室内潮湿环境;非严寒和非寒冷地区的露天环境、与无侵蚀性的水或土壤直接接触的环境;二(b)为严寒和寒冷地区的露天环境、与无侵蚀性的水或土壤直接接触的环境;三为使用除冰盐的环境;严寒和寒冷地区冬季水位变动的环境、滨海室外环境。

2) 钢筋的弯钩长度

Ⅰ级钢筋末端需要做 180°、135°、90°弯钩(图 8.19)时,其圆弧弯曲直径 D 不应小于钢筋直径 d 的 2.5 倍,平直部分长度不宜小于钢筋直径 d 的 3 倍;HRB335 级、HRB400 级钢筋的弯弧内径不应小于钢筋直径 d 的 4 倍;弯钩的平直部分长度应符合设计要求。

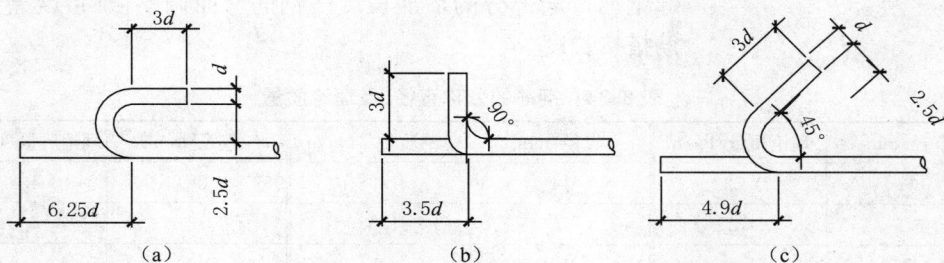

图 8.19　钢筋弯钩示意图
(a)180°半圆弯钩;(b)90°直弯钩;(c)135°斜弯钩

钢筋弯钩的增加长度可按表 8.36 确定。

表 8.36　钢筋的弯钩长度

弯钩形式		180°	90°	135°
增加长度	Ⅰ级钢筋	6.25d	3.5d	4.9d
	Ⅱ级钢筋		$X+0.9d$	$X+2.9d$
	Ⅲ级钢筋		$X+1.2d$	$X+3.6d$

注:X 为平直段长度,按设计要求取定。

3) 弯起钢筋的增加长度

弯起钢筋的弯起角度一般有 30°、45°、60°三种,其弯起增加值是指钢筋斜长与水平投影长度之间的差值。弯起钢筋的斜长及增加长可按表 8.37 计算。

表 8.37　弯起钢筋的斜长及增加长计算表

形　状			
计算方法　斜长	$2h$	$1.414h$	$1.155h$
增加长度 $S-L$	$0.268h$	$0.414h$	$0.577h$

注:表中 h 为钢筋弯起前后的外包间距,等于梁高与梁上下保护层厚度之差。

4) 弯曲调整值

钢筋弯曲后的外包尺寸与其下料前的直线长度(轴线长度)之间存在一个差值,即弯曲调整值,也称量度差。考虑这一因素,弯起钢筋的长度应增计弯起调整值,其数值可按表 8.38 确定。

表 8.38　钢筋弯曲调整值

钢筋弯曲角度	30°	45°	60°	90°	135°
弯曲调整值	$0.35d$	$0.5d$	$0.85d$	$2.0d$	$2.5d$

5) 搭接长度

计算钢筋工程量时,设计(含标准图集)已规定钢筋搭接长度的,按规定搭接长度(表 8.39)计算;设计未规定搭接长度的已包括在钢筋的损耗率之内,不另计算搭接长度。钢筋电渣压力焊接、锥螺纹连接、套筒挤压连接等接头以个计算。

对于预制混凝土构件,其钢筋工程量除考虑上述因素外,还应增加废品损耗率。

表 8.39　纵向受拉钢筋绑扎搭接长度

纵向受拉钢筋绑扎搭接长度 L_{lE} 与 L_l		注:
抗震	非抗震	1. 当不同直径的钢筋搭接时,其 L_{lE} 与 L_l 值按较小的直径计算
$L_{lE}=\xi L_{aE}$	$L_l=\xi L_a$	2. 在任何情况下 L_l 不得小于 300mm 3. 式中 ξ 为搭接长度修正系数

纵向受拉钢筋搭接长度修正系数 ξ			
纵向钢筋搭接接头面积百分率	$d\leqslant25$	50	100
ξ	1.2	1.4	1.6

注:l_{aE}——受拉钢筋抗震锚固长度;

　　L_a——受拉钢筋的最小锚固长度;

　　l_{lE}——纵向钢筋抗震受拉钢筋绑扎长度;

　　l_l——非抗震绑扎长度。

2. 箍筋长度的计算

箍筋的末端应做弯钩,弯钩形式应符合设计要求。当设计无具体要求时,用Ⅰ级钢筋或冷拉低碳钢丝制作的弯钩,其弯钩的弯曲直径应大于受力钢筋直径,且不小于箍筋直径的2.5倍;箍筋弯钩平直部分的长度非抗震结构为箍筋直径的5倍;有抗震要求的结构为箍筋直径的10倍,且不小于75mm。

箍筋长度,可按构件断面外边周长减八个混凝土保护层厚度再加弯钩长计算;也可按构件断面外周长加上增减值计算,如下式所示(其中,箍筋调整值可按表8.40取值)

箍筋长度＝(构件断面周长＋箍筋调整值)×箍筋根数

　　　　＝(构件断面周长＋箍筋调整值)×[(配筋范围长度÷箍筋间距)＋1]

$$(8.20)$$

表 8.40　箍筋长度调整值

形 状		直径 d/mm						备 注
		4	6	6.5	8	10	12	
		调整值 Δl/mm						
抗震结构		−88	−33	−20	22	78	133	$\Delta l = -200 + 27.8d$
一般结构		−133	−100	−90	−66	−33	0	$\Delta l = -200 + 16.75d$
		−140	−110	−103	−80	−50	−20	$\Delta l = -200 + 15d$

注:本表根据《混凝土结构工程施工及验收规范》(GB50204—2002)第5.3.2条编制,保护层厚度按25mm考虑。

3. 平法标注的钢筋长度计算

混凝土结构施工图平面整体表示方法简称为平法,其表达形式,概括来讲,是把结构构件的尺寸和配筋等,按照平面整体表示方法制图规则,整体直接表达在各类构件的结构平面布置图上,再与相应的"结构设计总说明"和梁、柱、墙等构件的"标准构造详图"相配合,构成一套完整的结构设计。根据平法标注结构构件的特点,钢筋长度也可用下式计算为

钢筋长度(m)＝净长(或净高)＋节点锚固长度＋搭接长度＋钢筋弯钩增加长度

$$(8.21)$$

其中节点锚固长度如表8.41所示;搭接长度见表8.39。

表 8.41　受拉钢筋抗震锚固长度 L_{aE}

混凝土强度等级与抗震等级			C20		C25		C30		C35		≥C40	
钢筋种类与直径			抗震等级										
			一、二级	三级	一、二级	三级	一、二级	三级	一、二级	三级	一、二级	三级
HRB235 Ⅰ级钢筋	普通钢筋		$36d$	$33d$	$31d$	$28d$	$27d$	$25d$	$25d$	$23d$	$23d$	$21d$
HRB335 Ⅱ级钢筋	普通钢筋	$d≤25$	$44d$	$41d$	$38d$	$35d$	$34d$	$31d$	$31d$	$29d$	$29d$	$26d$
		$d>25$	$49d$	$45d$	$42d$	$39d$	$38d$	$34d$	$34d$	$31d$	$32d$	$29d$
	环氧树脂涂层钢筋	$d≤25$	$55d$	$51d$	$48d$	$44d$	$43d$	$39d$	$39d$	$36d$	$36d$	$33d$
		$d>25$	$61d$	$56d$	$53d$	$48d$	$47d$	$43d$	$43d$	$39d$	$39d$	$36d$
HRB400 Ⅲ级钢筋 RRB400 Ⅳ级钢筋	普通钢筋	$d≤25$	$53d$	$49d$	$46d$	$42d$	$41d$	$37d$	$37d$	$34d$	$34d$	$31d$
		$d>25$	$58d$	$53d$	$51d$	$46d$	$45d$	$41d$	$41d$	$38d$	$38d$	$34d$
	环氧树脂涂层钢筋	$d≤25$	$66d$	$61d$	$57d$	$53d$	$51d$	$47d$	$47d$	$43d$	$43d$	$39d$
		$d>25$	$73d$	$67d$	$63d$	$58d$	$56d$	$51d$	$51d$	$47d$	$47d$	$43d$

例如,平法标注的现浇混凝土框架梁(图 8.20～图 8.22),其钢筋计算长度公式如表 8.42所示。

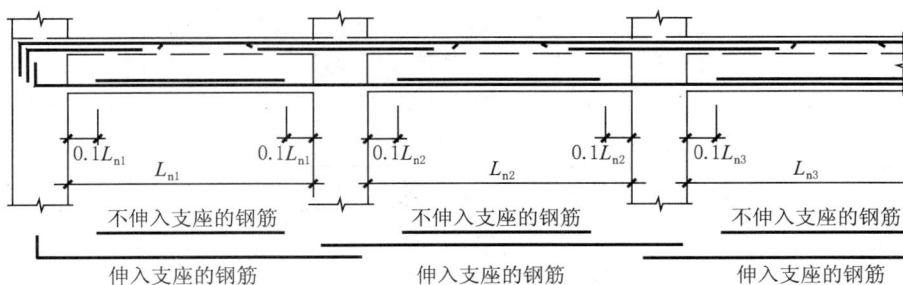

图 8.20　不伸入支座的梁下部纵向钢筋断点位置

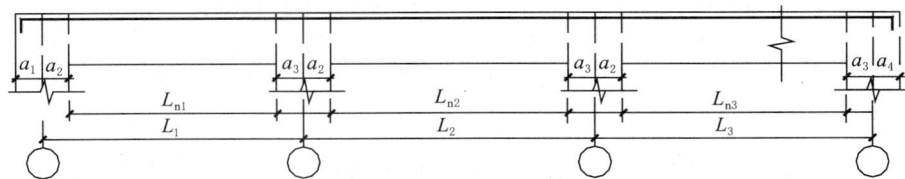

图 8.21　框架梁上部通长筋示意图

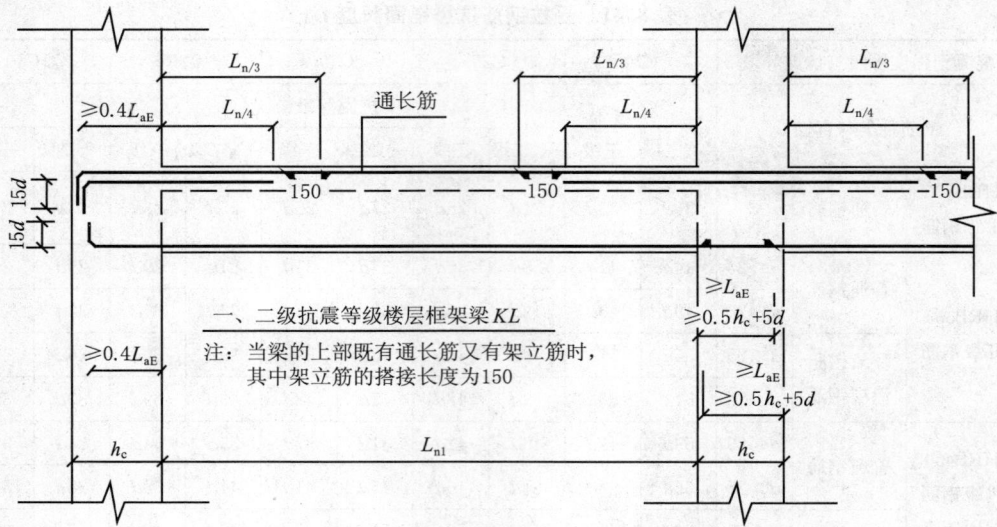

图 8.22　现浇钢筋混凝土框架示意图

表 8.42　平法标注梁钢筋计算(部分)

钢筋部位及其名称	计算公式	附图
下部通长筋	长度＝各跨长之和－左支座内侧 a_2－右支座内侧 a_3＋左锚固＋右锚固	图 8.20
下部非通长钢筋	长度＝净跨长度＋左锚固＋右锚固	
下部不伸入支座筋	净跨长度－$2\times0.1L_n$(L_n 为本跨净跨长度)	图 8.20
端支座负筋	第一排钢筋长度＝本跨净跨长/3＋锚固	图 8.22
	第二排钢筋长度＝本跨净跨长/4＋锚固	图 8.22
中间支座负筋	第一排钢筋长度＝$2\times L_n/3$＋支座宽度	图 8.22
	第二排钢筋长度＝$2\times L_n/4$＋支座宽度	
架立筋	长度＝本跨净跨长－左侧负筋伸入长度－右侧负筋伸入长度＋$2\times$搭接	图 8.22
上部通长筋	长度＝各跨长之和 L 净长－左支座内侧 a_2－右支座内侧 a_3＋左锚固	图 8.21

8.4.4　钢筋工程计价

钢筋工程清单计价时,应根据分部分项工程量清单中钢筋项目名称及相应的特征描述和工作内容,结合施工组织设计、企业定额(或当地预算定额)分析组价,按照第 4 章所述方法计算综合单价。计价时,应注意所应用定额的具体规定。以《湖北省统一基价表》为例,在清单组价时需要注意以下要点:

(1)预制混凝土构件钢筋计算计价工程量时,应计入混凝土构件的制作废品率、运输堆放损耗及安装损耗,见表 8.24。

（2）各种钢筋、铁件的损耗已包括在定额子目中。

（3）设计图纸（含标准图集）未注明的钢筋接头和施工损耗已综合在定额项目内。

（4）预应力构件中的非预应力钢筋按预制钢筋相应项目计算。

8.4.5　实例分析

【例 8.3】　如图 8.23 所示预制混凝土单梁 30 根，试运用清单计价模式计算分部分项工程费（假设企业管理费费率为直接费的 10%，利润为直接费和企业管理费之和的 8%，本例应用湖北省消耗量定额）。

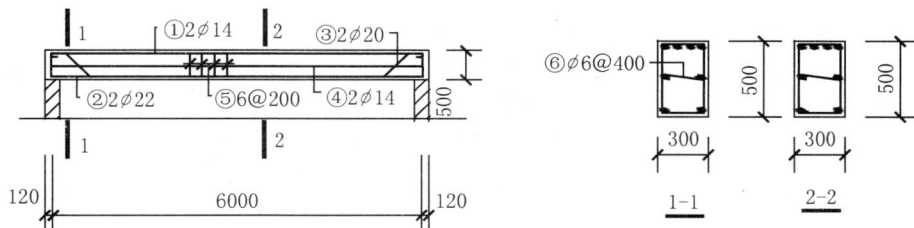

图 8.23　预制混凝土单梁

解　（1）分部分项工程量清单的编制。

① 计算清单工程量。

预制混凝土梁：$6.24×0.3×0.5×30＝0.936×30＝28.08(m^3)$

预制混凝土梁钢筋：各种规格钢筋清单量计算见表 8.43。

表 8.43　预制混凝土梁钢筋清单量计算表

编号	简图	直径	单根长度/m	根数	总长度/m	质量/kg
1		14	$6.19+6.25×0.014×2=6.365$	60	381.90	462.09
2		22	$6.19+0.25×2=6.69$	60	401.40	1196.17
3		20	$(0.45+6.25×0.014+0.3+0.636)×2+4.69=7.637$	60	458.22	131.80
4		14	6.19	60	371.40	449.39
5		6	$(0.3+0.5)×2-0.033=1.567$	960	1504.32	333.96
6		6	$0.25+3.14×0.014+0.06×3×2=0.330$	510	168.3	37.36
合　计						3610.90

② 编制分部分项工程量清单。该预制混凝土单梁的分部分项工程量清单如表 8.44 所示。

表 8.44　分部分项工程量清单表

工程名称:××多层砖混结构住宅楼建筑工程　　　　　　　　　　　　　第 1 页　共 1 页

序号	项目编码	项目名称	计量单位	工程数量
1	10410001001	预制矩形梁 [项目特征] 1. 单件体积:0.936m³ 2. 混凝土强度等级:C20 [工作内容] 1. 混凝土制作、运输、浇筑、振捣、养护 2. 构件运输,运距 5km 3. 构件安装 4. 砼、砂浆制作、运输、接头灌缝、养护	m³	28.08
2	10416002001	预制构件钢筋 [项目特征] 1. 钢筋种类、规格 [工作内容] 1. 钢筋制作、安装	t	3.611

(2) 综合单价的计算

① 预制混凝土梁综合单价组成。

a. 预制混凝土梁制作:$6.24×0.3×0.5×30×1.015=28.50(m^3)$

查定额子目 A4-66,得

综合单价人工费 $= 28.50×34.41/28.08=34.92(元/m^3)$

综合单价材料费 $= 28.50×162.67/28.08 =165.10(元/m^3)$

综合单价机械费 $= 28.50×22.19/28.08=22.52(元/m^3)$

管理费$=(34.92+165.10+22.52)×10\%=22.25(元/m^3)$

利润$=(34.92+165.10+22.52+22.25)×8\%=19.58(元/m^3)$

b. 预制混凝土梁运输:$6.24×0.3×0.5×30×1.013=28.45(m^3)$

查定额子目 A4-271,得

综合单价人工费 $= 28.45×6.48/28.08=6.56(元/m^3)$

综合单价材料费 $= 28.45×2.76/28.08=2.80(元/m^3)$

综合单价机械费 $= 28.45×56.89/28.08=57.63(元/m^3)$

管理费$=(6.56+2.80+57.63)×10\%=6.70(元/m^3)$

利润$=(6.56+2.80+57.63+6.70)×8\%=5.90(元/m^3)$

c. 预制混凝土梁安装:$6.24×0.3×0.5×30×1.005=28.22(m^3)$

查定额子目 A4-393,得

综合单价人工费 $= 28.22×9.39/28.08=9.44(元/m^3)$

综合单价材料费 $= 28.22×5.47/28.08 =5.50(元/m^3)$

综合单价机械费 $=28.22\times6.02/28.08=6.23(元/m^3)$

管理费 $=(9.44+5.50+6.23)\times10\%=2.12(元/m^3)$

利润 $=(9.44+5.50+6.23+2.12)\times8\%=1.86(元/m^3)$

d. 预制混凝土梁灌缝:$6.24\times0.3\times0.5\times30=28.08(m^3)$

查定额子目 A4-626,得

综合单价人工费 $=28.08\times2.25/28.08=2.25(元/m^3)$

综合单价材料费 $=28.08\times11.87/28.08=11.87(元/m^3)$

综合单价机械费 $=28.08\times0.57/28.08=0.57(元/m^3)$

管理费 $=(2.25+11.87+0.57)\times10\%=1.47(元/m^3)$

利润 $=(2.25+11.87+0.57+1.47)\times8\%=1.29(元/m^3)$

② 预制混凝土构件钢筋综合单价组成。

预制混凝土梁钢筋:各种规格钢筋计算如表 8.45 所示。

表 8.45　预制混凝土梁钢筋计算

编号	简图	直径/mm	单根长度/m	根数	总长度/m	构件损耗/%	质量/kg
1		14	$6.19+6.25\times0.014\times2=6.365$	60	381.90		469.03
2		22	$6.19+0.25\times2=6.69$	60	401.40		1214.11
3		20	$(0.45+6.25\times0.014+0.3+0.636)\times2$ $+4.69=7.637$	60	458.22	1.015	1148.78
4		14	6.19	60	371.40		456.13
5		6	$(0.3+0.5)\times2-0.033=1.567$	960	1504.32		338.97
6		6	$0.25+3.14\times0.014+0.06\times3\times2=0.330$	510	168.3		37.92

a. 预制构件圆钢筋（mm 以内）φ6,质量 0.377t。查定额子目 A4-668,得

综合单价人工费 $=0.377\times699.60/3.611=73.04(元/t)$

综合单价材料费 $=0.377\times2707.57/3.611=282.68(元/t)$

综合单价机械费 $=0.377\times289.76/3.611=30.25(元/t)$

管理费 $=(73.04+282.68+30.25)\times10\%=38.60(元/t)$

利润 $=(73.04+282.68+30.25+38.60)\times8\%=30.25(元/t)$

b. 预制构件圆钢筋（mm 以内）φ14,质量 0.925t。查定额子目 A4-672,得

综合单价人工费 $=0.925\times234.60/3.611=60.10(元/t)$

综合单价材料费 $= 0.925 \times 2744.44/3.611 = 703.02(元/t)$

综合单价机械费 $= 0.925 \times 88.47/3.611 = 22.66(元/t)$

管理费 $=(60.10+703.02+22.66) \times 10\% = 78.58(元/t)$

利润 $=(60.10+703.02+22.66+78.58) \times 8\% = 69.15(元/t)$

c. 预制构件螺纹钢筋(mm以内)$\phi 20$,质量1.149t。查定额子目A4-686,得

综合单价人工费 $= 1.149 \times 184.80/3.611 = 58.80(元/t)$

综合单价材料费 $= 1.149 \times 2851.25/3.611 = 907.25(元/t)$

综合单价机械费 $= 1.149 \times 94.64/3.611 = 30.11(元/t)$

管理费 $=(58.80+907.25+30.11) \times 10\% = 99.25(元/t)$

利润 $=(58.80+907.25+30.11+99.25) \times 8\% = 87.34(元/t)$

d. 预制构件螺纹钢筋(mm以内)$\phi 22$,质量1.214t。查定额子目A4-687,得

综合单价人工费 $= 1.214 \times 165.30/3.611 = 55.57(元/t)$

综合单价材料费 $= 1.214 \times 2849.66/3.611 = 958.04(元/t)$

综合单价机械费 $= 1.214 \times 83.05/3.611 = 27.92(元/t)$

管理费 $=(55.57+958.04+27.92) \times 10\% = 104.15(元/t)$

利润 $=(55.57+958.04+27.92+104.15) \times 8\% = 91.65(元/t)$

③ 编制综合单价分析表,如表8.46所示。

表 8.46 分部分项工程量清单综合单价分析

工程名称:××多层砖混结构住宅楼建筑工程   第1页 共1页

序号	项目编码	项目名称	工程内容	综合单价组价/元					
				人工费	材料费	机械费	管理费	利润	综合单价
1	10410001001	预制混凝土矩形梁	预制混凝土矩形梁制作	34.92	165.1	22.52	22.25	19.58	264.37
			预制混凝土矩形梁运输	6.56	2.8	57.63	6.7	5.9	79.60
			预制混凝土矩形梁安装	9.44	5.5	6.23	2.12	1.86	25.15
			预制混凝土矩形梁灌缝	2.25	11.87	0.57	1.47	1.29	17.45
			小计						386.57
2	10416002001	预制构件钢筋	预制构件圆钢筋(mm以内)$\phi 6$	73.04	282.68	30.25	38.60	33.97	458.54
			预制构件圆钢筋(mm以内)$\phi 14$	60.10	703.02	22.68	78.55	69.15	933.51
			预制构件螺纹钢筋(mm以内)$\phi 20$	58.80	907.25	30.11	99.25	87.34	1182.75
			预制构件螺纹钢筋(mm以内)$\phi 22$	55.57	958.04	27.92	104.15	91.65	1237.33
			小计						3812.13

(3) 清单计价表的编制

计算清单项目费,编制清单计价表如表8.47所示。

表 8.47　分部分项工程量清单计价

工程名称：××多层砖混结构住宅楼建筑工程　　　　　　　　　　　　　　　　第 1 页　共 1 页

序号	项目编码	项目名称	计量单位	工程数量	金额/元	
					综合单价	合价
1	10410001001	预制矩形梁 ［项目特征］ 1. 单件体积：0.936m³ 2. 混凝土强度等级：C20 ［工作内容］ 1. 混凝土制作、运输、浇筑、振捣、养护 2. 构件运输，运距 5km 3. 构件安装 4. 砼、砂浆制作、运输、接头灌缝、养护	m³	28.08	386.57	10854.89
2	10416002001	预制构件钢筋 ［项目特征］ 1. 钢筋种类、规格 ［工作内容］ 1. 钢筋制作、安装	t	3.611	3812.13	13765.60
合计						24620.49

复习思考题

1. 钢筋混凝土基础的工程量如何计算？
2. 现浇板的工程量怎样计算？
3. 如何计算图示钢筋用量？
4. 钢筋混凝土构件的安装、运输工程量如何计算？
5. 现浇混凝土楼梯的工程量如何计算？装配式楼梯的工程量如何计算？
6. 挑板阳台和挑梁阳台的工程量如何计算？
7. 混凝土台阶的工程量如何计算？
8. 混凝土扶手的工程量怎样计算？
9. 混凝土压顶的工程量怎样计算？
10. 构造柱的工程量怎样计算？

习　　题

1. 某建筑物四层，无地下室，不上人屋面，建筑物内现浇钢筋混凝土楼梯如图 8.24 所示。试计算该楼梯的混凝土工程清单量；应用当地定额和相关资料计算综合单价及分部分项工程费。

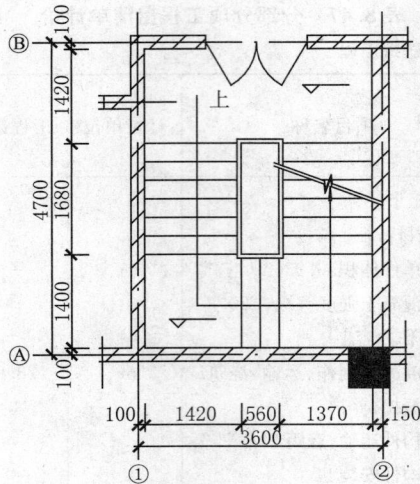

图 8.24　楼梯平面图

2. 某工程设计基础梁断面为 250mm×400mm，每根长 6m，共 30 根，工厂预制。试计算此预制混凝土梁的清单量；应用当地定额及相关资料计算综合单价及分部分项工程费。

3. 某建筑共十层，层高为 3.3m，三级抗震，室内环境潮湿。图 8.25 所示为该工程框架结构中柱平面布置图配筋图，柱混凝土为 C30。试计算柱混凝土工程量及钢筋工程量（框架梁高 500mm），并应用当地定额及相关资料计算分部分项工程费。

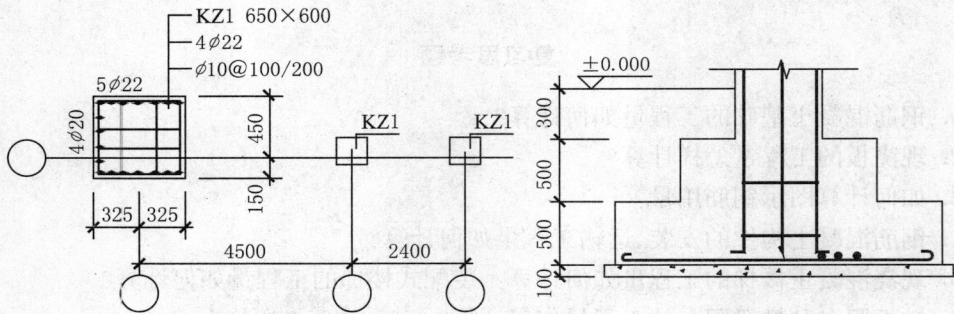

图 8.25　框架柱平法施工图

第9章 屋面及防水保温工程

本章提示：

本章包括屋面及防水工程，防腐、隔热、保温工程等内容。在详细介绍各分部分项工程实体项目清单计量规则的基础上，重点阐述屋面工程、防水工程和防腐、隔热、保温工程的计量方法及其计价要点。运用工程实例，结合地方定额，详细讲解定额直接工程费和工程量清单综合单价的具体计算方法。通过本章的学习，要求读者熟悉屋面及防水工程和防腐、隔热、保温工程的计量规定、计价内容与方法；能够依据屋面设计图、设计说明及相关的大样图，运用地方定额及相关资料进行清单综合单价及分部分项工程费用的计算。

9.1 屋面工程

9.1.1 屋面工程基础知识

通常屋顶按坡度可分为平屋顶（屋面坡度小于 5% 的屋顶，常用坡度为 2%～3%）和坡屋顶（屋面坡度较陡的屋顶，其坡度一般大于 10%）。形成屋面坡度采用材料找坡或结构找坡方式。

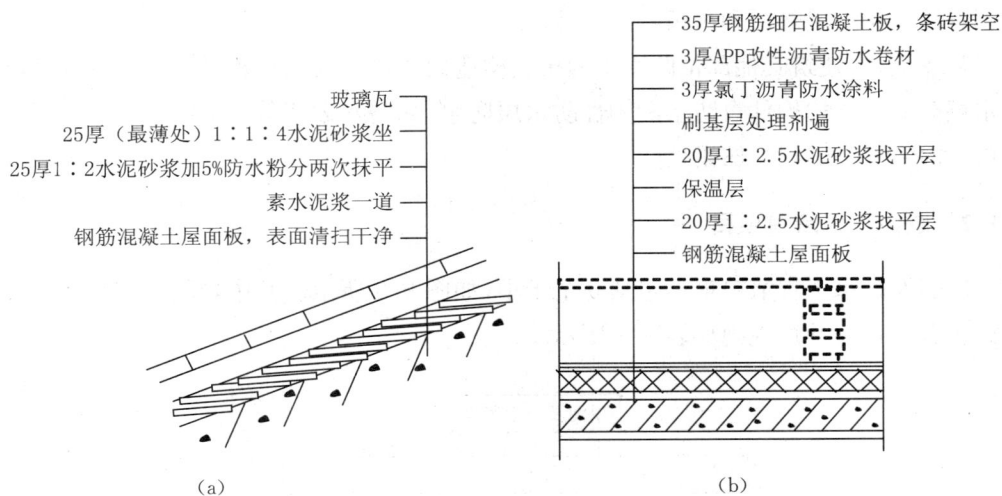

图 9.1 屋面做法示意图

(a)坡屋顶；(b)平屋顶

坡屋顶[图 9.1(a)]一般由承重结构和屋面两部分所组成,必要时还有保温层、隔热层及顶棚等。承重结构主要承受屋面荷载并把它传递到墙或柱上,一般有椽子、檩条、屋架或大梁等。目前基本采用屋架或现浇钢筋混凝土板。屋面是屋顶的上覆盖层,其种类根据瓦的种类而定,如块瓦屋面、油毡瓦屋面、块瓦形钢板彩瓦屋面等。防水材料为各种瓦材及与瓦材配合使用的各种涂膜防水材料和卷材防水材料。其他层次包括顶棚、保温层或隔热层等。顶棚是屋顶下面的遮盖部分,可使室内上部平整,有一定光线反射,起保温隔热和装饰作用。保温层或隔热层可设在屋面层或顶棚层,视需要决定。

为了满足防水、保温隔热等使用要求及施工要求,平屋顶一般由结构层、找平层、隔汽层、保温层、防水层及架空隔热层等构造层次组成,见图 9.1(b)。按其所用防水材料的不同,可分为刚性防水屋面和柔性防水屋面两大类。

刚性防水屋面,是以细石混凝土作防水层的屋面。刚性防水屋面要求基层变形小,一般只适用于无保温层的屋面,因为保温层多采用轻质多孔材料,其上不宜进行浇筑混凝土的湿作业;此外,刚性防水屋面也不宜用于高温、有振动和基础有较大不均匀沉降的建筑。刚性防水屋面的构造一般有防水层、隔离层、找平层、结构层等,刚性防水屋面应尽量采用结构找坡。

柔性防水屋面是用防水卷材与胶黏剂结合在一起的,形成连续致密的构造层,从而达到防水的目的。其基本构造层次由下至上依次为结构层、找平层、结合层、防水层、保护层。

屋面找平层按所用材料不同,可分为水泥砂浆找平层、细石混凝土找平层和沥青砂浆找平层。

保温隔热屋面适用于具有保温隔热要求的屋面工程。保温层可采用松散材料保温层、板状保温层和整体现浇(喷)保温层;隔热层可采用蓄水隔热层(防水等级为Ⅰ、Ⅱ级时不宜用)、架空隔热层和种植隔热层等。

除屋面外,建筑其他部位防水工程按其构造做法可分为结构构件自防水和采用各种防水层防水。结构构件自防水和刚性防水层防水(如防水砂浆等)均属刚性防水,柔性防水层(如各种防水卷材)属柔性防水。

9.1.2　屋面工程清单项目

屋面及防水工程清单项目包括 3 个子项,如图 9.2 所示。其中,瓦、型材屋面清单项目设置及工程量计算规则如表 9.1 所示。

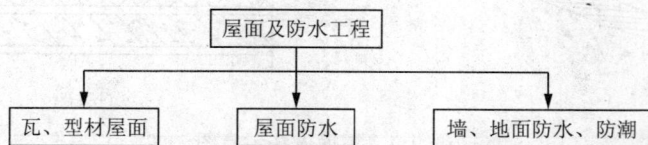

图 9.2　屋面及防水工程清单项目

表 9.1 瓦、型材屋面(编码:010701)

项目编码	项目名称	项目特征	计量单位	工程量计算规则	工程内容
010701001	瓦屋面	1. 瓦品种、规格、品牌、颜色 2. 防水材料种类 3. 基层材料种类 4. 檩条种类、截面 5. 防护材料种类	m²	按设计图示尺寸以斜面积计算。不扣除房上烟囱、风帽底座、风道、小气窗、斜沟等所占面积,小气窗的出檐部分不增加面积	1. 檩条、椽子安装 2. 基层铺设 3. 铺防水层 4. 安顺水条和挂瓦条 5. 安瓦 6. 刷防护材料
010701002	型材屋面	1. 型材品种、规格、品牌、颜色 2. 骨架材料品种、规格 3. 接缝、嵌缝材料种类			1. 骨架制作、运输、安装 2. 屋面型材安装 3. 接缝、嵌缝
010701003	膜结构屋面	1. 膜布品种、规格、颜色 2. 支柱(网架)钢材品种、规格 3. 钢丝绳品种、规格 4. 油漆品种、刷漆遍数		按设计图示尺寸以需要覆盖的水平面积计算	1. 膜布热压胶接 2. 支柱(网架)制作、安装 3. 膜布安装 4. 穿钢丝绳、锚头锚固 5. 刷油漆

其他相关问题应按下列规定处理:

(1) 小青瓦、水泥平瓦、玻璃瓦等,应按瓦屋面项目编码列项。

(2) 压型钢板、阳光板、玻璃钢等,应按型材屋面项目编码列项。

9.1.3 屋面工程计量与计价

1. 瓦屋面、金属压型板屋面计量

瓦屋面、金属压型板屋面(包括挑檐部分)的工程量均以斜面积(m²)计算。其工程量一般是按屋面的水平投影面积乘以屋面坡度系数计算。

屋面坡度系数也称为屋面延尺系数,是指屋面起坡时斜长与水平长度的比值(图 9.3 中 $C:A$)。

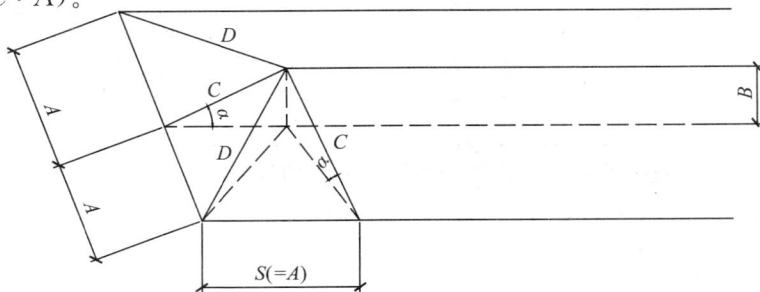

图 9.3 屋面坡度系数

常见的坡屋面结构分两坡水和四坡水。两坡水排水坡屋面(当 α 角相等时,可以是任意坡水)的面积可按式(9.1)计算。当 $S=A$ 时,四坡水排水屋面斜脊长度可按式(9.2)计算。沿山墙泛水长度可按式(9.3)计算。屋面坡度系数可由表9.2查得。

$$坡屋面工程量=屋面水平投影面积×C \qquad (9.1)$$
$$四坡水屋面斜脊长度=A×D \qquad (9.2)$$
$$沿山墙泛水长度=A×C \qquad (9.3)$$

计算屋面工程量时,屋面挑出墙外的尺寸,按设计规定计算。设计无规定时,按定额规定计算。

表 9.2　屋面坡度系数表

坡　度	坡　度	坡　度	延尺系数	隔延尺系数 D
$B(A=1)$	$B/2A$	角度(α)	C ($A=1$)	($S=A=1$)
1	1/2	45°	1.4142	1.7321
0.75		36°52′	1.25	1.6008
0.7		35°	1.2207	1.5779
0.666	1/3	33°40′	1.2015	1.5635
0.65		33°01′	1.1926	1.5564
0.6		30°58′	1.1662	1.5362
0.577		30°	1.1547	1.5274
0.55		28°49′	1.1413	1.5174
0.5	1/4	26°34′	1.118	1.5
0.45		24°14′	1.0966	1.4839
0.4	1/5	21°48′	1.077	1.4697
0.35		19°17′	1.0594	1.4569
0.3		16°42′	1.044	1.4457
0.25		14°02′	1.0308	1.4362
0.2	1/10	11°19′	1.0198	1.4283
0.15		8°32′	1.0112	1.4221
0.125		7°8′	1.0078	1.4197
0.1	1/20	5°42′	1.005	1.4177
0.083		4°45′	1.0035	1.4166
0.066	1/30	3°49′	1.0022	1.4157

注:坡屋面的隔延尺系数是指坡屋面斜长与水平投影长度的比例系数。

2. 其他屋面计量

1）卷材屋面

卷材屋面按图示尺寸的水平投影面积乘以规定的坡度系数（表 9.2）以 m² 计算，但不扣除房上烟囱、风帽底座、风道、屋面小气窗和斜沟所占的面积，屋面的女儿墙、伸缩缝和天窗等处的弯起部分，按图示尺寸并入屋面工程量计算；如图纸无规定时，伸缩缝、女儿墙的弯起部分可按 250mm 计算，天窗弯起部分可按 500mm 计算。

2）涂膜屋面

涂膜屋面的工程量同卷材屋面。涂膜屋面的油膏嵌缝、玻璃布盖缝、屋面分格缝，以延长米计算。

3）檩木

檩木按毛料尺寸体积以 m³ 计算，简支檩长度按设计规定计算。如设计无规定者，按屋架或山墙中距增加 200mm；如两端出山墙，檩条长度算至博风板；连续檩条的长度按设计长度计算，其接头长度按全部连续檩木总体积的 5% 计算。檩条托木已计入相应的檩木制作安装项目中，不另计算。

4）屋面木基层

屋面木基层按屋面的斜面积计算，天窗挑檐重叠部分按设计规定计算，屋面烟囱及斜沟部分所占面积不扣除。

3. 屋面工程计价要点

屋面工程清单计价时，应根据分部分项工程量清单中屋面项目名称及相应的特征描述和工作内容，结合施工组织设计、企业定额（或当地预算定额）分析组价。以《湖北省统一基价表》为例，在清单组价时需要注意以下要点：

（1）屋面挑出墙外的尺寸，如设计无规定时，彩色水泥瓦按水平尺寸加 70mm 计算。彩钢夹心板屋面按实铺面积，单位以 m² 计算，支架、铝槽、角铝等均已包含在定额内。

（2）瓦屋面、型材屋面的木檩条、木椽子、木屋面板需刷防火涂料时，可包括在瓦屋面、型材屋面报价内。

（3）瓦屋面、型材屋面、膜结构屋面的钢檩条、钢支撑（柱、网架等）等需刷防火涂料时，可包括在项目报价内。

9.2　防　水　工　程

9.2.1　防水工程清单项目

防水工程包括屋面防水和墙、地面防水、防潮两个子项,具体工程量清单项目设置及工程量计算规则如表9.3和表9.4所示。

表9.3　屋面防水(编码:010702)

项目编码	项目名称	项目特征	计量单位	工程量计算规则	工程内容
010702001	屋面卷材防水	1. 卷材品种、规格 2. 防水层做法 3. 嵌缝材料种类 4. 防护材料种类	m^2	按设计图示尺寸以面积计算。 1. 斜屋顶(不包括平屋顶找坡)按斜面积计算,平屋顶按水平投影面积计算 2. 不扣除房上烟囱、风帽底座、风道、屋面涉气窗和斜沟所占面积 3. 屋面的女儿墙、伸缩缝和天窗等处的弯起部分,并入屋面工程量内	1. 基层处理 2. 抹找平层 3. 刷底油 4. 铺油毡卷材、接缝、嵌缝 5. 铺保护层
010702002	屋面涂漠防水	1. 防水膜品种 2. 涂膜厚度、遍数、增强材料种类 3. 嵌缝材料种类 4. 防护材料种类			1. 基层处理 2. 抹找平层 3. 涂防水膜 4. 铺保护层
010702003	屋面刚性防水	1. 防水层厚度 2. 嵌缝材料种类 3. 混凝土强度等级		按设计图示尺寸以面积计算。不扣除房上烟囱、风帽底座、风道等所占面积	1. 基层处理 2. 混凝土制作、运输、铺筑、养护
010702004	屋面排水管	1. 排水管品种、规格、品牌、颜色 2. 接缝、嵌缝材料种类 3. 油漆品种、刷漆遍数	m	按设计图示尺寸以长度计算。如设计未注尺寸,以檐口至设计室外散水上表面垂直距离计算	1. 排水管及配件安装、固定 2. 雨水斗、雨水箅子安装 3. 接缝、嵌缝
010702005	屋面天沟、沿沟	1. 材料品种 2. 砂浆配合比 3. 宽度、坡度 4. 接缝、嵌缝材料种类 5. 防护材料种类	m^2	按设计图示尺寸以面积计算。铁皮和卷材天沟按展开面积计算	1. 砂浆制作、运输 2. 砂浆找坡、养护 3. 天沟材料铺设 4. 天沟配件安装 5. 接缝、嵌缝 6. 刷防护材料

表 9.4　墙、地面防水、防潮(编码:010703)

项目编码	项目名称	项目特征	计量单位	工程量计算规则	工程内容
010703001	卷材防水	1. 卷材、涂膜品种 2. 涂膜厚度、遍数、增强材料种类 3. 防水部位 4. 防水做法 5. 接缝、嵌缝材料种类 6. 防护材料种类	m²	按设计图示尺寸以面积计算。 1. 地面防水:按主墙间净空面积计算,扣除凸出地面的构筑物、设备基础等所占面积,不扣除间壁墙及单个 0.3m² 以内的柱、垛、烟囱和孔洞所占面积 2. 墙基防水:外墙按中心线,内墙按净长乘以宽度计算	1. 基层处理 2. 抹找平层 3. 刷黏结剂 4. 铺防水卷材 5. 铺保护层 6. 接缝、嵌缝
010703002	涂膜防水				1. 基层处理 2. 抹找平层 3. 刷基层处理剂 4. 铺涂膜防水层 5. 铺保护层
010703003	砂浆防水(潮)	1. 防水(潮)部位 2. 防水(潮)厚度、层数 3. 砂浆配合比 4. 外加剂材料种类			1. 基层处理 2. 挂钢丝网片 3. 设置分格缝 4. 砂浆制作、运输、摊铺、养护
010703004	变形缝	1. 变形缝部位 2. 嵌缝材料种类 3. 止水带材料种类 4. 盖板材料 5. 防护材料种类	m	按设计图示以长度计算	1. 清缝 2. 填塞防水材料 3. 止水带安装 4. 盖板制作 5. 刷防护材料

9.2.2　防水工程计量

1. 防水、防潮层计量

以某地方定额规定为例,其防水工程计量应注意以下要点:

(1) 建筑物地面防水、防潮层,按主墙间净空面积计算,扣除凸出地面构筑物、设备基础等所占的面积,不扣除柱、垛、间壁墙、烟囱及 0.3m² 以内孔洞所占面积。与墙面连接处高度在 500mm 以内者按展开面积计算,并入平面工程量内,超过 500mm 时,按立面防水层计算。

(2) 建筑物墙基防水、防潮层,外墙长度按中心线,内墙按净长乘以宽度,单位以 m² 计算。

(3) 构筑物防水层及建筑物地下室防水层,按实铺面积计算,但不扣除 0.3m² 以内的孔洞面积。平面与立面交接处的防水层,其上卷高度超过 500mm 时,按立面防水层计算。

2. 屋面排水工程计量

以某地方定额规定为例,其屋面排水工程计量应注意以下要点:

（1）铁皮排水按图示尺寸以展开面积计算。如图纸没有注明尺寸时，可按折算表（表9.5）计算，咬口和搭接等已计入定额项目中，不另计算。

（2）铸铁、玻璃钢水落管区别不同直径按图示尺寸延长米计算，雨水口、水斗、弯头、短管以个计算。水落管长可按下式计算为

水落管长＝檐口标高＋室内外高差－0.2m（规范要求水落管离地0.2m）　　　（9.4）

（3）彩板屋脊、天沟、泛水、包角、山头按设计长度以延长米计算，堵头已包括在定额内。

（4）阳台PVC落水管按组计算。每组阳台出水口至水落管中以线斜长按1m计算（内含1只异径三通，2只135°弯头）。

（5）PVC阳台排水管以组计算。

（6）屋面检修孔以块计算。

铁皮排水单体零件折算见表9.5。

表9.5　铁皮排水单体零件折算

名　　称		单位	水落管/m	檐沟/m	水斗/个	漏斗/个	下水口/个		
铁皮排水	水落管、檐沟、水斗、漏斗、下水口	m²	0.32	0.3	0.4	0.16	0.45		
	天沟、斜沟、天窗窗台泛水、天窗侧面泛水、烟囱泛水、通气管泛水、滴水檐头泛水、滴水	m²	天沟/m	斜沟天窗窗台泛水	天窗侧面泛水	烟囱泛水/m	通气管泛水/m	滴水檐头泛水/m	滴水/m
			1.3	0.5	0.7	0.8	0.22	0.24	0.11

9.2.3　实例分析

【例9.1】　根据图9.4所示尺寸，计算屋面卷材工程量。女儿墙卷材弯起高度为250mm。

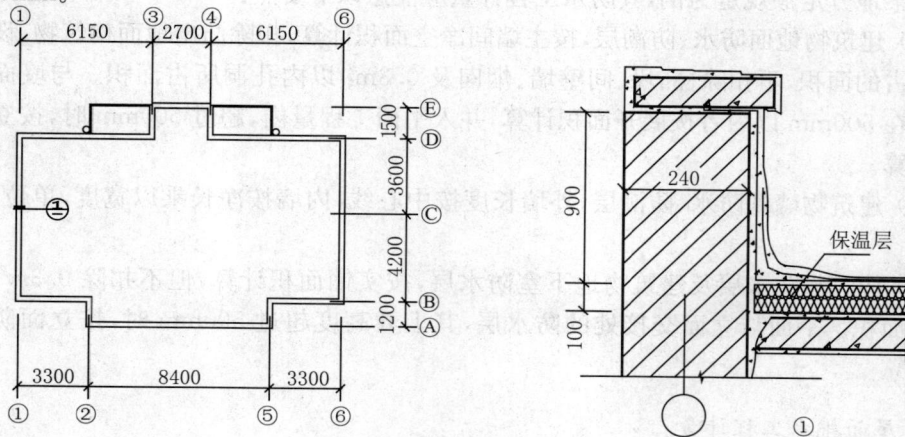

图9.4　屋顶平面示意图

解　屋面卷材面积＝水平投影面积＋弯起部分面积

（1）水平投影面积

$$S_1 = (3.3 \times 2 + 8.4 - 0.24) \times (4.2 + 3.6 - 0.24) + (8.4 - 0.24) \times 1.2$$
$$\quad + (2.7 - 0.24) \times 1.5$$
$$\quad = 125.07 (\text{m}^2)$$

（2）弯起部分面积

$$S_2 = [(14.76 + 7.56) \times 2 + 1.2 \times 2 + 1.5 \times 2] \times 0.25 = 12.51 (\text{m}^2)$$

（3）屋面卷材工程量

$$S = S_1 + S_2 = 125.07 + 12.51 = 137.58 (\text{m}^2)$$

【例 9.2】　某建筑物 1.5 砖厚外墙,长度 178m;1 砖厚内墙,长度 256 m。试计算墙基水泥砂浆防潮层工程量。

解　$S = 178 \times 0.365 + 256 \times 0.24 = 126.41 (\text{m}^2)$

【例 9.3】　某厂房屋面如图 9.5 所示,设计要求:水泥珍珠岩块保温层 80mm 厚,1∶3 水泥砂浆,找平层 20mm 厚,三元乙丙橡胶卷材防水层(满铺)。试编制屋面防水工程量清单及工程量清单项目费(管理费为直接费的 4%,利润为 3%,风险暂不考虑)。

解　（1）计算清单工程量。

① 查《计价规范》,屋面卷材防水层项目编码为:010702001。

图 9.5　屋面平面图

② 清单工程量为

$$(20 + 0.2 \times 2) \times (10 + 0.2 \times 2) = 212.16 (\text{m}^2)$$

③ 编制工程量清单(表 9.6)。

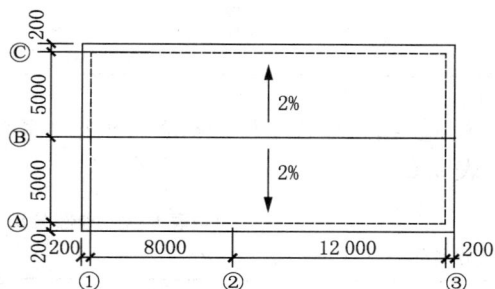

表 9.6　分部分项工程量清单

工程名称:××建筑工程　　　　　　　　　　　　　　　　　　　　　　第 1 页　共 1 页

序号	项目编码	项目名称	计量单位	工程数量
1	010702001001	屋面卷材防水 1. 卷材品种:三元乙丙橡胶卷材 2. 防水层做法:满铺 3. 找平层做法:1∶3 水泥砂浆	m³	212.16

（2）计算工程量清单项目费。

① 计算计价工程量,以《湖北省统一基价表》为参考。

三元乙丙橡胶屋面卷材防水层:

$$(20 + 0.2 \times 2) \times (10 + 0.2 \times 2) = 212.16 (\text{m}^2)$$

1:3 水泥砂浆找平层:

$$(20+0.2\times2)\times(10+0.2\times2)=212.16(m^2)$$

② 计算综合单价,编制单价计算表(表 9.7)。

表 9.7　分部分项工程量清单综合单价计算

工程名称:××建筑工程　　　　　　　　　　　　　　　　　　　　　计算单位:m²

项目编码:010702001001　　　　　　　　　　　　　　　　　　　　工程数量:212.16

项目名称:屋面卷材防水　　　　　　　　　　　　　　　　　　　综合单价:52.65 元/m²

序号	定额编号	工程内容	单位	数量	综合单价组价/元					小计
					人工费	材料费	机械费	管理费	利润	
1	A7-49	三元乙丙橡胶卷材满铺	m²	1	2.77	39.18		1.68	1.26	44.89
	B1-20	1:3 水泥砂浆找平层,20mm 厚	m²	1	2.40	4.59	0.26	0.29	0.22	7.76
			小计		5.17	43.77	0.26	1.97	1.48	52.65

③ 编制综合单价分析表。根据工程量清单和综合单价计算表编制综合单价计价表(表 9.8)。

表 9.8　分部分项工程量清单综合单价分析

工程名称:××建筑工程　　　　　　　　　　　　　　　　　　　第 1 页　共 1 页

序号	项目编码	项目名称	工程内容	综合单价组价/元					综合单价
				人工费	材料费	机械费	管理费	利润	
1	010702001001	屋面卷材防水 1. 卷材品种:三元乙丙橡胶卷材 2. 防水层做法:满铺 3. 找平层做法:1:3 水泥砂浆	基层处理、抹找平层、刷底油、铺防水层	5.17	43.77	0.26	1.97	1.48	52.65

④ 计算清单项目费,编制清单计价表(表 9.9)。

表 9.9　分部分项工程量清单计价

工程名称:××建筑工程　　　　　　　　　　　　　　　　　　　第 1 页　共 1 页

序号	项目编码	项目名称	计量单位	工程数量	金额/元	
					综合单价	合价
1	010702001001	屋面卷材防水 1. 卷材品种:三元乙丙橡胶卷材 2. 防水层做法:满铺 3. 找平层做法:1:3 水泥砂浆	m³	212.16	52.65	11170.22

9.3　防腐、隔热、保温工程

9.3.1　防腐、隔热、保温工程基础知识

1. 防腐工程常见做法

防腐工程的常见做法有刷油防腐和耐酸防腐。

刷油是一种经济而有效的防腐措施。它对于各种工程建设来说,不仅施工方便,而且具有优良的物理性能和化学性能,因此应用范围很广。刷油除了防腐作用外,还能起到装饰和标志作用。

耐酸防腐是运用人工或机械将具有耐腐蚀性能的材料,如水玻璃耐酸混凝土、耐酸沥青砂浆、耐酸沥青混凝土、硫磺混凝土、环氧砂浆、环氧烯胶泥、重晶石混凝土、重晶石砂浆、酸化处理、环氧玻璃钢、酚醛玻璃钢、耐酸沥青胶泥卷材、磁砖、磁板、铸石板、花岗岩以及耐酸防涂料等,将基层清扫干净,调配好材料,浇筑、涂刷、喷涂、粘贴或铺砌在应防腐蚀的工程的物体表面上,以达到防腐蚀的效果。

2. 保温隔热工程常见做法

保温隔热分泡沫混凝土块、沥青珍珠岩块、水泥蛭石、软木板、聚氯乙烯塑料板、加气混凝土块、陶粒混凝土、沥青玻璃棉、沥青矿渣棉等,用于屋面、−40〜50℃以内的厂库房,还适用于室温 25℃以内的中温空调厂、库房及试验等。

保温隔热屋面常用的保温隔热材料有石灰炉渣、水泥蛭石、水泥珍珠岩,泡沫混凝土和泡沫塑料等保温隔热性能较好的材料。炉渣、矿渣通常用干铺等方法,还有复合防水隔热装饰板、陶瓷复合防水隔热装饰板、混凝土板、陶瓷大阶砖架空隔热层、平铺陶瓷大阶砖等材料。

9.3.2　防腐、隔热、保温工程清单项目

防腐、隔热、保温工程包括防腐面层、其他防腐、隔热、保温工程三个子项,适用于工业与民用建筑的基础、地面、墙面防腐工程,楼地面、墙体、屋盖的保温隔热工程。其工程量清单项目设置及工程量计算规则,应按表 9.10〜表 9.12 的规定执行。

表 9.10　防腐面层（编码：010801）

项目编码	项目名称	项目特征	计量单位	工程量计算规则	工程内容
010801001	防腐混凝土面层	1. 防腐部位 2. 面层厚度 3. 砂浆、混凝土、胶泥种类	m²	按设计图示尺寸以面积计算。 1. 平面防腐：扣除凸出地面的构筑物、设备基础等所占面积 2. 立面防腐：砖垛等突出部分按展开面积并入墙面积	1. 基层清理 2. 基层刷稀胶泥 3. 砂浆制作、运输、摊铺、养护 4. 混凝土制作、运输、摊铺、养护
010801002	防腐砂浆面层				
010801003	防腐胶泥面层				1. 基层清理 2. 胶泥调制、摊铺
010801004	玻璃钢防腐面层	1. 防腐部位 2. 玻璃钢种类 3. 贴布层数 4. 面层材料品种			1. 基层清理 2. 刷底漆、刮腻子 3. 胶浆配制、涂刷 4. 粘布、涂刷面层
010801005	聚氯乙烯板面层	1. 防腐部位 2. 面层材料品种 3. 黏结材料种类		按设计图示尺寸以面积计算。 1. 平面防腐：扣除凸出地面的构筑物、设备基础等所占面积 2. 立面防腐：砖垛等突出部分按展开面积并入墙面积内 3. 踢脚板防腐：扣除门洞所占面积并相应增加门洞侧壁面积	1. 基层清理 2. 配料、涂胶 3. 聚氯乙烯板铺设 4. 铺贴踢脚板
010801006	块料防腐面层	1. 防腐部位 2. 块料品种、规格 3. 黏结材料种类 4. 勾缝材料种类			1. 基层清理 2. 砌块料 3. 胶泥调制、勾缝

表 9.11　其他防腐（编码：010802）

项目编码	项目名称	项目特征	计量单位	工程量计算规则	工程内容
010802001	隔离层	1. 隔离层部位 2. 隔离层材料种类 3. 隔离层做法 4. 粘贴材料种类	m²	按设计图示尺寸以面积计算。 1. 平面防腐：扣除凸出地面的构筑物、设备基础等所占面积 2. 立面防腐：砖垛等突出部分按展开面积并入墙面积内	1. 基层清理、刷油 2. 煮沥青 3. 胶泥调制 4. 隔离层铺设
010802002	砌筑沥青浸渍砖	1. 砌筑部位 2. 浸渍砖规格 3. 浸渍砖砌法（平砌、立砌）	m³	按设计图示尺寸以体积计算	1. 基层清理 2. 胶泥调制 3. 浸渍砖铺砌

续表

项目编码	项目名称	项目特征	计量单位	工程量计算规则	工程内容
010802003	防腐涂料	1. 涂刷部位 2. 基层材料类型 3. 涂料品种、刷涂遍数	m²	按设计图示尺寸以面积计算。 1. 平面防腐:扣除凸出地面的构筑物、设备基础等所占面积 2. 立面防腐:砖垛等突出部分按展开面积并入墙面积内	1. 基层清理 2. 刷涂料

表 9.12　隔热、保温(编码:010803)

项目编码	项目名称	项目特征	计量单位	工程量计算规则	工程内容
010803001	保温隔热屋面	1. 保温隔热部位 2. 保温隔热方式(内保温、外保温、夹心保温) 3. 踢脚线、勒脚线保温做法 4. 保温隔热面层材料品种、规格、性能 5. 保温隔热材料品种、规格 6. 隔气层厚度 7. 黏结材料种类 8. 防护材料种类	m²	按设计图示尺寸以面积计算。不扣除柱、垛所占面积	1. 基层清理 2. 铺粘保温层 3. 刷防护材料
010803002	保温隔热天棚				
010803003	保温隔热墙			按设计图示尺寸以面积计算。扣除门窗洞口所占面积;门窗洞口侧壁需做保温时,并入保温墙体工程量内	1. 基层清理 2. 底层抹灰 3. 粘贴龙骨 4. 填贴保温材料 5. 粘贴面层 6. 嵌缝 7. 刷防护材料
010803004	保温柱			按设计图示以保温层中心线展开长度乘以保温层高度计算	
010803005	隔热楼地面			按设计图示尺寸以面积计算。不扣除柱、垛所占面积	1. 基层清理 2. 铺设粘贴材料 3. 铺贴保温层 4. 刷防护材料

其他相关问题应按下列规定处理:

(1)保温隔热墙的装饰面层,应按 B.2 中相关项目编码列项。

(2)柱帽保温隔热应并入天棚保温隔热工程量内。

(3)池槽保温隔热,池壁、池底应分别编码列项,池壁应并入墙面保温隔热工程量内,池底应并入地面保温隔热工程量内。

9.3.3　防腐、隔热、保温工程计量

1. 防腐工程计量

除个别项目外,防腐工程均应区分不同防腐材料种类及其厚度,按设计实铺面积以 m² 计量。应注意扣除凸出地面的构筑物、设备基础等所占的面积;砖垛等突出墙面部分按展开面积计算,并入墙面防腐工程量之内。

踢脚板按实铺长度乘以高度以 m² 计算,应扣除门洞所占面积,并相应增加侧壁展开面积。

2. 保温隔热工程计量

(1) 保温隔热层应区别不同保温隔热材料,除另有规定者外,均按设计实铺厚度以 m³ 计算。

(2) 保温隔热层的厚度按隔热材料(不包括胶结材料)净厚度计算。

(3) 屋面、地面隔热层,按围护结构墙体间净面积乘以设计厚度以 m³ 计算,不扣除柱、垛所占的体积。屋面架空隔热层按实铺面积以 m² 计算。

(4) 墙体隔热层,内墙按隔热层净长乘以图示尺寸的高度及厚度以 m³ 计算,应扣除冷藏门洞口和管道穿墙洞口所占的体积。外墙外保温按实际展开面积计算。

(5) 柱包隔热层,按图示柱的隔热层中心线的展开长度乘以图示尺寸高度及厚度,以 m³ 计算。

(6) 天棚混凝土板下铺贴保温材料时,按设计实铺厚度以 m³ 计算。天棚板面上铺放保温材料时,按设计实铺面积以 m² 计算。

(7) 树脂珍珠岩板,按图示尺寸以 m² 计算,并扣除 0.3m² 以上孔洞所占的体积。

(8) 其他保温隔热。

① 池槽隔热层,按图示池槽保温隔热层的长、宽及其厚度以 m³ 计算。其中池壁按墙面计算,池底按地面计算。

② 门洞口侧壁周围的隔热部分,按图示隔热层尺寸以 m³ 计算,并入墙面的保温隔热工程量内。

③ 柱帽保温隔热层,按图示保温隔热层体积并入天棚保温隔热层工程量内。

④ 烟囱内壁表面隔热层,按筒身内壁并扣除各种孔洞后的面积,以 m² 计算。

⑤ 保温层排气管,按图示尺寸以延长米计算,不扣管件所占长度,保温层排气孔按不同材料以个计算。

(9) 钢结构面 FVC 防腐涂料,工程量按装饰装修工程消耗量定额中金属面油漆系数表规定,并乘以表列系数以 t 计算。

9.3.4 防腐、隔热、保温工程计价

防腐、隔热、保温工程清单计价时,应根据分部分项工程量清单中屋面项目名称及相应的特征描述和工作内容,结合施工组织设计、企业定额(或当地预算定额)分析组价。以《湖北省统一基价表》为例,清单组价时的应注意以下要点:

① 平面砌筑双层耐酸块料时,按单层面积乘以系数 2.0 计算。

② 防腐卷材接缝、附加层、收头等人工、材料,已计入在定额中,不再另行计算。

③ 防腐工程中的养护及酸化处理应包括在报价内。

④ 硫磺胶泥二次灌缝,按实体体积计算。

⑤ 保温的面层应包括在项目内,面层外的装饰面层按《计价规范》附录 B 相关项目报价。

9.3.5　实例分析

【例 9.4】　某办公楼屋面 24 女儿墙轴线尺寸 12m×50m,平屋面构造如图 9.6 所示。试计算屋面工程量,确定其定额直接工程费。

解　(1)屋面工程量的计算。

屋面坡度系数:

$$k = \sqrt{1+0.02^2} = 1.0002$$

屋面水平投影面积:

$$S = (50-0.24) \times (12-0.24) = 49.76 \times 11.76$$
$$= 585.18(\text{m}^2)$$

① 20 厚 1:3 水泥砂浆找平层。

$$S = 585.18(\text{m}^2)$$

② 泡沫珍珠岩保温层。

$$V = 585.15 \times (0.03 + 2\% \times 11.76 \div 2 \div 2)$$
$$= 51.96(\text{m}^3)$$

③ 15 厚 1:3 水泥砂浆找平层。

$$S = 585.29(\text{m}^2)$$

④ 二毡三油一砂卷材屋面。

$$S = 585.29 + (49.76+11.76) \times 2 \times 0.25$$
$$= 616.05(\text{m}^2)$$

⑤ 架空隔热层。

$$S = (49.76-0.24 \times 2) \times (11.76-0.24 \times 2) = 555.88(\text{m}^2)$$

(2)直接工程费的计算。根据分部分项工程名称,查找当地预算定额相应定额子目计算工程直接费。计算结果见表 9.13。

图 9.6　屋面平面图

混凝土架空隔热层
二毡三油一砂郑材屋面
冷底子油
15厚1:3水泥砂浆找平层
水泥珍珠岩保温层(最薄处30mm)
20厚1:3水泥砂浆找平层
120厚现浇板

表 9.13　单位工程预算表

序号	定额编号	子目名称	工程量		价值/元		其中/元	
			单位	数量	单价	合价	人工费	材料费
1	B1-19	找平层 水泥砂浆 混凝土或硬 基层上 厚度 20mm	100m²	5.85	666.50	3 901	1 370	2 409
2	A8-212	屋面保温 现浇水泥 珍珠岩	10m³	5.20	1 675.10	8 704	1 121	7 583
3	B1-20	找平层 水泥砂浆 填充材料上 厚度 20mm	100m²	5.85	724.41	4 240	1 405	2 685
4	B1-21	找平层 水泥砂浆 厚度 每增减 5mm	100m²	−5.85	140.02	−820	−248	−540
5	A7-36	油毡屋面 石油沥青玛碲脂卷材屋面 二毡三油 一砂	100m²	6.16	2 360.02	14 539	1 157	13 382
6	A8-218	架空隔热层 混凝土板面	100m²	5.56	2 882.96	16 026	5 045	10 547
7		合计				46 590	9 849	36 066

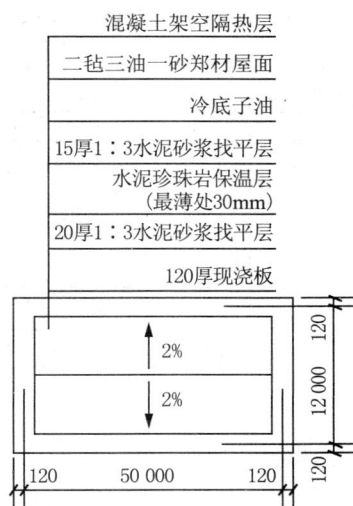

【例 9.5】 计算图 9.7 所示酸池防腐面层工程量及分部分项工程定额直接工程费。池底、壁找平层 15mm 厚,水玻璃耐酸砂浆贴耐酸瓷砖 65mm 厚。

解 (1) 工程量计算

工程量＝3.5×1.5＋(3.5＋1.5－0.08×2)×2×(2－0.08)＝23.84(m²)

(2) 定额直接工程费计算。根据分部分项工程名称,查找相应定额子目,A8-97 基价:15 678.51 元/100m²。

定额直接工程费＝0.2384 m²×15 678.51 元/100m²＝3737.76 元

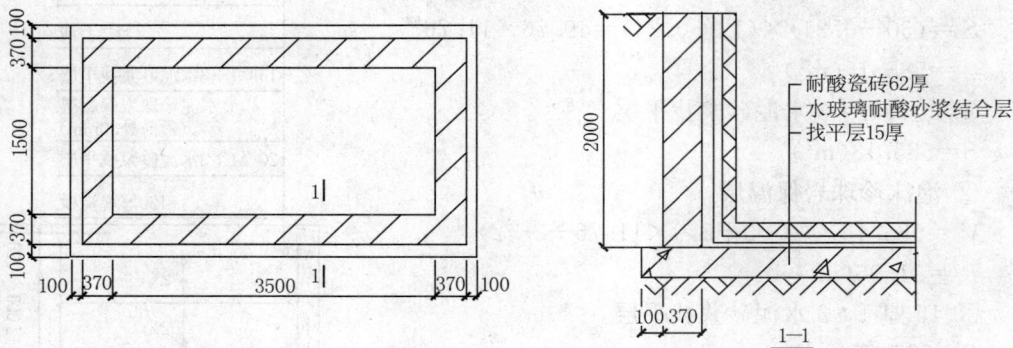

图 9.7 酸池平面及剖面图

【例 9.6】 如图 9.8 所示冷库,设计采用沥青贴软木保温层,厚 0.1m;顶棚做带木龙骨(40mm×40mm,间距 400mm×400mm)保温层,墙面 1∶1∶6 水泥石灰砂浆 15mm 打底附墙贴软木,地面直接铺保温层。门为保温门,不需考虑门及框保温。试计算分部分项工程清单项目费。

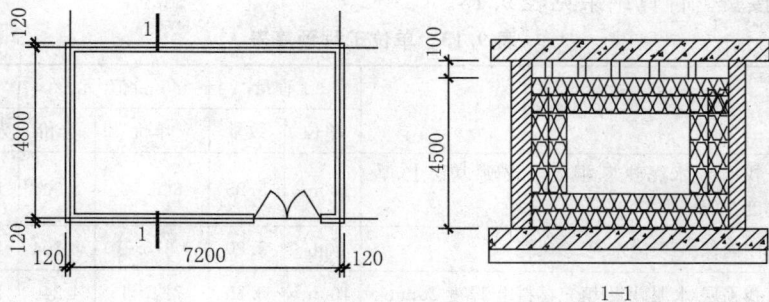

图 9.8 冷库平面及剖面图

解 (1) 分部分项工程量清单的编制。

① 查《计价规范》。

a. 保温隔热天棚项目编码:010803002001。

b. 保温隔热墙项目编码:010803003001。

c. 隔热楼地面项目编码:010803005001。

② 计算清单工程量。

a. 墙面保温（不计门框）：

$(7.2-0.24-0.1+4.8-0.24-0.1)\times2\times(4.5-0.1-0.1-0.1)-0.8\times2=93.48(m^2)$

b. 地面保温：$(7.2-0.24)\times(4.8-0.24)=31.74(m^2)$

c. 天棚保温：$(7.2-0.24)\times(4.8-0.24)=31.74(m^2)$

③ 编制分部分项工程量清单（表9.14）。

表9.14　分部分项工程量清单

工程名称：××建筑工程　　　　　　　　　　　　　　　　　　　　第1页　共1页

序号	项目编码	项目名称	计量单位	工程数量
1	010803002001	保温隔热天棚 1. 基层清理 2. 带木龙骨贴软木100mm厚 3. 刷防护材料	m²	31.74
2	010803003001	保温隔热墙 1. 基层清理 2. 1：1：6水泥石灰砂浆底， 3. 附墙沥青贴软木100mm厚 4. 刷防护材料	m²	93.48
3	010803005001	隔热楼地面 1. 基层清理 2. 沥青贴软木100mm厚 3. 刷防护材料	m²	31.78

（2）工程量清单项目费的计算。

① 计算计价工程量。以《湖北省统一基价表》为参考，计算计价工程量。

墙面抹底灰：$[(7.2-0.24)+(4.8-0.24)]\times2\times4.5-0.8\times2=102.10(m^2)$。

墙面保温（不计门框）：93.49m²。

地面保温：31.74m²。

天棚保温：31.74m²。

② 计算综合单价，编制单价计算表（表9.15～表9.17）。

表9.15　分部分项工程量清单综合单价计算

工程名称：××建筑工程　　　　　　　　　　　　　　　　　　计算单位：m²

项目编码：010803002001　　　　　　　　　　　　　　　　　工程数量：31.74

项目名称：保温隔热天棚　　　　　　　　　　　　　　　　综合单价：1207.65元/m²

序号	定额编号	工程内容	单位	数量	人工费	材料费	机械费	管理费	利润	小计/元
1	A8-221	天棚保温（带木龙骨）混凝土板下铺贴沥青软木	m²	1	161.40	967.22		45.15	33.86	1207.63
		小计			161.40	967.22		45.15	33.86	1207.63

表 9.16　分部分项工程量清单综合单价计算

工程名称：××建筑工程　　　　　　　　　　　　　　　　　　　　　　计算单位：m²

项目编码：010803003001　　　　　　　　　　　　　　　　　　　　　　工程数量：93.48

项目名称：保温隔热墙　　　　　　　　　　　　　　　　　　　　　综合单价：1077.95 元/m²

序号	定额编号	工程内容	单位	数量	综合单价组价/元					小计/元
					人工费	材料费	机械费	管理费	利润	
1	A8-235	墙体保温 沥青贴软木 附墙铺贴	m²	1	114.06	884.79		39.95	29.97	1068.77
	B2-36	混合砂浆墙面			4.49	3.70	0.26	0.34	0.25	9.05
		小计			118.59	888.59	0.26	40.30	30.22	1077.95

表 9.17　分部分项工程量清单综合单价计算

工程名称：××建筑工程　　　　　　　　　　　　　　　　　　　　　　计算单位：m²

项目编码：010803005001　　　　　　　　　　　　　　　　　　　　　　工程数量：31.74

项目名称：隔热楼地面　　　　　　　　　　　　　　　　　　　　综合单价：1110.11 元/m²

序号	定额编号	工程内容	单位	数量	综合单价组价/元					小计/元
					人工费	材料费	机械费	管理费	利润	
1	A8-248	楼地面隔热混 沥青贴软木	m²	1	109.74	927.75		41.50	31.13	1110.11
		小计			109.74	927.75		41.50	31.13	1110.11

③ 编制综合单价分析表。根据工程量清单和综合单价计算表编制综合单价分析表，见表 9.18。

表 9.18　分部分项工程量清单综合单价分析

工程名称：××建筑工程　　　　　　　　　　　　　　　　　　　　第 1 页　共 1 页

序号	项目编码	项目名称	工程内容	综合单价组价/元					综合单价/元
				人工费	材料费	机械费	管理费	利润	
1	010803002001	保温隔热天棚： 1. 基层清理 2. 带木龙骨贴软木 100mm 厚 3. 刷防护材料	天棚保温（带木龙骨）混凝土板下铺贴沥青软木	161.40	967.22		45.15	33.86	1207.63
2	010803003001	保温隔热墙： 1. 基层清理 2. 1：1：6 水泥石灰砂浆底， 3. 附墙沥青贴软木 100mm 厚 4. 刷防护材料	墙体保温贴沥青软木 附墙铺贴混合砂浆墙面	118.59	888.59	0.26	40.30	30.22	1077.95

续表

序号	项目编码	项目名称	工程内容	综合单价组价/元					综合单价/元
				人工费	材料费	机械费	管理费	利润	
3	010803005001	隔热楼地面： 1. 基层清理 2. 沥青贴软木 100mm 厚 3. 刷防护材料	楼地面隔热混沥青贴软木	109.74	927.75		41.50	31.13	1110.11

④ 计算清单项目费,编制清单计价表(表 9.19)。

表 9.19　分部分项工程量清单计价

工程名称:××建筑工程　　　　　　　　　　　　　　　　　　　　第 1 页　共 1 页

序号	项目编码	项目名称	计量单位	工程数量	金额/元	
					综合单价	合价
1	010803002001	保温隔热天棚： 1. 基层清理 2. 带木龙骨贴软木 100mm 厚 3. 刷防护材料	m²	31.74	1207.63	38 330.02
2	010803003001	保温隔热墙： 1. 基层清理 2. 1∶1∶6 水泥石灰砂浆底, 3. 附墙沥青贴软木 100mm 厚 4. 刷防护材料	m²	93.48	1077.95	100 766.34
3	010803005001	隔热楼地面： 1. 基层清理 2. 沥青贴软木 100mm 厚 3. 刷防护材料	m²	31.78	1110.11	35 234.99

复习思考题

1. 坡屋顶瓦屋面及保温层的工程量和清单量如何计算?
2. 平屋顶卷材屋面的工程量和清单量如何计算?
3. 屋面保温层及找平层的工程量和清单量如何计算?
4. 屋面混凝土隔热板的工程量和清单量如何计算?
5. 屋面分格缝的工程量怎样计算?

习　题

1. 有一两坡排水瓦屋面,其外墙中心线长为 40m,宽度为 15 m,四面出檐距外墙外边线 0.3 m,屋面坡度系数为 1∶1.333,外墙为 24 墙,试计算此屋面的屋面工程量。

2. 根据图 9.9 所示尺寸和条件计算屋面保温层工程量,保温层最薄处 30mm。

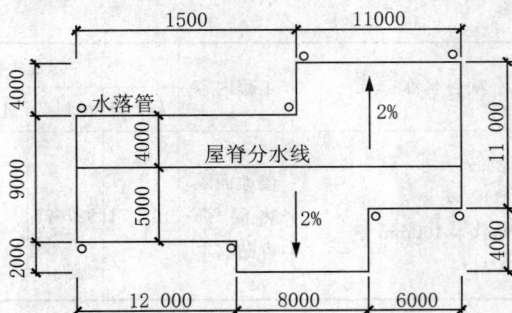

图 9.9　屋顶平面示意图

3. 根据图 9.10 所示的尺寸及工程做法完成以下工作：

（1）运用当地定额，计算屋面工程量和定额直接工程费。

（2）计算该屋面的清单工程量，编制分部分项工程量清单。

（3）运用当地定额及相关计价资料，计算该屋面工程的分部分项工程综合单价，编制分部分项工程量清单综合单价分析表、分部分项工程量清单计价表，计算清单项目费。

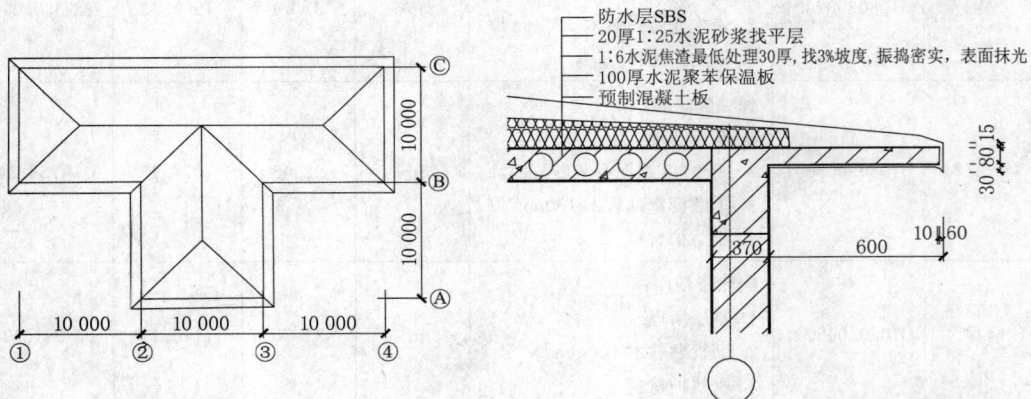

图 9.10　屋顶平面图及檐口大样

第 10 章　装饰装修工程

本章提示：

　　本章包括楼地面工程、墙柱面工程、天棚工程、门窗工程、油漆涂料裱糊工程、其他工程等。在详细介绍各分部分项工程的清单计量规则的基础上，以某地区装饰装修工程消耗量定额（以下简称"本定额"）为例，重点阐述了清单计价与定额计价的联系与区别。通过大量的实例，详细介绍了主要分部分项工程的综合单价的具体确定过程。通过本章的学习，要求读者掌握装饰装修工程清单计量方法及清单综合单价的确定方法，进行工程量清单的编制；同时，熟练应用地区定额及相关取费标准，完成装饰装修工程清单综合单价的编制。

10.1　楼地面工程

10.1.1　楼地面工程清单项目

　　1. 楼地面的构成

　　楼地面由基层、垫层、填充层、找平层、结合层、面层等构成。

　　1）基层

　　基层是指楼板、夯实的土基。

　　2）垫层

　　垫层是指承受地面荷载并均匀传递给基层的构造层，有混凝土垫层、砂石人工级配垫层、天然级配砂石垫层、灰土垫层、碎石碎砖垫层、三合土垫层、炉渣垫层等。

　　3）填充层

　　填充层是指在建筑楼地面上起隔音、保温、找坡或敷设暗管、暗线等作用的构造层，有轻质的松散材料（炉渣、膨胀蛭石、膨胀珍珠岩等）或块体材料（加气混凝土、泡沫混凝土、泡沫塑料、矿棉、膨胀珍珠岩、膨胀蛭石块和板材等）以及整体材料（沥青膨胀珍珠岩、沥青膨胀蛭石、水泥膨胀珍珠岩、膨胀蛭石等）。

4）找平层

找平层是指在垫层、楼板或填充层上起找平或加强等作用的构造层。一般是水泥砂浆找平层，有比较特殊要求的可采用细石混凝土、沥青砂浆、沥青混凝土等材料铺设。

5）隔离层

隔离层是指起防水、防潮作用的构造层，有卷材、防水砂浆、沥青砂浆或防水涂料等隔离层。

6）结合层

结合层是指面层与下层相结合的中间层，一般为砂浆结合层。

7）面层

面层是指整体面层（水泥砂浆、现浇水磨石、细石混凝土、菱苦土等面层）、块料面层（石材、陶瓷地砖、橡胶、塑料、竹、木地板）等面层。

8）面层中其他材料

（1）防护材料是耐酸、耐碱、耐臭氧、耐老化、防火、防油渗等材料。

（2）嵌条材料是用于水磨石的分格、做图案等的嵌条，如玻璃嵌条、铜嵌条、铝合金嵌条、不锈钢嵌条等。

（3）压线条是地毯、橡胶板、橡胶卷材铺设的压线条，如铝合金、不锈钢、铜压线条等。

（4）颜料是用于水磨石地面、踢脚线、楼梯、台阶和块料面层勾缝所需配置石子浆或砂浆内添加的颜料（耐碱的矿物颜料）。

（5）防滑条是用于楼梯、台阶踏步的防滑设施，如水泥玻璃屑，水泥钢屑，铜、铁防滑条等。

（6）地毯固定配件是用于固定地毯的压棍脚和压棍。

（7）扶手固定配件是用于楼梯、台阶的栏杆柱、栏杆、栏板与扶手相连接的固定件；靠墙扶手与墙连接的固定件。

（8）酸洗、打蜡磨光、磨石、菱苦土、陶瓷块料等，均可用酸洗（草酸）清洗油渍、污渍，然后打蜡（蜡脂、松香水、鱼油、煤油等按设计要求配合）和磨光。

2. 楼地面工程清单项目内容

楼地面工程包括整体面层，块料面层，橡塑面层，其他材料面层，踢脚线，楼梯装饰，扶手、栏杆、栏板装饰，台阶装饰，零星装饰项目九个子项，其工程量清单项目及工程量计算规则如表 10.1～表 10.9 所示。

表 10.1　整体面层(编码:020101)

项目编码	项目名称	项目特征	计量单位	工程量计算规则	工程内容
020101001	水泥砂浆楼地面	1. 垫层材料种类、厚度 2. 找平层厚度、砂浆配合比 3. 防水层厚度、材料种类 4. 面层厚度、砂浆配合比	m²	按设计图示尺寸以面积计算。扣除凸出地面构筑物、设备基础、室内铁道、地沟等所占面积,不扣除间壁墙和0.3 m²以内的柱、垛、附墙烟囱及孔洞所占面积。门洞、空圈、暖气包槽、壁龛的开口部分不增加面积	1. 基层清理 2. 垫层铺设 3. 抹找平层 4. 防水层铺设 5. 抹面层 6. 材料运输
020101002	现浇水磨石楼地面	1. 垫层材料种类、厚度 2. 找平层厚度、砂浆配合比 3. 防水层厚度、材料种类 4. 面层厚度、水泥石子浆配合比 5. 嵌条材料种类、规格 6. 石子种类、规格、颜色 7. 颜料种类、颜色 8. 图案要求 9. 磨光、酸洗、打蜡要求			1. 基层清理 2. 垫层铺设 3. 抹找平层 4. 防水层铺设 5. 面层铺设 6. 嵌缝条安装 7. 磨光、酸洗、打蜡 8. 材料运输
020101003	细石混凝土楼地面	1. 垫层材料种类、厚度 2. 找平层厚度、砂浆配合比 3. 防水层厚度、材料种类 4. 面层厚度、混凝土强度等级			1. 基层清理 2. 垫层铺设 3. 抹找平层 4. 防水层铺设 5. 面层铺设 6. 材料运输
020101004	菱苦土楼地面	1. 垫层材料种类、厚度 2. 找平层厚度、砂浆配合比 3. 防水层厚度、材料种类 4. 面层厚度 5. 打蜡要求			1. 清理基层 2. 垫层铺设 3. 抹找平层 4. 防水层铺设 5. 面层铺设 6. 打蜡 7. 材料运输

表 10.2　块料面层(编码:020102)

项目编码	项目名称	项目特征	计量单位	工程量计算规则	工程内容
020102001	石材楼地面	1. 垫层材料种类、厚度 2. 找平层厚度、砂浆配合比 3. 防水层、材料种类 4. 填充材料种类、厚度 5. 结合层厚度、砂浆配合比 6. 面层材料品种、规格、品牌、颜色 7. 嵌缝材料种类 8. 防护层材料种类 9. 酸洗、打蜡要求	m²	按设计图示尺寸以面积计算。扣除凸出地面构筑物、设备基础、室内铁道、地沟等所占面积,不扣除间壁墙和0.3m²以内的柱、垛、附墙烟囱及孔洞所占面积。门洞、空圈、暖气包槽、壁龛的开口部分不增加面积	1. 基层清理、铺设垫层、抹找平层 2. 防水层铺设、填充层 3. 面层铺设 4. 嵌缝 5. 刷防护材料 6. 酸洗、打蜡 7. 材料运输
020102002	块料楼地面				

表 10.3　橡塑面层(编码:020103)

项目编码	项目名称	项目特征	计量单位	工程量计算规则	工程内容
020103001	橡胶板楼地面	1. 找平层厚度、砂浆配合比 2. 填充材料种类、厚度 3. 粘结层厚度、材料种类 4. 面层材料品种、规格、品牌、颜色 5. 压线条种类	m²	按设计图示尺寸以面积计算。门洞、空圈、暖气包槽、壁龛的开口部分并入相应的工程量内	1. 基层清理、抹找平层 2. 铺设填充层 3. 面层铺贴 4. 压缝条装钉 5. 材料运输
020103002	橡胶卷材楼地面				
020103003	塑料板楼地面				
020103004	塑料卷材楼地面				

表 10.4　其他材料面层(编码:020104)

项目编码	项目名称	项目特征	计量单位	工程量计算规则	工程内容
020104001	楼地面地毯	1. 找平层厚度、砂浆配合比 2. 填充材料种类、厚度 3. 面层材料品种、规格、品牌、颜色 4. 防护材料种类 5. 黏结材料种类 6. 压线条种类	m²	按设计图示尺寸以面积计算。门洞、空圈、暖气包槽、壁龛的开口部分并入相应的工程量内	1. 基层清理、抹找平层 2. 铺设填充层 3. 铺贴面层 4. 刷防护材料 5. 装钉压条 6. 材料运输
020104002	竹木地板	1. 找平层厚度、砂浆配合比 2. 填充材料种类、厚度、找平层厚度、砂浆配合比 3. 龙骨材料种类、规格、铺设间距 4. 基层材料种类、规格 5. 面层材料品种、规格、品牌、颜色 6. 粘结材料种类 7. 防护材料种类 8. 油漆品种、刷漆遍数			1. 基层清理、抹找平层 2. 铺设填充层 3. 龙骨铺设 4. 铺设基层 5. 面层铺贴 6. 刷防护材料 7. 材料运输
020104003	防静电活动地板	1. 找平层厚度、砂浆配合比 2. 填充材料种类、厚度,找平层厚度、砂浆配合比 3. 支架高度、材料种类 4. 面层材料品种、规格、品牌、颜色 5. 防护材料种类			1. 基层清理、抹找平层 2. 铺设填充层 3. 固定支架安装 4. 活动面层安装 5. 刷防护材料 6. 材料运输
020104004	金属复合地板	1. 找平层厚度、砂浆配合比 2. 填充材料种类、厚度,找平层厚度、砂浆配合比 3. 龙骨材料种类、规格、铺设间距 4. 基层材料种类、规格 5. 面层材料品种、规格、品牌 6. 防护材料种类			1. 基层清理、抹找平层 2. 铺设填充层 3. 龙骨铺设 4. 基层铺设 5. 面层铺贴 6. 刷防护材料 7. 材料运输

表 10.5　踢脚线(编码:020105)

项目编码	项目名称	项目特征	计量单位	工程量计算规则	工程内容
020105001	水泥砂浆踢脚线	1. 踢脚线高度 2. 底层厚度、砂浆配合比 3. 面层厚度、砂浆配合比	m²	按设计图示长度乘以高度以面积计算	1. 基层清理 2. 底层抹灰 3. 面层铺贴 4. 勾缝 5. 磨光、酸洗、打蜡 6. 刷防护材料 7. 材料运输
020105002	石材踢脚线	1. 踢脚线高度 2. 底层厚度、砂浆配合比			
020105003	块料踢脚线	3. 粘结层厚度、材料种类 4. 面层材料品种、规格、品牌、颜色 5. 勾缝材料种类 6. 防护材料种类			
020105004	现浇水磨石踢脚线	1. 踢脚线高度 2. 底层厚度、砂浆配合比 3. 面层厚度、水泥石子浆配合比 4. 石子种类、规格、颜色 5. 颜料种类、颜色 6. 磨光、酸洗、打蜡要求			
020105005	塑料板踢脚线	1. 踢脚线高度 2. 底层厚度、砂浆配合比 3. 粘结层厚度、材料种类 4. 面层材料种类、规格、品牌、颜色			
020105006	木质踢脚线	1. 踢脚线高度 2. 底层厚度、砂浆配合比			1. 基层清理 2. 底层抹灰 3. 基层铺贴 4. 面层铺贴 5. 刷防护材料 6. 刷油漆 7. 材料运输
020105007	金属踢脚线	3. 基层材料种类 4. 面层材料品种、规格、品牌、颜色			
020105008	防静电踢脚线	5. 防护材料种类 6. 油漆品种、刷漆遍数			

表 10.6　楼梯装饰(编码:020106)

项目编码	项目名称	项目特征	计量单位	工程量计算规则	工程内容
020106001	石材楼梯面层	1. 找平层厚度、砂浆配合比 2. 黏结层厚度、材料种类 3. 面层材料品种、规格、品牌、颜色			1. 基层清理 2. 抹找平层 3. 面层铺贴 4. 贴嵌防滑条 5. 勾缝 6. 刷防护材料 7. 酸洗、打蜡 8. 材料运输
020106002	块料楼梯面层	4. 防滑条材料种类、规格 5. 勾缝材料种类 6. 防护层材料种类 7. 酸洗、打蜡要求			

项目编码	项目名称	项目特征	计量单位	工程量计算规则	工程内容
020106003	水泥砂浆楼梯面	1. 找平层厚度、砂浆配合比 2. 面层厚度、砂浆配合比 3. 防滑条材料种类、规格	m²	按设计图示尺寸以楼梯（包括踏步、休息平台及500mm以内的楼梯井）水平投影面积计算。楼梯与楼地面相连时,算至梯口梁内侧边沿;无梯口梁者,算至最上一层踏步边沿加300mm	1. 基层清理 2. 抹找平层 3. 抹面层 4. 抹防滑条 5. 材料运输
020106004	现浇水磨石楼梯面	1. 找平层厚度、砂浆配合比 2. 面层厚度、水泥石子浆配合比 3. 防滑条材料种类、规格 4. 石子种类、规格、颜色 5. 颜料种类、颜色 6. 磨光、酸洗、打蜡要求			1. 基层清理 2. 抹找平层 3. 抹面层 4. 贴嵌防滑条 5. 磨光、酸洗、打蜡 6. 材料运输
020106005	地毯楼梯面	1. 基层种类 2. 找平层厚度、砂浆配合比 3. 面层材料品种、规格、品牌、颜色 4. 防护材料种类 5. 黏结材料种类 6. 固定配件材料种类、规格			1. 基层清理 2. 抹找平层 3. 铺贴面层 4. 固定配件安装 5. 刷防护材料 6. 材料运输
020106006	木板楼梯面	1. 找平层厚度、砂浆配合比 2. 基层材料种类、规格 3. 面层材料品种、规格、品牌、颜色 4. 黏结材料种类 5. 防护材料种类 6. 油漆品种、刷漆遍数			1. 基层清理 2. 抹找平层 3. 基层铺贴 4. 面层铺贴 5. 刷防护材料、油漆 6. 材料运输

表 10.7　扶手、栏杆、栏板装饰(编码:020107)

项目编码	项目名称	项目特征	计量单位	工程量计算规则	工程内容
020107001	金属扶手带栏杆、栏板	1. 扶手材料种类、规格、品牌、颜色 2. 栏杆材料种类、规格、品牌、颜色 3. 栏板材料种类、规格、品牌、颜色 4. 固定配件种类 5. 防护材料种类 6. 油漆品种、刷漆遍数	m	按设计图纸尺寸以扶手中心线长度(包括弯头长度)计算	1. 制作 2. 运输 3. 安装 4. 刷防护材料 5. 刷油漆
020107002	硬木扶手带栏杆、栏板				
020107003	塑料扶手带栏杆、栏板				
020107004	金属靠墙扶手	1. 扶手材料种类、规格、品牌、颜色 2. 固定配件种类 3. 防护材料种类 4. 油漆品种、刷漆遍数			
020107005	硬木靠墙扶手				
020107006	塑料靠墙扶手				

表 10.8　台阶装饰(编码:020108)

项目编码	项目名称	项目特征	计量单位	工程量计算规则	工程内容
020108001	石材台阶面	1. 垫层材料种类、厚度 2. 找平层厚度、砂浆配合比 3. 黏结层材料种类 4. 面层材料品种、规格、品牌、颜色	m²	按设计图示尺寸以台阶(包括最上层踏步边沿加 300mm)水平投影面积计算	1. 基层清理 2. 铺设垫层 3. 抹找平层 4. 面层铺贴 5. 贴嵌防滑条 6. 勾缝 7. 刷防护材料 8. 材料运输
020108002	块料台阶面	5. 勾缝材料种类 6. 防滑条材料种类、规格 7. 防护材料种类			
020108003	水泥砂浆台阶面	1. 垫层材料种类、厚度 2. 找平层厚度、砂浆配合比 3. 面层厚度、砂浆配合比 4. 防滑条材料种类			1. 清理基层 2. 铺设垫层 3. 抹找平层 4. 抹面层 5. 贴嵌防滑条 6. 材料运输
020108004	现浇水磨石台阶面	1. 垫层材料种类、厚度 2. 找平层厚度、砂浆配合比 3. 面层厚度、水泥石子浆配合比 4. 防滑条材料种类、规格 5. 石子种类、规格、颜色 6. 颜料种类、颜色 7. 磨光、酸洗、打蜡要求			1. 清理基层 2. 铺设垫层 3. 抹找平层 4. 抹面层 5. 贴嵌防滑条 6. 打磨、酸洗、打蜡 7. 材料运输
020108005	剁假石台阶面	1. 垫层材料种类、厚度 2. 找平层厚度、砂浆配合比 3. 面层厚度、砂浆配合比 4. 剁假石要求			1. 清理基层 2. 铺设垫层 3. 抹找平层 4. 抹面层 5. 剁假石 6. 材料运输

表 10.9　零星装饰项目(编码:020109)

项目编码	项目名称	项目特征	计量单位	工程量计算规则	工程内容
020109001	石材零星项目	1. 工程部位 2. 找平层厚度、砂浆配合比 3. 黏结合层厚度、材料种类 4. 面层材料品种、规格、品牌、颜色 5. 勾缝材料种类 6. 防护材料种类 7. 酸洗、打蜡要求	m²	按设计图示尺寸以面积计算	1. 清理基层 2. 抹找平层 3. 面层铺贴 4. 勾缝 5. 刷防护材料 6. 酸洗、打蜡 7. 材料运输
020109002	碎拼石材零星项目				
020109003	块料零星项目				
020109004	水泥砂浆零星项目	1. 工程部位 2. 找平层厚度、砂浆配合比 3. 面层厚度、砂浆厚度			1. 清理基层 2. 抹找平层 3. 抹面层 4. 材料运输

10.1.2　楼地面工程计量

1. 整体面层

整体面层是指在较大面积范围内，一次浇注同种材料而成的楼地面层，适用于楼面、地面所做的整体面层工程。

整体面层的工程量按设计图示尺寸以面积计算。扣除凸出地面构筑物、设备基础、室内铁道、地沟等所占面积，不扣除间壁墙和 0.3 m² 以内的柱、垛、附墙烟囱及孔洞所占面积。门洞、空圈、暖气包槽、壁龛的开口部分不增加面积。

【例 10.1】 某商店平面如图 10.1 所示，地面构造做法为：20mm 厚 1：2 水泥砂浆抹面压实抹光；刷素水泥浆结合层一道；60mm 厚 C20 细石混凝土找平层；聚氨酯涂膜防水层 1.5～1.8mm；40mm 厚 C20 细石混凝土随打随抹平；150mm 厚 3：7 灰土垫层；素土夯实。试计算水泥砂浆楼地面清单工程量。

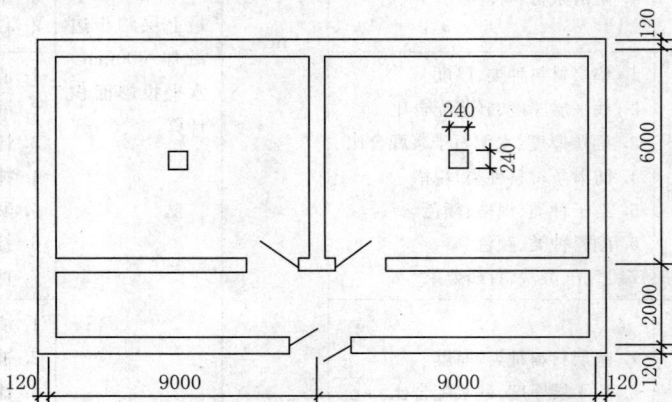

图 10.1　某商店平面图

解　水泥砂浆楼地面清单工程量按设计图示尺寸以面积计算，不扣除 0.3m² 以内的柱所占面积，即

$S = (9.00 - 0.12 \times 2) \times (6.00 - 0.12 \times 2) \times 2 + (9.00 \times 2 - 0.12 \times 2) \times (2.00 - 0.12 \times 2)$

$\quad = 132.17 (\text{m}^2)$

水泥砂浆楼地面工程量清单见表 10.10。

表 10.10　分部分项工程量清单

工程名称：　　　　　　　　　　　　　　　　　　　　　　　　　　　　　　　　第　页　共　页

序号	项目编码	项目名称	项目特征描述	计量单位	工程量
1	020101001001	水泥砂浆楼地面	1. 垫层：150mm 厚 3：7 灰土 2. 找平：40mm 厚 C20 细石混凝土 3. 防水层：聚氨酯涂膜防水层 1.5～1.8mm 4. 找平：60mm 厚 C20 细石混凝土 4. 面层：20mm 厚 1：2 水泥砂浆	m²	132.17

2. 块料面层

块料面层适用于楼面、地面所做的块料面层工程。

块料面层工程量按设计图示尺寸以面积计算。扣除凸出地面构筑物、设备基础、室内铁道、地沟等所占面积，不扣除间壁墙和 0.3 m² 以内的柱、垛、附墙烟囱及孔洞所占面积。门洞、空圈、暖气包槽、壁龛的开口部分不增加面积。

【例 10.2】　某商店平面如图 10.1 所示，地面构造做法为：20mm 厚磨光大理石楼面，白水泥浆擦缝；撒素水泥面；30mm 厚 1：4 干硬性水泥砂浆结合层；20mm 厚 1：3 水泥砂浆找平层；现浇钢筋混凝土楼板。试计算石材楼地面清单工程量。

解　石材楼地面清单工程量按设计图示尺寸以面积计算，不扣除 0.3m² 以内的柱所占面积，即

$$S=(9.00-0.12\times2)\times(6.00-0.12\times2)\times2+(9.00\times2-0.12\times2)\times(2.00-0.12\times2)$$
$$=132.17(m^2)$$

石材楼地面工程量清单如表 10.11 所示。

表 10.11　分部分项工程量清单

工程名称：　　　　　　　　　　　　　　　　　　　　　　　　　　　第　页　共　页

序号	项目编码	项目名称	项目特征描述	计量单位	工程量
1	020102001001	石材楼地面	1. 找平层：20mm 厚 1：3 水泥砂浆 2. 结合层：30mm 厚 1：4 干硬性水泥砂浆 3. 面层：20mm 厚磨光大理石（500×500）	m²	132.17

3. 踢脚线

踢脚线按材料不同划分清单项目，其工程量按设计图示长度乘以高度以面积计算。

【例 10.3】　某房屋平面如图 10.2 所示，室内为水泥砂浆地面，踢脚线做法为 1：2 水泥砂浆踢脚线，厚度为 20mm。试计算水泥砂浆踢脚线清单工程量。

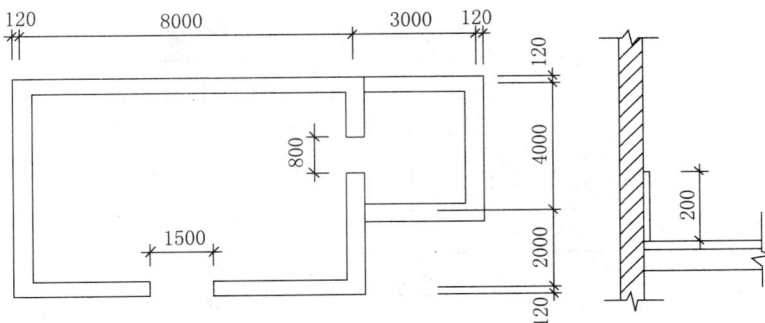

图 10.2　某房屋平面图及踢脚剖面图

解　水泥砂浆踢脚线清单工程量按图示长度乘以高度以面积计算。

（1）踢脚线长度

$L=(8.00-0.24)×2-1.5(门宽)+(6.00-0.24)×2-0.8(门宽)+(4.00-0.24)×2$
$-0.8(门宽)+(3.00-0.24)×2+1/2×0.24×6(门侧边)=37.70(m)$

（2）踢脚线面积

$S=L×0.20=37.70×0.20=7.54(m^2)$

水泥砂浆踢脚线工程量清单如表 10.12 所示。

表 10.12　分部分项工程量清单

工程名称：　　　　　　　　　　　　　　　　　　　　　　　　　　　第　页　共　页

序号	项目编码	项目名称	项目特征描述	计量单位	工程量
1	020105001001	水泥砂浆踢脚线	1. 踢脚线高度：200mm 2. 20mm 厚 1：2 水泥砂浆	m²	7.54

4．楼梯装饰

1）工程量计算规则

按设计图示尺寸以楼梯（包括踏步、休息平台及 500mm 以内的楼梯井）水平投影面积计算。楼梯与楼地面相连时，算至梯口梁内侧边沿；无梯口梁者，算至最上一层踏步边沿加 300mm。

2）注意事项

楼梯侧面抹灰及 0.5m² 以内少量分散的楼地面装修应按楼地面工程中零星装饰项目编码列项。楼梯底面抹灰按天棚工程相应项目执行。

【例 10.4】　某二层楼房，双跑楼梯平面如图 10.3 所示，工程做法为：20mm 厚芝麻白磨光花岗岩（600mm×600mm）铺面；撒素水泥面（洒适量水）；30mm 厚 1：4 干硬性水泥砂浆结合层；刷素水泥浆一道。试计算花岗岩楼梯面层清单工程量。

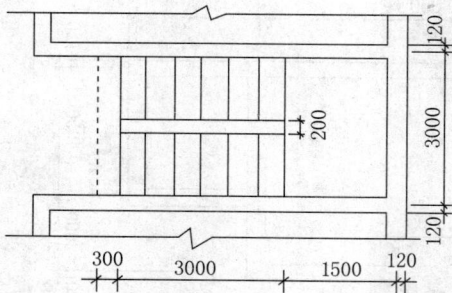

图 10.3　楼梯平面示意图

解　石材楼梯面层清单工程量按设计图示尺寸以楼梯（包括踏步、休息平台及500mm 以内的楼梯井）水平投影面积计算，即

$$S=(3.00-0.24)\times(0.30+3.00+1.50-0.12)=12.92(\mathrm{m}^2)$$

花岗岩楼梯面层工程量清单如表 10.13 所示。

表 10.13　分部分项工程量清单

工程名称：　　　　　　　　　　　　　　　　　　　　　　　　　　　　第　页　共　页

序号	项目编码	项目名称	项目特征描述	计量单位	工程量
1	020106001001	石材楼梯面层	1. 结合层：30mm 厚 1：4 干硬性水泥砂浆 2. 面层：20mm 厚芝麻白磨光花岗岩（600mm×600mm）	m²	12.92

5. 台阶装饰

1）工程量计算规则

按设计图示尺寸以台阶（包括最上层踏步边沿加 300mm）水平投影面积计算。

2）注意事项

台阶面层与平台面层是同一种材料时，平台面层与台阶面层不可重复计算。当台阶计算最上一层踏步加 300mm 时，则平台面层中必须扣除该面积。如果平台与台阶以平台外沿为分界线，在台阶报价时，最上一步台阶的踢面应考虑在台阶的报价中。台阶侧面装饰不包括在台阶面层项目内，应按零星装饰项目编码列项。

【例 10.5】　某带翼墙台阶贴花岗岩面层，如图 10.4 所示，工程做法为：30mm 厚芝麻白机刨花岗岩（600mm×600mm）铺面，稀水泥擦缝；撒素水泥面（洒适量水）；30mm 厚1：4 干硬性水泥砂浆结合层；刷素水泥浆一道；60mm 厚 C15 混凝土；150mm 厚 3：7 灰土垫层；素土夯实。试计算花岗岩台阶面清单工程量。

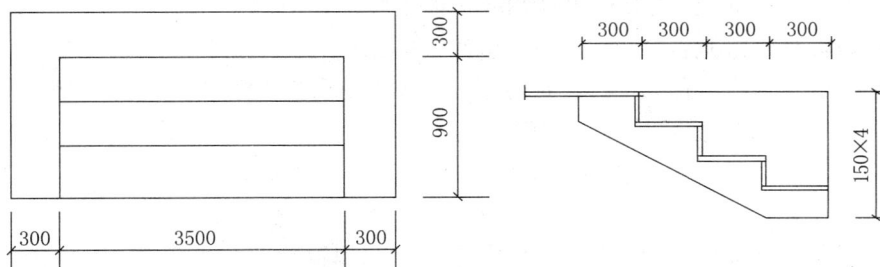

图 10.4　台阶平面示意图及剖面图

解　石材台阶面按设计图示尺寸以台阶（包括最上层踏步边沿加 300mm）水平投影面积计算，即

$$S=3.50\times(0.90+0.30)=4.20(\mathrm{m}^2)$$

花岗岩台阶面工程量清单如表 10.14 所示。

表 10.14　分部分项工程量清单

工程名称：　　　　　　　　　　　　　　　　　　　　　　　　　　　　　第　页　共　页

序号	项目编码	项目名称	项目特征描述	计量单位	工程量
1	020108001001	石材台阶面	1. 垫层：150mm 厚 3∶7 灰土 2. 找平层：60mm 厚 C15 混凝土 3. 黏结层：30mm 厚 1∶4 干硬性水泥砂浆 4. 面层：30mm 厚芝麻白机刨花岗岩（600mm×600mm）	m²	4.20

6. 零星装饰项目

零星装饰项目适用于小面积（0.5m² 以内）少量分散的楼地面装饰项目。其工程量按设计图示尺寸以面积计算。

10.1.3　楼地面工程计价

1. 楼地面工程清单计价要点

1）整体面层

整体面层子目包括基层和装饰面层，不包括找平层，设计有找平层时按找平层相应项目计算。整体面层、找平层按主墙间净面积以 m² 计算，地面垫层按室内主墙间净面积乘以厚度以 m³ 计算。看台台阶、阶梯教室地面整体面层按展开后净面积计算。

2）块料面层

（1）清单计量规则：块料面层按设计图示尺寸以面积计算，门洞、空圈、暖气包槽、壁龛的开口部分不增加面积，其计量规则同整体面层。

（2）定额计量规则：本定额规定楼地面块料面层、木地板、防静电地板、地毯工程量按主墙间图示尺寸的实铺面积以 m² 计算，门洞、空圈、暖气包槽、壁龛的开口部分并入相应的工程量内。

3）踢脚线

（1）清单计量规则：踢脚线按设计图示长度乘以高度以面积计算，但是楼梯的踢脚线，《计价规范》未明确要求，为便于计算，可将楼梯踢脚线合并在楼梯内报价，只是在清单项目特征一栏把踢脚线描绘清楚，在报价时不要遗漏。

（2）定额计量规则：本定额踢脚线工程量按延长米计算，洞口空圈长度不予扣除，洞口、空圈、墙垛、附墙烟囱等侧壁长度也不增加。踢脚线定额内，高度是按 150mm 计算的，设计高度与定额高度不同时，定额内的材料用量可以换算，人工和机械用量不再调整。

4) 台阶

（1）清单计量规则：台阶面层无论是整体面层还是块料面层，均按设计图示尺寸以台阶（包括最上层踏步边沿加 300mm）水平投影面积计算。

（2）定额计量规则：本定额规定整体面层按水平投影面积计算，块料面层按展开（包括两侧）实铺面积计算。

同时，有填充层和隔离层的楼地面往往有二层找平层，报价时应注意。

2. 楼地面工程清单计价示例

为了便于在实际工作中指导清单项目设置和综合单价分析，结合本定额，表 10.15 列出了块料面层中石材楼地面清单项目可组合的主要内容及对应的消耗量定额子目。

表 10.15 块料面层组价内容

项目编码	项目名称	计量单位	主要工程内容		对应定额子目
020102001	石材楼地面	m²	1. 铺设垫层		建 9-1～9-29
			2. 抹找平层		建 9-30～9-34
			3. 防水层铺设	卷材防水	建 8-38～8-60
				涂膜防水	建 8-61～8-98
				砂浆抹面防水	建 8-99～8-102
				变形缝	建 8-103～8-143
			4. 面层铺设	大理石	1-1～1-4
				花岗岩	1-9～1-12
			5. 嵌缝	块料面层铜条	1-71～1-72
			6. 刷防护材料	石材底面刷养护液	1-79
				石材表面刷保护液	1-80
			7. 酸洗、打蜡		1-81

【例 10.6】 根据例 10.2 中石材楼地面清单项目，试确定此清单项目的综合单价及合价。商店门洞尺寸均为 900mm×2100mm。

解 根据例 10.2 知道石材楼地面清单工程量为 132.17m²，依据表 10.15，花岗岩石材楼地面对应的消耗量定额子目是 1-9，计量单位是 m²，20mm 厚水泥砂浆找平层对应的消耗量定额子目是建 9-30。

1）施工工程量计算

（1）花岗岩块料面层施工工程量按主墙间图示尺寸的实铺面积以 m² 计算，即

$$S_{面层}=132.17-0.24\times0.24\times2（独立柱）+(0.90\times0.24\times2+0.90\times0.12)（门洞开口部分）$$

$$=132.59(\text{m}^2)$$

(2) 找平层施工工程量按主墙间图示尺寸面积以 m^2 计算,不扣除柱所占面积,门洞、空圈、暖气包槽、壁龛开口部分的面积不增加,即

$$S_{\text{找平层}}=(9.00-0.12\times2)\times(6.00-0.12\times2)\times2+(9.00\times2-0.12\times2)$$
$$\times(2.00-0.12\times2)$$
$$=132.17(\text{m}^2)$$

2) 综合单价计算

依据定额子目 1—9、建 9—30 和本地区市场价可查得,花岗岩楼地面 1m^2 人工费为 5.96 元,材料费为 313.21 元,机械费为 0.13 元;20mm 厚 1:3 水泥砂浆找平层每 m^2 人工费为 1.88 元,材料费为 3.97 元,机械费为 0.17 元。

参考本地区建设工程费用定额,管理费和利润的计费基数均为直接工程费中的人工费,费率分别为 29% 和 21%,即花岗岩块料面层管理费和利润单价为 2.98 元/m^2,找平层管理费和利润单价为 0.94 元/m^2。

(1) 本工程花岗岩楼地面直接工程费。

① 花岗岩面层直接工程费为

$$132.59\times(5.96+313.21+0.13)=42\ 335.99(\text{元})$$

其中

$$\text{人工费}=132.59\times5.96=790.24(\text{元})$$

② 找平层直接工程费为

$$132.17\times(1.88+3.97+0.17)=795.66(\text{元})$$

其中

$$\text{人工费}=132.17\times1.88=248.48(\text{元})$$

(2) 本工程管理费和利润合计。

① 花岗岩面层理费和利润合计为

$$132.59\times2.98=395.12(\text{元})$$

② 找平层理费和利润合计为

$$132.17\times0.94=124.24(\text{元})$$

(3) 本工程花岗岩楼地面综合单价为

$$(42\ 335.99+395.12+795.66+124.24)/132.17(\text{清单工程量})=330.26(\text{元}/\text{m}^2)$$

3) 本工程合价计算

$$330.26\times132.17=43\ 651.01(\text{元})$$

花岗岩楼地面清单项目综合单价计算分析表见表 10.16。

表 10.16　工程量清单综合单价分析表

工程名称：　　　　　　　　　　　　　　　　　　　　　　　　　　　第　页　共　页

项目编号	020102001001		项目名称		石材楼地面		计量单位		m²
清单综合单价组成明细									
定额编号	定额名称	定额单位	数量	单价/(元/m²)				合价/元	

定额编号	定额名称	定额单位	数量	人工费	材料费	机械费	管理费和利润	人工费	材料费	机械费	管理费和利润
1-9	花岗岩	m²	132.59	5.96	313.21	0.13	2.98	790.24	41 528.51	17.24	395.12
建 9-30	找平层	m²	132.17	1.88	3.97	0.17	0.94	248.48	524.71	22.47	124.24
人工单价	小　计							1 038.72	42 053.22	39.71	519.36
23.43 元/工日	未计价材料费							—			
清单项目综合单价(元/ m²)								330.26			

10.2　墙、柱面工程

10.2.1　墙、柱面工程清单项目

墙、柱面工程包括墙面抹灰、柱面抹灰、零星抹灰、墙面镶贴块料、柱面镶贴块料、零星镶贴块料、墙饰面、柱(梁)饰面、隔断、幕墙等 10 个子项,其工程量清单项目及工程量计算规则如表 10.17～表 10.26 所示。

表 10.17　墙面抹灰(编码:020201)

项目编码	项目名称	项目特征	计量单位	工程量计算规则	工程内容
020201001	墙面一般抹灰	1. 墙体类型 2. 底层厚度、砂浆配合比 3. 面层厚度、砂浆配合比 4. 装饰面材料种类 5. 分格缝宽度、材料种类	m²	按设计图示尺寸以面积计算。扣除墙裙、门窗洞口及单个 0.3m² 以外的孔洞面积,不扣除踢脚线、挂镜线和墙与构件交接处的面积,门窗洞口及孔洞的侧壁及顶面不增加面积。附墙柱、梁、垛、烟囱侧壁并入相应的墙饰面面积内 　1. 外墙抹灰面积按外墙垂直投影面积计算 　2. 外墙裙抹灰面积按其长度乘以高度计算 　3. 内墙抹灰面积按主墙间的净长乘以高度计算 　(1) 无墙裙的,高度按室内楼地面至天棚底面计算 　(2) 有墙裙的,高度按墙裙顶至天棚底面计算 　4. 内墙裙抹灰面积按内墙净长乘以高度计算	1. 基层清理 2. 砂浆制作、运输 3. 底层抹灰 4. 抹面层 5. 抹装饰面 6. 勾分格缝
020201002	墙面装饰抹灰				
020201003	墙面勾缝	1. 墙体类型 2. 勾缝类型 3. 勾缝材料种类			1. 基层清理 2. 砂浆制作、运输 3. 勾缝

表 10.18　柱面抹灰(编码:020202)

项目编码	项目名称	项目特征	计量单位	工程量计算规则	工程内容
020202001	柱面一般抹灰	1. 柱体类型 2. 底层厚度、砂浆配合比 3. 面层厚度、砂浆配合比 4. 装饰面材料种类 5. 分格缝宽度、材料种类	m²	按设计图示柱断面周长乘以高度以面积计算	1. 基层清理 2. 砂浆制作、运输 3. 底层抹灰 4. 抹面层 5. 抹装饰面 6. 勾分格缝
020202002	柱面装饰抹灰				
020202003	柱面勾缝	1. 柱体类型 2. 勾缝类型 3. 勾缝材料种类			1. 基层清理 2. 砂浆制作、运输 3. 勾缝

表 10.19　零星抹灰(编码:020203)

项目编码	项目名称	项目特征	计量单位	工程量计算规则	工程内容
020203001	零星项目一般抹灰	1. 墙体类型 2. 底层厚度、砂浆配合比 3. 面层厚度、砂浆配合比 4. 装饰面材料种类 5. 分格缝宽度、材料种类	m²	按设计图示尺寸以面积计算	1. 基层清理 2. 砂浆制作、运输 3. 底层抹灰 4. 抹面层 5. 抹装饰面 6. 勾分格缝
020203002	零星项目装饰抹灰				

表 10.20　墙面镶贴块料(编码:020204)

项目编码	项目名称	项目特征	计量单位	工程量计算规则	工程内容
020204001	石材墙面	1. 墙体类型 2. 底层厚度、砂浆配合比 3. 结合层厚度、材料种类 4. 挂贴方式 5. 干挂方式(膨胀螺栓、钢龙骨) 6. 面层材料品种、规格、品牌、颜色 7. 缝宽、嵌缝材料种类 8. 防护材料种类 9. 磨光、酸洗、打蜡要求	m²	按设计图示尺寸以面积计算	1. 基层清理 2. 砂浆制作、运输 3. 底层抹灰 4. 结合层铺贴 5. 面层铺贴 6. 面层挂贴 7. 面层干挂 8. 嵌缝 9. 刷防护材料 10. 磨光、酸洗、打蜡
020204002	碎拼石材墙面				
020204003	块料墙面				
020204004	干挂石材钢骨架	1. 骨架种类、规格 2. 油漆品种、刷油遍数	t	按设计图示尺寸以质量计算	1. 骨架制作、运输、安装 2. 骨架油漆

表 10.21　柱面镶贴块料（编码：020205）

项目编码	项目名称	项目特征	计量单位	工程量计算规则	工程内容
020205001	石材柱面	1. 柱体材料 2. 柱截面类型、尺寸 3. 底层厚度、砂浆配合比 4. 粘结层厚度、材料种类 5. 挂贴方式 6. 干贴方式 7. 面层材料品种、规格、品牌、颜色 8. 缝宽、嵌缝材料种类 9. 防护材料种类 10. 磨光、酸洗、打蜡要求	m²	按设计图示尺寸以镶贴表面积计算	1. 基层清理 2. 砂浆制作、运输 3. 底层抹灰 4. 结合层铺贴 5. 面层铺贴 6. 面层挂贴 7. 面层干挂 8. 嵌缝 9. 刷防护材料 10. 磨光、酸洗、打蜡
020205002	拼碎石材柱面				
020205003	块料柱面				
020205004	石材梁面	1. 底层厚度、砂浆配合比 2. 粘结层厚度、材料种类 3. 面层材料品种、规格、品牌、颜色 4. 缝宽、嵌缝材料种类 5. 防护材料种类 6. 磨光、酸洗、打蜡要求			1. 基层清理 2. 砂浆制作、运输 3. 底层抹灰 4. 结合层铺贴 5. 面层铺贴 6. 面层挂贴 7. 嵌缝 8. 刷防护材料 9. 磨光、酸洗、打蜡
020205005	块料梁面				

表 10.22　零星镶贴块料（编码：020206）

项目编码	项目名称	项目特征	计量单位	工程量计算规则	工程内容
020206001	石材零星项目	1. 柱、墙体类型 2. 底层厚度、砂浆配合比 3. 粘结层厚度、材料种类 4. 挂贴方式 5. 干挂方式 6. 面层材料品种、规格、品牌、颜色 7. 缝宽、嵌缝材料种类 8. 防护材料种类 9. 磨光、酸洗、打蜡要求	m²	按设计图示尺寸以面积计算	1. 基层清理 2. 砂浆制作、运输 3. 底层抹灰 4. 结合层铺贴 5. 面层铺贴 6. 面层挂贴 7. 面层干挂 8. 嵌缝 9. 刷防护材料 10. 磨光、酸洗、打蜡
020206002	拼碎石材零星项目				
020206003	块料零星项目				

表 10.23　墙饰面(编码:020207)

项目编码	项目名称	项目特征	计量单位	工程量计算规则	工程内容
020207001	装饰板墙面	1. 墙体类型 2. 底层厚度、砂浆配合比 3. 龙骨材料种类、规格、中距 4. 隔离层材料种类、规格 5. 基层材料种类、规格 6. 面层材料品种、规格、品牌、颜色 7. 压条材料种类、规格 8. 防护材料种类 9. 油漆品种、刷漆遍数	m²	按设计图示墙净长乘以净高以面积计算。扣除门窗洞口及单个 0.3m² 以上的孔洞所占面积	1. 基层清理 2. 砂浆制作、运输 3. 底层抹灰 4. 龙骨制作、运输、安装 5. 钉隔离层 6. 基层铺钉 7. 面层铺贴 8. 刷防护材料、油漆

表 10.24　柱(梁)饰面(编码:020208)

项目编码	项目名称	项目特征	计量单位	工程量计算规则	工程内容
020208001	柱(梁)面装饰	1. 柱(梁)体类型 2. 底层厚度、砂浆配合比 3. 龙骨材料种类、规格、中距 4. 隔离层材料种类 5. 基层材料种类、规格 6. 面层材料品种、规格、品牌、颜色 7. 压条材料种类、规格 8. 防护材料种类 9. 油漆品种、刷漆遍数	m²	按设计图示饰面外围尺寸以面积计算。柱帽、柱墩并入相应柱饰面工程量内	1. 清理基层 2. 砂浆制作、运输 3. 底层抹灰 4. 龙骨制作、运输、安装 5. 钉隔离层 6. 基层铺钉 7. 面层铺贴 8. 刷防护材料、油漆

表 10.25　隔断(编码:020209)

项目编码	项目名称	项目特征	计量单位	工程量计算规则	工程内容
020209001	隔断	1. 骨架、边框材料种类、规格 2. 隔板材料品种、规格、品牌、颜色 3. 嵌缝、塞口材料品种 4. 压条材料种类 5. 防护材料种类 6. 油漆品种、刷漆遍数	m²	按设计图示框外围尺寸以面积计算。扣除单个 0.3m² 以上的孔洞所占面积;浴厕门的材质与隔断相同时,门的面积并入隔断面积内	1. 骨架及边框制作、运输、安装 2. 隔板制作、运输、安装 3. 嵌缝、塞口 4. 装钉压条 5. 刷防护材料、油漆

表 10.26 幕墙(编码:0202010)

项目编码	项目名称	项目特征	计量单位	工程量计算规则	工程内容
020210001	带骨架幕墙	1. 骨架材料种类、规格、中距 2. 面层材料品种、规格、品牌、颜色 3. 面层固定方式 4. 嵌缝、塞口材料种类	m²	按设计图示框外围尺寸以面积计算。与幕墙同种材质的窗所占面积不扣除	1. 骨架制作、运输、安装 2. 面层安装 3. 嵌缝、塞口 4. 清洗
020210002	全玻幕墙	1. 玻璃品种、规格、品牌、颜色 2. 黏结塞口材料种类 3. 固定方式		按设计图示尺寸以面积计算,带肋全玻幕墙按展开面积计算	1. 幕墙安装 2. 嵌缝、塞口 3. 清洗

墙、柱面工程有关项目特征说明如下:

(1)墙体类型。墙体类型是指砖墙、石墙、混凝土墙、砌块墙和内墙、外墙等。

(2)勾缝类型。勾缝类型是指清水砖墙、砖柱的加浆勾缝(平缝或凹缝),石墙、石柱的勾缝(如平缝、平凹缝、平凸缝、半圆凹缝、半圆凸缝和三角凸缝等)。

(3)挂贴方式。挂贴方式是指对大规格的石材(大理石、花岗石、青石等)使用先挂后灌浆的方式固定于墙、柱面。

(4)干挂方式。干挂方式包括直接干挂法和间接干挂法。直接干挂法是通过不锈钢膨胀螺栓、不锈钢挂件、不锈钢连接件、不锈钢钢针等,将外墙饰面板连接在外墙墙面;间接干挂法是通过固定在墙、柱、梁上的龙骨,再通过各种挂件固定外墙饰面板。

(5)嵌缝材料。嵌缝材料是指嵌缝砂浆、嵌缝油膏、密封胶封水材料等。

(6)防护材料。防护材料是指石材等防碱背涂处理剂和面层防酸涂剂等。

(7)基层材料。基层材料是指面层内的底板材料,如木墙裙、木护墙、木板隔墙等,在龙骨上粘贴或铺钉一层加强面层的底板。

(8)块料饰面板。块料饰面板是指石材饰面板(天然花岗石、大理石、人造花岗石、人造大理石、预制水磨石饰面板等),陶瓷面砖(内墙彩釉面瓷砖、外墙面砖、陶瓷锦砖、大型陶瓷棉面板等),玻璃面砖(玻璃锦砖、玻璃面砖等),金属饰面板(彩色涂色钢板、彩色不锈钢板、镜面不锈钢饰面板、塑料贴面饰面板、聚酯装饰板、复塑中密度纤维板等),木质饰面板(胶合板、硬质纤维板、细木工板、刨花板、建筑纸面石膏板、水泥木屑板、灰板条等)。

10.2.2 墙、柱面工程计量

1. 墙面抹灰

1)工程内容

墙面抹灰包括墙面一般抹灰、墙面装饰抹灰、墙面勾缝 3 个清单项目。

一般抹灰包括石灰砂浆、水泥混合砂浆、水泥砂浆、聚合物水泥砂浆、膨胀珍珠岩水泥砂浆和麻刀灰、纸筋石灰、石膏灰等。装饰抹灰包括水刷石、水磨石、斩假石(剁斧石)、干黏石、假面砖、拉条灰、拉毛灰、甩毛灰、扒拉石、喷毛灰、喷涂、喷砂、滚涂、弹涂等。

2)工程量计算规则

墙面抹灰工程量按设计图示尺寸以面积计算。扣除墙裙、门窗洞口及单个 $0.3m^2$ 以外的孔洞面积,不扣除踢脚线、挂镜线和墙与构件交接处的面积,门窗洞口和孔洞的侧壁及顶面不增加面积。附墙柱、梁、垛、烟囱侧壁并入相应的墙面面积内。

(1)外墙抹灰面积按外墙垂直投影面积计算。

(2)外墙裙抹灰面积按其长度乘以高度计算。

(3)内墙抹灰面积按主墙间的净长乘以高度计算,高度确定:无墙裙的,高度按室内楼地面至天棚底面计算;有墙裙的,高度按墙裙顶至天棚底面计算。

(4)内墙裙抹灰面积按内墙净长乘以高度计算。

【例 10.7】　某房屋平面及剖面示意图如图 10.5 所示,内墙面抹 1:2 水泥砂浆底,1:3 石灰砂浆找平层,麻刀石灰浆面层,共 20mm 厚。内墙裙高 900mm,采用 19mm 厚1:3 水泥砂浆打底,6mm 厚 1:2.5 水泥砂浆面层。门洞口尺寸为 1000mm×2700mm,共 3 个;窗洞口尺寸为 1500mm×1800mm,共 4 个。试计算内墙面一般抹灰清单工程量。

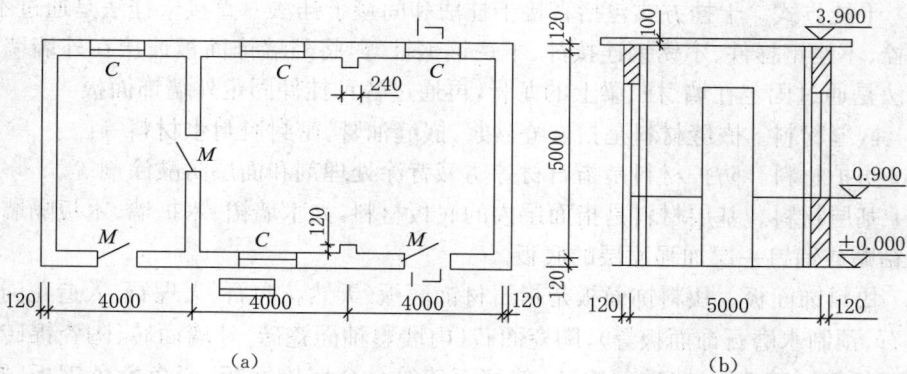

图 10.5　某房屋平面及剖面示意图
(a) 某房屋平面示意图;(b) 1—1 剖面图

解　墙面一般抹灰清单工程量按设计图示尺寸以面积计算,内墙抹灰面积按主墙间净长乘以高度计算,扣除门窗洞口孔洞面积,附墙柱侧壁并入墙面面积内,抹灰高度扣除墙裙高度。

$S=[(4.00×3−0.12×2−0.24(内墙)+0.12×2(柱侧壁))×2+(5.00−0.12×2)×4]$

　　$×(3.90−0.10−0.90)−(2.70−0.90)×4(门洞)−1.50×1.80×4(窗洞)$

　　$=123.424−7.20−10.80=105.42(m^2)$

内墙面一般抹灰工程量清单如表 10.27 所示。

表 10.27　分部分项工程量清单

工程名称：　　　　　　　　　　　　　　　　　　　　　　　　　　　　　　第　页　共　页

序号	项目编码	项目名称	项目特征描述	计量单位	工程量
1	020201001001	墙面一般抹灰	1. 墙体类型：内墙 2. 底层：1：2 水泥砂浆 3. 找平层：1：3 石灰砂浆 4. 面层：麻刀石灰浆	m²	105.42

2. 柱面抹灰

柱面抹灰包括柱面一般抹灰、柱面装饰抹灰、柱面勾缝 3 个清单项目。柱面抹灰适用于矩形、异形柱（包括圆形柱、半圆形柱等）。

柱面抹灰工程量按设计图示柱断面周长乘以高度以面积计算。

【例 10.8】 某工程有现浇钢筋混凝土矩形柱 20 根，柱结构断面尺寸为 600mm×600mm，柱高为 3.2m，柱面采用水泥砂浆抹光（无墙裙），具体工程做法为：喷乳胶漆两遍；5mm 厚 1：0.3：2.5 水泥石膏砂浆抹面压实抹光；13mm 厚 1：1：6 水泥石膏砂浆打底扫毛；刷素水泥浆一道；混凝土基层。试计算柱面一般抹灰清单工程量。

解　柱面一般抹灰清单工程量按设计图示柱断面周长乘以高度以面积计算，即
$$S=(0.60+0.60)\times2\times3.2\times20=153.60(m^2)$$

柱面一般抹灰工程量清单如表 10.28 所示。

表 10.28　分部分项工程量清单

工程名称：　　　　　　　　　　　　　　　　　　　　　　　　　　　　　　第　页　共　页

序号	项目编码	项目名称	项目特征描述	计量单位	工程量
1	020202001001	柱面一般抹灰	1. 柱体类型：600mm×600mm 矩形柱 2. 底层：13mm 厚 1：1：6 水泥石膏砂浆打底扫毛；5mm 厚 1：0.3：2.5 水泥石膏砂浆抹面压实抹光 3. 面层：喷乳胶漆两遍	m²	153.60

3. 柱面镶贴块料

柱面镶贴块料包括石材柱面、拼碎石材柱面、块料柱面、石材梁面、块料梁面 5 个清单项目。其中，石材柱面、块料柱面适用于矩形、异形柱（包括圆形柱、半圆形柱等）。

柱面镶贴块料工程量按设计图示尺寸以镶贴表面积计算。

【例 10.9】 某工程有独立圆柱 6 根，圆柱直径为 800mm，柱高为 2.8m，石材面进行酸洗打蜡，具体工程做法为：25mm 厚大理石包圆柱；50mm 厚 1：2.5 水泥砂浆灌缝。试计算石材柱面清单工程量。

解　石材柱面清单工程量按设计图示尺寸以镶贴表面积计算,即

$$S = 3.141\ 6 \times (0.80 + 2 \times 0.075) \times 2.8 \times 6 = 17.91 (m^2)$$

大理石柱面工程量清单如表 10.29 所示。

表 10.29　分部分项工程量清单

工程名称:　　　　　　　　　　　　　　　　　　　　　　　　　　　　　　　第　页　共　页

序号	项目编码	项目名称	项目特征	计量单位	工程量
1	020205001001	石材柱面	1. 柱截面:直径为 800mm 圆柱 2. 底层:50mm 厚 1:2.5 水泥砂浆 3. 铺贴方式:大理石包圆柱 4. 面层:25mm 厚大理石板	m^2	17.91

4. 墙饰面

墙饰面适用于金属饰面板、塑料饰面板、木质饰面板、软包带衬板饰面等装饰板墙面。其工程量按设计图示墙净长乘以净高以面积计算,扣除门窗洞口及单个 $0.3m^2$ 以上的孔洞所占面积。

5. 柱(梁)饰面

柱(梁)饰面适用于除了石材、块料装饰柱、梁面的装饰项目。

柱(梁)饰面工程量按设计图示饰面外围尺寸以面积计算。柱帽、柱墩并入相应柱饰面工程量内。

【例 10.10】　某工程有独立柱 8 根,柱高为 6m,柱结构断面为 $400mm \times 400mm$,饰面厚度为 51mm,具体工程做法为:$30mm \times 40mm$ 单向木龙骨,间距 400mm;18mm 厚细木工板基层;3mm 厚红胡桃面板;醇酸清漆五遍成活。计算柱饰面清单工程量。

解　柱面装饰清单工程量按设计图示饰面外围尺寸以面积计算,即

$$S = (0.40 + 0.051(饰面厚度) \times 4) \times 2 \times 6 \times 8 = 96.38 (m^2)$$

柱面装饰工程量清单如表 10.30 所示。

表 10.30　分部分项工程量清单

工程名称:　　　　　　　　　　　　　　　　　　　　　　　　　　　　　　　第　页　共　页

序号	项目编码	项目名称	项目特征描述	计量单位	工程量
1	020208001001	柱(梁)面装饰	1. 柱体类型:$400mm \times 400mm$ 矩形柱 2. 龙骨:$30mm \times 40mm$ 单向木龙骨,间距 400mm 3. 基层:18mm 厚细木工板 4. 面层:3mm 厚红胡桃面板 5. 油漆品种、刷漆遍数:醇酸清漆五遍	m^2	48.19

6. 隔断

1）工程量计算规则

隔断工程量按设计图示框外围尺寸以面积计算。扣除单个 $0.3m^2$ 以上的孔洞所占面积；浴厕门的材质与隔断相同时，门的面积并入隔断面积内。

2）注意事项

设置在隔断上的门窗，可包括在隔断项目报价内，也可单独编码列项，并在清单项目中进行描述。若门窗包括在隔断项目报价内，则不扣除门窗洞口面积。

7. 幕墙

1）工程量计算规则

带骨架幕墙按设计图示框外围尺寸以面积计算，与幕墙同种材质的窗所占面积不扣除；全玻幕墙按设计图示尺寸以面积计算，带肋全玻幕墙按展开面积计算。

2）注意事项

设置在幕墙上的门窗，可包括在幕墙项目报价内，也可单独编码列项，并在清单项目中进行描述。

10.2.3　墙、柱面工程计价

1. 墙、柱面工程清单计价要点

1）阳台、雨篷

关于阳台、雨篷的抹灰，在《计价规范》中无一般阳台、雨棚抹灰列项，可参照定额中有关阳台、雨篷粉刷的计算规则，以水平投影面积计算，并以补充清单编码的形式列入墙面抹灰中，并在项目特征一栏描述清楚。

2）装饰板墙面

关于装饰板墙面，在《计价规范》中包括了龙骨、基层、面层和油漆，而在定额中应分别计算、分别计价。

3）柱（梁）面装饰

关于柱（梁）面装饰，在《计价规范》中不分矩形柱、圆柱均为一个项目，其柱帽、柱墩并入柱饰面工程量内，而在定额中分矩形柱、圆柱、柱帽、柱墩分别设子项。

2. 墙、柱面工程清单计价示例

为了便于在实际工作中指导清单项目设置和综合单价分析,结合本定额,表 10.31 列出了墙面镶贴块料中块料墙面清单项目和柱面镶贴块料中石材柱面清单项目可组合的主要内容及对应的消耗量定额子目。

表 10.31　墙面镶贴块料组价内容

项目编码	项目名称	计量单位	主要工程内容		对应定额子目
020204003	块料墙面	m²	1. 文化石		2-68,2-70
			2. 陶瓷锦砖		2-72,2-75
			3. 玻璃马赛克		2-78,2-81
			4. 瓷板		2-84, 2-87, 2-90, 2-92, 2-94, 2-96,2-98,2-100,2-102,2-104
			5. 面砖	粘贴	2-106~2-141
				膨胀螺栓干挂	2-142,2-145
				钢丝网挂贴	2-143,2-146
				型钢龙骨干挂	2-144,2-147
020205001	石材柱面	m²	1. 大理石	挂贴	2-24~2-25
				干挂	2-29
				包圆柱	2-36
				方柱包圆柱	2-37
				柱墩、柱帽	2-38,2-39
				粘贴碎大理石	2-42,2-43
			2. 花岗岩	挂贴	2-47,2-48
				干挂	2-52
				粘贴碎花岗岩	2-61,2-62

【例 10.11】　试根据例 10.9 中石材柱面清单项目,确定其综合单价及合价。

解　根据例 10.9,得知石材柱面清单工程量为 17.91m²,依据表 10.31,大理石包圆柱对应的消耗量定额子目是 2-36,计量单位是 m²。

(1)施工工程量计算。柱面块料面层施工工程量按图示结构尺寸的实贴面积以 m² 计算,同清单工程量计算规则,即施工工程量也为 17.91m²。

(2)综合单价计算。依据定额子目 2-36 和本地区市场价可查得,大理石包圆柱 1m² 人工费为 27.36 元,材料费为 593.91 元,机械费为 0.49 元。

参考本地区建设工程费用定额,管理费和利润的计费基数均为直接工程费中的人工费,费率分别为 29% 和 21%,即管理费和利润单价为 13.68 元/ m^2。

① 本工程大理石柱面直接工程费为

$$17.91 \times (27.36 + 593.91 + 0.49) = 11\ 135.72(元)$$

其中

$$人工费 = 17.91 \times 27.36 = 490.02(元)$$

② 本工程管理费和利润合计为

$$17.91 \times 13.68 = 245.01(元)$$

③ 本工程大理石柱面综合单价为

$$(11\ 135.72 + 245.01)/17.91(清单工程量) = 635.44(元/m^2)$$

(3) 本工程合价计算

$$635.44 \times 17.91 = 11\ 380.73(元)$$

大理石柱面清单项目综合单价计算分析表见表 10.32。

表 10.32　工程量清单综合单价分析表

工程名称:　　　　　　　　　　　　　　　　　　　　　　　　第　页　共　页

项目编号	020205001001		项目名称		石材柱面		计量单位		m^2
清单综合单价组成明细									
定额编号	定额名称	定额单位	数量	单价/(元/m^2)				合价/元	

定额编号	定额名称	定额单位	数量	人工费	材料费	机械费	管理费和利润	人工费	材料费	机械费	管理费和利润
2-36	大理石(包圆柱)	m^2	17.91	27.36	593.91	0.49	13.68	490.02	10 636.93	8.78	245.01
人工单价	小 计							490.02	10 636.93	8.78	245.01
23.43 元/工日	未计价材料费							—			
清单项目综合单价/(元/m^2)								635.44			

10.3　天　棚　工　程

10.3.1　天棚工程清单项目

天棚工程包括天棚抹灰、天棚吊顶、天棚其他装饰 3 个子项,其工程量清单项目及工程量计算规则如表 10.33～表 10.35 所示。

表 10. 33　天棚抹灰(编码:020301)

项目编码	项目名称	项目特征	计量单位	工程量计算规则	工程内容
020301001	天棚抹灰	1. 基层类型 2. 抹灰厚度、材料种类 3. 装饰线条道数 4. 砂浆配合比	m²	按设计图示尺寸以水平投影面积计算。不扣除间壁墙、垛、柱、附墙烟囱、检查口和管道所占的面积,带梁天棚、梁两侧抹灰面积并入天棚面积内,板式楼梯底面抹灰按斜面积计算,锯齿形楼梯底板抹灰按展开面积计算	1. 基层清理 2. 底层抹灰 3. 抹面层 4. 抹装饰线条

表 10. 34　天棚吊顶(编码:020302)

项目编码	项目名称	项目特征	计量单位	工程量计算规则	工程内容
020302001	天棚吊顶	1. 吊顶形式 2. 龙骨类型、材料种类、规格、中距 3. 基层材料种类、规格 4. 面层材料品种、规格、品牌、颜色 5. 压条材料种类、规格 6. 嵌缝材料种类 7. 防护材料种类 8. 油漆品种、刷漆遍数	m²	按设计图示尺寸以水平投影面积计算。天棚面中的灯槽及跌级、锯齿形、吊挂式、藻井式天棚面积不展开计算。不扣除间壁墙、检查口、附墙烟囱、柱垛和管道所占面积,扣除单个 0.3m² 以外的孔洞、独立柱及与天棚相连的窗帘盒所占的面积	1. 基层清理 2. 龙骨安装 3. 基层板铺贴 4. 面层铺贴 5. 嵌缝 6. 刷防护材料、油漆
020302002	格栅吊顶	1. 龙骨类型、材料种类、规格、中距 2. 基层材料种类、规格 3. 面层材料品种、规格、品牌、颜色 4. 防护材料种类 5. 油漆品种、刷漆遍数		按设计图示尺寸以水平投影面积计算	1. 基层清理 2. 底层抹灰 3. 安装龙骨 4. 基层板铺贴 5. 面层铺贴 6. 刷防护材料、油漆
020302003	吊筒吊顶	1. 底层厚度、砂浆配合比 2. 吊筒形状、规格、颜色、材料种类 3. 防护材料种类 4. 油漆品种、刷漆遍数			1. 基层清理 2. 底层抹灰 3. 吊筒安装 4. 刷防护材料、油漆

续表

项目编码	项目名称	项目特征	计量单位	工程量计算规则	工程内容
020302004	藤条造型悬挂吊顶	1. 底层厚度、砂浆配合比 2. 骨架材料种类、规格 3. 面层材料品种、规格、颜色 4. 防护层材料种类 5. 油漆品种、刷漆遍数			1. 基层清理 2. 底层抹灰 3. 龙骨安装 4. 铺贴面层 5. 刷防护材料、油漆
020302005	织物软雕吊顶				
020302006	网架(装饰)吊顶	1. 底层厚度、砂浆配合比 2. 面层材料品种、规格、颜色 3. 防护材料品种 4. 油漆品种、刷漆遍数			1. 基层清理 2. 底面抹灰 3. 面层安装 4. 刷防护材料、油漆

表 10.35　天棚其他装饰(编码:020303)

项目编码	项目名称	项目特征	计量单位	工程量计算规则	工程内容
020303001	灯带	1. 灯带型式、尺寸 2. 格栅片材料品种、规格、品牌、颜色 3. 安装固定方式	m^2	按设计图示尺寸以框外围面积计算	安装、固定
020303002	送风口、回风口	1. 风口材料品种、规格、品牌、颜色 2. 安装固定方式 3. 防护材料种类	个	按设计图示数量计算	1. 安装、固定 2. 刷防护材料

天棚工程有关项目特征说明如下:

(1) 基层类型。基层类型是指混凝土现浇板、预制混凝土板、木板条等。

(2) 吊顶形式。吊顶形式是指平面、跌级、锯齿形、阶梯形、吊挂式、藻井式以及矩形、弧形、拱形等形式。

(3) 龙骨类型。龙骨类型是指上人或不上人,以及平面、跌级、锯齿形、吊挂式、藻井式以及矩形、弧形、拱形等类型。

(4) 龙骨中距。龙骨中距是指相邻龙骨中线之间的距离。

(5) 跌级。跌级是指形状比较简单,不带灯槽、一个空间只有一个"凸"或"凹"形状的天棚。

(6) 基层材料。基层材料是指底板或面层背后的加强材料。

(7) 面层材料品种。面层材料品种是指石膏板(包括装饰石膏板、纸面石膏板、吸声穿孔石膏板、嵌装式装饰石膏板),埃特板,装饰吸声罩面板(包括矿棉装饰吸声板、贴塑矿(岩)棉吸声板、膨胀珍珠岩石装饰吸声板、玻璃棉装饰吸声板等),塑料装饰罩面板(包括钙塑泡沫装饰吸声板、聚苯乙烯泡沫塑料装饰吸声板、聚氯乙烯塑料天花板等),纤维水泥加压板(包括穿孔吸声石棉水泥板、轻质硅酸钙吊顶板等),金属装饰板(包括铝合金罩面板、金属微孔吸声板、铝合金单体构件等),木质饰板(包括胶合板、薄板、板条、水泥木丝板、刨花板等),玻璃饰面(包括镜面玻璃、镭射玻璃等)。

10. 3. 2 天棚工程计量

1. 天棚抹灰

天棚抹灰适用于在各种基层(混凝土现浇板、预制板、木板条等)上的抹灰工程。

天棚抹灰工程量按设计图示尺寸以水平投影面积计算。不扣除间壁墙、垛、柱、附墙烟囱、检查口和管道所占的面积,带梁天棚、梁两侧抹灰面积并入天棚面积内,板式楼梯底面抹灰按斜面积计算,锯齿形楼梯底板抹灰按展开面积计算。

【例 10.12】 某天棚工程,天棚净长 19.74m,净宽 13.56m,楼板为现浇钢筋混凝土楼板,板厚为 120mm,在宽度方向有现浇钢筋混凝土梁 4 根,梁截面尺寸为 370mm×650mm,梁顶与板顶在同一标高。天棚抹灰的工程做法为:喷乳胶漆;6mm 厚 1:2.5 水泥砂浆抹面;8mm 厚 1:3 水泥砂浆打底;刷素水泥浆一道;现浇混凝土板。试计算天棚抹灰清单工程量。

解 天棚抹灰清单工程量按设计图示尺寸以水平投影面积计算,带梁天棚梁两侧抹灰面积并入天棚面积内,即

$$S = 19.74 \times 13.56 + (0.65 - 0.12)(梁净高) \times 13.56 \times 2(梁的两个侧面) \times 4$$
$$= 325.17(m^2)$$

天棚抹灰工程量清单如表 10.36 所示。

表 10.36　分部分项工程量清单

工程名称:　　　　　　　　　　　　　　　　　　　　　　　　　　　　　　　第 页 共 页

序号	项目编码	项目名称	项目特征描述	计量单位	工程量
1	020301001001	天棚抹灰	1. 基层类型:现浇钢筋混凝土楼板 2. 抹灰厚度、材料种类:8mm 厚 1:3 水泥砂浆打底;6mm 厚 1:2.5 水泥砂浆抹面	m²	325.17

2. 天棚吊顶

1) 适用对象

天棚吊顶适用于形式上非镂空式的天棚吊顶;格栅吊顶面层适用于木格栅、金属格栅、塑料格栅等;吊筒吊顶适用于木式(竹)质吊筒、金属吊筒、塑料吊筒以及圆形、矩形、扁钟形吊筒等。

2) 工程量计算规则

天棚吊顶按设计图示尺寸以水平投影面积计算,天棚面中的灯槽及跌级、锯齿形、吊挂式、藻井式天棚面积不展开计算,不扣除间壁墙、检查口、附墙烟囱、柱垛和管道所占面

积,扣除单个 0.3m² 以外的孔洞、独立柱及与天棚相连的窗帘盒所占的面积。

格栅吊顶、吊筒吊顶、藤条造型悬挂吊顶、织物软雕吊顶、网架(装饰)吊顶按设计图示尺寸以水平投影面积计算。

3) 注意事项

天棚吊顶与天棚抹灰工程量计算规则有所不同,天棚抹灰不扣除柱垛所占面积;天棚吊顶也不扣除柱垛所占面积,但扣除独立柱所占面积。柱垛是指与墙体相连的柱而突出墙体的部分。

【例 10.13】 根据图 10.1 所示某商店平面图,设计采用纸面石膏板吊顶天棚,具体工程做法为:刮腻子喷乳胶漆两遍;纸面石膏板规格为 1200mm×800mm×6mm;U 形轻钢龙骨;钢筋吊杆;钢筋混凝土楼板。试计算纸面石膏板天棚工程清单工程量。

解 天棚吊顶清单工程量按设计图示尺寸水平投影面积计算,扣除独立柱所占面积,即

$$S = (9.00-0.12\times2)\times(6.00-0.12\times2)\times2+(9.00\times2-0.12\times2)\times(2.00-0.12\times2)$$
$$-0.24\times0.24\times2(独立柱)$$
$$=132.17-0.1152=132.05(m^2)$$

纸面石膏板天棚工程量清单如表 10.37 所示。

表 10.37 分部分项工程量清单

工程名称: 第 页 共 页

序号	项目编码	项目名称	项目特征	计量单位	工程量
1	020302001001	天棚吊顶	1. 吊顶形式:平面吊顶 2. 龙骨:U 形轻钢龙骨(不上人型);钢筋吊杆 3. 面层:纸面石膏板规格为 1200mm×800mm×6mm 4. 油漆品种、刷漆遍数:刮腻子喷乳胶漆两遍	m²	132.05

10.3.3 天棚工程计价

1. 天棚工程清单计价要点

关于楼梯天棚抹灰,在《计价规范》中按实际抹灰面积计算,而定额规定按投影面积乘以一定系数计算。

2. 工程量清单计价方法

为了便于在实际工作中指导清单项目设置和综合单价分析,结合本定额,表 10.38 和表 10.39 列出了天棚抹灰清单项目和天棚吊顶清单项目可组合的主要内容及对应的消耗量定额子目。

表 10.38　天棚抹灰组价内容

项目编码	项目名称	计量单位	主要工程内容		对应定额子目
020301001	天棚抹灰	m²	1. 基层清理、底层抹灰、抹面层	水泥砂浆及水泥石灰膏砂浆底面	建 10-72～10-78
				石灰膏砂浆底	建 10-79～10-84
			2. 抹装饰线条		建 10-85～10-88

表 10.39　天棚吊顶组价内容

项目编码	项目名称	计量单位	主要工程内容		对应定额子目
020302001	天棚吊顶	m²	1. 龙骨安装	平面天棚龙骨	3-1～3-73
				造型天棚龙骨	3-148～3-160
			2. 基层板铺贴	平面天棚基层	3-74～3-77
				造型天棚基层	3-161～3-182
			3. 面层铺贴	平面天棚面层	3-78～3-143
				造型天棚面层	3-183～3-215
			4. 嵌缝	石膏板缝	3-265

【例 10.14】　试根据例 10.13 中天棚吊顶清单项目,确定其综合单价及合价。

解　根据例 10.13,得知天棚吊顶清单工程量为 132.05m²,依据表 10.39,U 形轻钢龙骨对应的消耗量定额子目是 3-23,计量单位是 m²;石膏板面层对应的消耗量定额子目是 3-97,计量单位是 m²。

(1) 施工工程量计算

① 天棚龙骨施工工程量计算规则按主墙间设计图示尺寸以 m² 计算,即

$$S_{龙骨} = (9.00 - 0.12 \times 2) \times (6.00 - 0.12 \times 2) \times 2 + (9.00 \times 2 - 0.12 \times 2)$$
$$\times (2.00 - 0.12 \times 2)$$
$$= 132.17 (m^2)$$

② 天棚面层施工工程量计算规则按主墙间设计图示尺寸的实铺展开面积以 m² 计算,扣除独立柱所占面积,同清单计量规则,即天棚面层定额工程量也为 132.05m²。

(2) 综合单价计算

依据定额子目 3-23、3-97 和本地区市场价可查得 U 形轻钢龙骨 1m² 人工费为 4.92元,材料费为 38.28 元,机械费为 0.12 元;安在 U 形轻钢龙骨上的石膏板 1m² 人工费为2.81 元,材料费为 19.45 元,无机械费。

参考本地区建设工程费用定额,管理费和利润的计费基数均为直接工程费中的人工费,费率分别为 29% 和 21%,即 U 形轻钢龙骨管理费和利润单价为 2.46 元/m²,安在 U形轻钢龙骨上的石膏板管理费和利润单价为 1.405 元/m²。

① 本工程天棚吊顶直接工程费。

a. U 形轻钢龙骨直接工程费为

$$132.17 \times (4.92 + 38.28 + 0.12) = 5\ 725.60(元)$$

其中

$$人工费 = 132.17 \times 4.92 = 650.28(元)$$

b. 石膏板直接工程费为

$$132.05 \times (2.81 + 19.45) = 2\ 939.43(元)$$

其中

$$人工费 = 132.05 \times 2.81 = 371.06(元)$$

② 本工程管理费和利润合计。

a. U 形轻钢龙骨管理费和利润为

$$132.17 \times 2.46 = 325.14(元)$$

b. 石膏板管理费和利润为

$$132.05 \times 1.405 = 185.53(元)$$

③ 本工程石膏板吊顶综合单价为

$$(5\ 725.60 + 325.14 + 2\ 939.43 + 185.53)/132.05(清单工程量) = 69.49(元/m^2)$$

（3）本工程合价计算

$$69.49 \times 132.05 = 9\ 175.70(元)$$

天棚吊顶清单项目综合单价计算分析表如表 10.40 所示。

表 10.40　工程量清单综合单价分析

工程名称：　　　　　　　　　　　　　　　　　　　　　　　　　　　第　页　共　页

项目编号	020302001001	项目名称		天棚吊顶	计量单位		m²

清单综合单价组成明细

定额编号	定额名称	定额单位	数量	单价/(元/m²)				合价/元			
				人工费	材料费	机械费	管理费和利润	人工费	材料费	机械费	管理费和利润
3-23	U形轻钢龙骨（不上人）	m²	132.17	4.92	38.28	0.12	2.460	650.28	5 059.47	15.86	325.14
3-97	石膏板（安在U形轻钢龙骨上）	m²	132.05	2.81	19.45	—	1.405	371.06	2 568.37	—	185.53
人工单价		小计						1 021.34	7 627.84	15.86	510.67
23.43 元/工日		未计价材料费						—			
清单项目综合单价/(元/m²)								69.49			

10.4　门　窗　工　程

10.4.1　门窗工程清单项目

门窗工程包括木门、金属门、金属卷帘门、其他门、木窗、金属窗、门窗套、窗帘盒和窗帘轨、窗台板九个子项,其工程量清单项目及工程量计算规则如表 10.41～表 10.49 所示。

表 10.41　木门(编码:020401)

项目编码	项目名称	项目特征	计量单位	工程量计算规则	工程内容
020401001	镶板木门	1. 门类型 2. 框截面尺寸、单扇面积 3. 骨架材料种类 4. 面层材料品种、规格、品牌、颜色 5. 玻璃品种、厚度、五金材料、品种、规格 6. 防护层材料种类 7. 油漆品种、刷漆遍数	樘/m²	按设计图示数量或设计图示洞口尺寸以面积计算	1. 门制作、运输、安装 2. 五金、玻璃安装 3. 刷防护材料、油漆
020401002	企口木板门				
020401003	实木装饰门				
020401004	胶合板门				
020401005	夹板装饰门	1. 门类型 2. 框截面尺寸、单扇面积 3. 骨架材料种类 4. 防火材料种类 5. 门纱材料品种、规格 6. 面层材料品种、规格、品牌、颜色 7. 玻璃品种、厚度、五金材料、品种、规格 8. 防护材料种类 9. 油漆品种、刷漆遍数			
020401006	木质防火门				
020401007	木纱门				
020401008	连窗门	1. 门窗类型 2. 框截面尺寸、单扇面积 3. 骨架材料种类 4. 面层材料品种、规格、品牌、颜色 5. 玻璃品种、厚度、五金材料、品种、规格 6. 防护材料种类 7. 油漆品种、刷漆遍数			

表 10.42 金属门(编码:020402)

项目编码	项目名称	项目特征	计量单位	工程量计算规则	工程内容
020402001	金属平开门	1. 门类型 2. 框材质、外围尺寸 3. 扇材质、外围尺寸 4. 玻璃品种、厚度、五金材料、品牌、规格 5. 防护材料种类 6. 油漆品种、刷漆遍数	樘/m²	按设计图示数量或设计图示洞口尺寸以面积计算	1. 门制作、运输、安装 2. 五金、玻璃安装 3. 刷防护材料、油漆
020402002	金属推拉门				
020402003	金属地弹门				
020402004	彩板门				
020402005	塑钢门				
020402006	防盗门				
020402007	钢质防火门				

表 10.43 金属卷帘门(编码:020403)

项目编码	项目名称	项目特征	计量单位	工程量计算规则	工程内容
020403001	金属卷闸门	1. 门材质、框外围尺寸 2. 启动装置品种、规格、品牌 3. 五金材料、品种、规格 4. 刷防护材料种类 5. 油漆品种、刷漆遍数	樘/m²	按设计图示数量或设计图示洞口尺寸以面积计算	1. 门制作、运输、安装 2. 启动装置、五金安装 3. 刷防护材料、油漆
020403002	金属格栅门				
020403003	防火卷帘门				

表 10.44 其他门(编码:020404)

项目编码	项目名称	项目特征	计量单位	工程量计算规则	工程内容
020404001	电子感应门	1. 门材质、品牌、外围尺寸 2. 玻璃品种、厚度、五金材料、品种、规格 3. 电子配件品种、规格、品牌 4. 防护材料种类 5. 油漆品种、刷漆遍数	樘/m²	按设计图示数量或设计图示洞口尺寸以面积计算	1. 门制作、运输、安装 2. 五金、电子配件安装 3. 刷防护材料、油漆
020404002	转门				
020404003	电子对讲门				
020404004	电动伸缩门				
020404005	全玻门(带扇框)	1. 门类型 2. 框材质、外围尺寸 3. 扇材质、外围尺寸 4. 玻璃品种、厚度、五金材料、品种、规格 5. 防护材料种类 6. 油漆品种、刷漆遍数			1. 门制作、运输、安装 2. 五金安装 3. 刷防护材料、油漆
020404006	全玻自由门(无扇框)				
020404007	半玻门(带扇框)				1. 门扇骨架及基层制作、运输、安装 2. 包面层 3. 五金安装 4. 刷防护材料
020404008	镜面不锈钢饰面门				

表 10.45　木窗（编码：020405）

项目编码	项目名称	项目特征	计量单位	工程量计算规则	工程内容
020405001	木质平开窗				
020405002	木质推拉窗				
020405003	矩形木百叶窗	1. 窗类型			1. 窗制作、运输、安装
020405004	异形木百叶窗	2. 框材质、外围尺寸			
020405005	木组合窗	3. 扇材质、外围尺寸	樘/m²	按设计图示数量或设计图示洞口尺寸以面积计算	2. 五金、玻璃安装
020405006	木天窗	4. 玻璃品种、厚度、五金材料、品种、规格			
020405007	矩形木固定窗	5. 防护材料种类			3. 刷防护材料、油漆
020405008	异形木固定窗	6. 油漆品种、刷漆遍数			
020405009	装饰空花木窗				

表 10.46　金属窗（编码：020406）

项目编码	项目名称	项目特征	计量单位	工程量计算规则	工程内容
020406001	金属推拉窗				
020406002	金属平开窗				
020406003	金属固定窗	1. 窗类型			1. 窗制作、运输、安装
020406004	金属百叶窗	2. 框材质、外围尺寸			
020406005	金属组合窗	3. 扇材质、外围尺寸	樘/m²	按设计图示数量或设计图示洞口尺寸以面积计算	2. 五金、玻璃安装
020406006	彩板窗	4. 玻璃品种、厚度、五金材料、品种、规格			
020406007	塑钢窗	5. 防护材料种类			3. 刷防护材料、油漆
020406008	金属防盗窗	6. 油漆品种、刷漆遍数			
020406009	金属格栅窗				
020406010	特殊五金	1. 五金名称、用途 2. 五金材料、品种、规格	个/套	按设计图示数量计算	1. 五金安装 2. 刷防护材料、油漆

表 10.47　门窗套 (编码:020407)

项目编码	项目名称	项目特征	计量单位	工程量计算规则	工程内容
020407001	木门窗套	1. 底层厚度、砂浆配合比 2. 立筋材料种类、规格 3. 基层材料种类 4. 面层材料品种、规格、品牌、颜色 5. 防护材料种类 6. 油漆品种、刷漆遍数	m²	按设计图示尺寸以展开面积计算	1. 清理基层 2. 底层抹灰 3. 立筋制作、安装 4. 基层板安装 5. 面层铺贴 6. 刷防护材料、油漆
020407002	金属门窗套				
020407003	石材门窗套				
020407004	门窗木贴脸				
020407005	硬木筒子板				
020407006	饰面夹板筒子板				

表 10.48　窗帘盒、窗帘轨 (编码:020408)

项目编码	项目名称	项目特征	计量单位	工程量计算规则	工程内容
020408001	木窗帘盒	1. 窗帘盒材质、规格、颜色 2. 窗帘轨材质、规格 3. 防护材料种类 4. 油漆种类、刷漆遍数	m	按设计图示尺寸以长度计算	1. 制作、运输、安装 2. 刷防护材料、油漆
020408002	饰面夹板、塑料窗帘盒				
020408003	铝合金属窗帘盒				
020408004	窗帘轨				

表 10.49　窗台板 (编码:020409)

项目编码	项目名称	项目特征	计量单位	工程量计算规则	工程内容
020409001	木窗台板	1. 找平层厚度、砂浆配合比 2. 窗台板材质、规格、颜色 3. 防护材料种类 4. 油漆种类、刷漆遍数	m	按设计图示尺寸以长度计算	1. 基层清理 2. 抹找平层 3. 窗台板制作、安装 4. 刷防护材料、油漆
020409002	铝塑窗台板				
020409003	石材窗台板				
020409004	金属窗台板				

门窗工程中木门窗的制作应考虑木材的干燥损耗、刨光损耗、下料后长度、门窗走头增加的体积等。有关项目特征说明如下:

(1) 门窗类型。门窗类型是指带亮子或不带亮子,带纱或不带纱,单扇、双扇或三扇,半百叶或全百叶,半玻或全玻,全玻自由门或半玻自由门,带门框或不带门框,单独门框以及开启方式(平开、推拉、折叠)等。

(2) 框截面尺寸(或面积)。框截面尺寸(或面积)是指边立梃截面尺寸或面积。

(3) 木门窗五金。木门窗五金包括折页、插锁、风钩、弓背拉手、搭扣、弹簧折页、管子拉手、地弹簧、滑轮、滑轨、门轧头、铁角、木螺丝等。

（4）铝合金门窗五金。铝合金门窗五金包括卡销、滑轮、铰拉、执手、拉把、拉手、风撑、角码、牛角制、地弹簧、门销、门插、门铰等。

（5）其他五金。其他五金包括 L 形执手锁、球形执手锁、地锁、防盗门扣、门眼、门碰珠、电子锁（磁卡锁）、闭门器、装饰拉手等。

（6）特殊五金。特殊五金是指拉手、门锁、窗锁等贵重五金及业主认为应单独列项的五金配件。

（7）防护材料。防护材料分为防火、防腐、防虫、防潮、耐磨、耐老化等材料，应根据清单项目要求报价。

10.4.2　门窗工程计量与计价

1. 门窗工程计量

门窗工程中，各种门和窗的工程量均按设计图示数量以"樘"计算或按设计图示洞口尺寸以面积计算；特殊五金按设计图示数量计算；门窗套按设计图示展开面积计算；窗帘盒、窗帘轨按设计图示尺寸以长度计算；窗台板按设计图示尺寸以长度计算。

在计算门窗套工程量时，应该注意：门窗套、贴脸板、筒子板和窗台板项目，包括底层抹灰，如果底层抹灰已包括在墙、柱面底层抹灰内，应在清单中描述清楚。门窗套项目报价内若已包括贴脸板、筒子板价格，则门窗木贴脸、筒子板不应再编码列项，以免重复计算。

2. 门窗工程清单计价

门窗工程计价时，应注意定额项目设置及计量方法与清单规则的不同之处。例如，门窗套、贴脸板、筒子板和窗台板等，在《计价规范》中设立了相应的项目编码，而在本定额中则把它们归为零星项目设置。门窗贴脸的清单计量单位是 m^2，而定额计量单位是 10m；窗台板的清单计量单位是 m，而定额计量单位是 $10 m^2$。

为了便于在实际工作中指导清单项目设置和综合单价分析，结合本定额，表 10.50 列出了金属窗中塑钢窗清单项目可组合的主要内容及对应的消耗量定额子目。

表 10.50　塑钢窗组价内容

项目编码	项目名称	计量单位	主要工程内容		对应定额子目
020406007	塑钢窗	樘/m^2	窗制作、运输、安装、五金、玻璃安装、刷防护材料、油漆	平开窗	4-105,4-106
				推拉窗	4-107,4-108
				固定窗	4-109
				平开悬窗	4-110
				纱扇	4-111

10.5　油漆、涂料、裱糊工程

10.5.1　油漆、涂料、裱糊工程清单项目

油漆、涂料、裱糊工程包括门油漆、窗油漆、木扶手及其他板线条油漆、木材面油漆、金属面油漆、抹灰面油漆、喷塑和涂料、花饰和线条刷涂料、裱糊九个子项,其工程量清单项目及工程量计算规则见表 10.51～表 10.59。

表 10.51　门油漆(编码:020501)

项目编码	项目名称	项目特征	计量单位	工程量计算规则	工程内容
020501001	门油漆	1. 门类型 2. 腻子种类 3. 刮腻子要求 4. 防护材料种类 5. 油漆品种、刷漆遍数	樘/m²	按设计图示数量或设计图示单面洞口面积计算	1. 基层清理 2. 刮腻子 3. 刷防护材料、油漆

表 10.52　窗油漆(编码:020502)

项目编码	项目名称	项目特征	计量单位	工程量计算规则	工程内容
020502001	窗油漆	1. 窗类型 2. 腻子种类 3. 刮腻子要求 4. 防护材料种类 5. 油漆品种、刷漆遍数	樘/m²	按设计图示数量或设计图示单面洞口面积计算	1. 基层清理 2. 刮腻子 3. 刷防护材料、油漆

表 10.53　木扶手及其他板条线条油漆(编码:020503)

项目编码	项目名称	项目特征	计量单位	工程量计算规则	工程内容
020503001	木扶手油漆	1. 腻子种类 2. 刮腻子要求 3. 油漆体单位展开面积 4. 油漆体长度 5. 防护材料种类 6. 油漆品种、刷漆遍数	m	按设计图示尺寸以长度计算	1. 基层清理 2. 刮腻子 3. 刷防护材料、油漆
020503002	窗帘盒油漆				
020503003	封檐板、顺水板油漆				
020503004	挂衣板、黑板框油漆				
020503005	挂镜线、窗帘棍、单独木线油漆				

表 10.54　木材面油漆(编码:020504)

项目编码	项目名称	项目特征	计量单位	工程量计算规则	工程内容
020504001	木板、纤维板、胶合板油漆			按设计图示尺寸以面积计算	1. 基层清理 2. 刮腻子 3. 刷防护材料、油漆
020504002	木护墙、木墙裙油漆				
020504003	窗台板、筒子板、盖板、门窗套、踢脚线油漆				
020504004	清水板条天棚、檐口油漆				
020504005	木方格吊顶天棚油漆				
020504006	吸音板墙面、天棚面油漆	1. 腻子种类 2. 刮腻子要求 3. 防护材料种类 4. 油漆品种、刷漆遍数	m²		
020504007	暖气罩油漆				
020504008	木间壁、木隔断油漆			按设计图示尺寸以单面外围面积计算	
020504009	玻璃间壁露明墙筋油漆				
020504010	木栅栏、木栏杆(带扶手)油漆				
020504011	衣柜、壁柜油漆			按设计图示尺寸以油漆部分展开面积计算	
020504012	梁柱饰面油漆				
020504013	零星木装修油漆				
020504014	木地板油漆			按设计图示尺寸以面积计算。空洞、空圈、暖气包槽、壁龛的开口部分并入相应的工程量内	
020504015	木地板烫硬蜡面	1. 硬蜡品种 2. 面层处理要求			1. 基层清理 2. 烫蜡

表 10.55　金属面油漆（编码：020505）

项目编码	项目名称	项目特征	计量单位	工程量计算规则	工程内容
020505001	金属面油漆	1. 腻子种类 2. 刮腻子要求 3. 防护材料种类 4. 油漆品种、刷漆遍数	t	按设计图示尺寸以质量计算	1. 基层清理 2. 刮腻子 3. 刷防护材料、油漆

表 10.56　抹灰面油漆（编码：020506）

项目编码	项目名称	项目特征	计量单位	工程量计算规则	工程内容
020506001	抹灰面油漆	1. 基层类型 2. 线条宽度、道数 3. 腻子种类	m²	按设计图示尺寸以面积计算	1. 基层清理 2. 刮腻子 3. 刷防护材料、油漆
020506002	抹灰线条油漆	4. 刮腻子要求 5. 防护材料种类 6. 油漆品种、刷漆遍数	m	按设计图示尺寸以长度计算	

表 10.57　喷刷、涂料（编码：020507）

项目编码	项目名称	项目特征	计量单位	工程量计算规则	工程内容
020507001	刷喷涂料	1. 基层类型 2. 腻子种类 3. 刮腻子要求 4. 涂料品种、刷喷遍数	m²	按设计图示尺寸以面积计算	1. 基层清理 2. 刮腻子 3. 刷、喷涂料

表 10.58　花饰、线条刷涂料（编码：020508）

项目编码	项目名称	项目特征	计量单位	工程量计算规则	工程内容
020508001	空花格、栏杆刷涂料	1. 腻子种类 2. 线条宽度	m²	按设计图示尺寸以单面外围面积计算	1. 基层清理 2. 刮腻子 3. 刷、喷涂料
020508002	线条刷涂料	3. 刮腻子要求 4. 涂料品种、刷喷遍数	m	按设计图示尺寸以长度计算	

表 10.59　裱糊（编码：020509）

项目编码	项目名称	项目特征	计量单位	工程量计算规则	工程内容
020509001	墙纸裱糊	1. 基层类型 2. 裱糊构件部位 3. 腻子种类 4. 刮腻子要求	m²	按设计图示尺寸以面积计算	1. 基层清理 2. 刮腻子 3. 面层铺粘 4. 刷防护材料
020509002	织锦缎裱糊	5. 黏结材料种类 6. 防护材料种类 7. 面层材料品种、规格、品牌、颜色			

油漆、涂料、裱糊工程有关内容说明如下：

（1）门类型。门类型分为镶板门、木板门、胶合板门、装饰实木门、木纱门、木质防火门、连窗门、平开门、推拉门、单扇门、双扇门、带纱门、全玻门（带木扇框）、半玻门、半百叶门、全百叶门以及带亮子、不带亮子、有门框、无门框和单独门框等。

（2）窗类型。窗类型分为平开窗、推拉窗、提拉窗、固定窗、空花窗、百叶窗以及单扇窗、双扇窗、多扇窗、单层窗、双层窗、带亮子、不带亮子等。

（3）腻子种类。腻子种类分为石膏油腻子（熟桐油、石膏粉、适量水）、胶腻子（大白、色粉、羧甲基纤维素）、漆片腻子（漆片、酒精、石膏粉、适量色粉）、油腻子（矾石粉、桐油、脂肪酸、松香）等。

（4）刮腻子要求。刮腻子要求分为刮腻子遍数（道数）或满刮腻子或找补腻子。

10.5.2　油漆、涂料、裱糊工程计量

1. 门、窗油漆

门油漆适用于各类型门（如镶板门、胶合板门、平开门、推拉门、单扇门、双扇门、带亮子及不带亮子门等）的油漆工程。窗油漆适用于各类型窗（如平开窗、推拉窗、空花窗、百叶窗、单层窗、双层窗、带亮子及不带亮子等）的油漆工程。

门连窗可按门油漆项目编码列项。

门、窗油漆工程量按设计图示数量以"樘"计算或按设计图示单面洞口面积计算。

2. 木扶手及其他板线条油漆

木扶手及其他板线条油漆工程量按设计图示尺寸以长度计算。楼梯木扶手工程量按中心线长计算，弯头长度应计算在扶手长度内。

应该注意：木扶手应区别带托板与不带托板分别编码（第五级编码）列项。

3. 木材面油漆

木材面油漆包括 15 个清单项目，其计量方法不尽相同。应该注意的是，工程量以面积计算的油漆、涂料项目，线脚、线条、压条等不展开。

4. 抹灰面油漆

抹灰面油漆包括抹灰面油漆和抹灰线条油漆两个清单项目。抹灰面油漆工程量按设计图示尺寸以面积计算，抹灰线条油漆工程量按设计图示尺寸长度计算。

抹灰面的油漆应注意基层的类型，如一般抹灰墙柱面与拉条灰、拉毛灰、甩毛灰等油漆的耗工量与材料消耗量均不同。

5. 花饰、线条刷涂料

花饰、线条刷涂料包括空花格、栏杆刷涂料，线条刷涂料两个清单项目。空花格、栏

杆刷涂料工程量按设计图示尺寸以单面外围面积计算,应注意其展开面积工料消耗应包括在报价内。线条刷涂料工程量按设计图示尺寸以长度计算。

6. 裱糊

裱糊包括墙纸裱糊、织锦缎裱糊两个清单项目,其工程量均按设计图示尺寸以面积计算。计算时,应注意要求对花还是不对花。

10.6 其他装饰工程

其他装饰工程包括柜类、货架,暖气罩,浴厕配件,压条、装饰线,雨篷、旗杆,招牌、灯箱,美术字七个子项,其工程量清单项目及工程量计算规则如表 10.60~表 10.66 所示。

表 10.60 柜类、货架(编码:020601)

项目编码	项目名称	项目特征	计量单位	工程量计算规则	工程内容
020601001	柜台				
020601002	酒柜				
020601003	衣柜				
020601004	存包柜				
020601005	鞋柜				
020601006	书柜				
020601007	厨房壁柜				
020601008	木壁柜				
020601009	厨房低柜	1. 台柜规格			1. 台柜制作、运输、安装(安放)
020601010	厨房吊柜	2. 材料种类、规格	个	按设计图示数量计算	
020601011	矮柜	3. 五金种类、规格			
020601012	吧台背柜	4. 防护材料种类			2. 刷防护材料、油漆
020601013	酒吧吊柜	5. 油漆品种、刷漆遍数			
020601014	酒吧台				
020601015	展台				
020601016	收银台				
020601017	试衣间				
020601018	货架				
020601019	书架				
020601020	服务台				

表 10.61　暖气罩(编码:020602)

项目编码	项目名称	项目特征	计量单位	工程量计算规则	工程内容
020602001	饰面板暖气罩	1. 暖气罩材质 2. 单个罩垂直投影面积 3. 防护材料种类 4. 油漆品种、刷漆遍数	m²	按设计图示尺寸以垂直投影面积(不展开)计算	1. 暖气罩制作、运输、安装 2. 刷防护材料、油漆
020602002	塑料板暖气罩				
020602003	金属暖气罩				

表 10.62　浴厕配件(编码:020603)

项目编码	项目名称	项目特征	计量单位	工程量计算规则	工程内容
020603001	洗漱台	1. 材料品种、规格、品牌、颜色 2. 支架、配件品种、规格、品牌 3. 油漆品种、刷漆遍数	m²	按设计图示尺寸以台面外接矩形面积计算。不扣除孔洞、挖弯、削角所占面积,挡板、吊沿板面积并入台面面积内	1. 台面及支架制作、运输、安装 2. 杆、环、盒、配件安装 3. 刷油漆
020603002	晒衣架		根(套)	按设计图示数量计算	
020603003	帘子杆				
020603004	浴缸拉手				
020603005	毛巾杆(架)				
020603006	毛巾环		副		
020603007	卫生纸盒		个		
020603008	肥皂盒				
020603009	镜面玻璃	1. 镜面玻璃品种、规格 2. 框材质、断面尺寸 3. 基层材料种类 4. 防护材料种类 5. 油漆品种、刷漆遍数	m²	按设计图示尺寸以边框外围面积计算	1. 基层安装 2. 玻璃及框制作、运输、安装 3. 刷防护材料、油漆
020603010	镜箱	1. 箱材质、规格 2. 玻璃品种、规格 3. 基层材料种类 4. 防护材料种类 5. 油漆品种、刷漆遍数	个	按设计图示数量计算	1. 基层安装 2. 箱体制作、运输、安装 3. 玻璃安装 4. 刷防护材料、油漆

表 10.63　压条、装饰线(编码:020604)

项目编码	项目名称	项目特征	计量单位	工程量计算规则	工程内容
020604001	金属装饰线	1. 基层类型 2. 线条材料品种、规格、颜色 3. 防护材料种类 4. 油漆品种、刷漆遍数	m	按设计图示尺寸以长度计算	1. 线条制作、安装 2. 刷防护材料、油漆
020604002	木质装饰线				
020604003	石材装饰线				
020604004	石膏装饰线				
020604005	镜面玻璃线				
020604006	铝塑装饰线				
020604007	塑料装饰线				

表 10.64　雨篷、旗杆(编码:020605)

项目编码	项目名称	项目特征	计量单位	工程量计算规则	工程内容
020605001	雨篷吊挂饰面	1. 基层类型 2. 龙骨材料种类、规格、中距 3. 面层材料品种、规格、品牌 4. 吊顶(天棚)材料、品种、规格、品牌 5. 嵌缝材料种类 6. 防护材料种类 7. 油漆品种、刷漆遍数	m²	按设计图示尺寸以水平投影面积计算	1. 底层抹灰 2. 龙骨基层安装 3. 面层安装 4. 刷防护材料、油漆
020605002	金属旗杆	1. 旗杆材料、种类、规格 2. 旗杆高度 3. 基础材料种类 4. 基座材料种类 5. 基座面层材料、种类、规格	根	按设计图示数量计算	1. 土(石)方挖填 2. 基础混凝土浇注 3. 旗杆制作、安装 4. 旗杆台座制作、饰面

表 10.65　招牌、灯箱(编码:020606)

项目编码	项目名称	项目特征	计量单位	工程量计算规则	工程内容
020606001	平面、箱式招牌	1. 箱体规格 2. 基层材料种类 3. 面层材料种类 4. 防护材料种类 5. 油漆品种、刷漆遍数	m²	按设计图示尺寸以正立面边框外围面积计算。复杂形的凸凹造型部分不增加面积	1. 基层安装 2. 箱体及支架制作、运输、安装 3. 面层制作、安装 4. 刷防护材料、油漆
020606002	竖式招牌		个	按设计图示数量计算	
020606003	灯箱				

表 10.66　美术字(编码:020607)

项目编码	项目名称	项目特征	计量单位	工程量计算规则	工程内容
020607001	泡沫塑料字	1. 基层类型 2. 镌字材料品种、颜色 3. 字体规格 4. 固定方式 5. 油漆品种、刷漆遍数	个	按设计图示数量计算	1. 字制作、运输、安装 2. 刷油漆
020607002	有机玻璃字				
020607003	木质字				
020607004	金属字				

复习思考题

1.《计价规范》附录 B 中包括哪些章节?

2. 楼地面工程包括哪些子项? 每个子项的清单计量规则是什么?

3. 整体面层与块料面层的清单计量规则有无区别? 进行综合单价组价时应注意什么问题?

4. 踢脚线的清单综合单价如何确定?

5. 台阶的清单综合单价如何确定?

6. 墙、柱面工程包括哪些子项? 每个子项的清单计量规则是什么?

7. 墙面抹灰工程外墙、内墙、外墙裙、内墙裙的高度如何确定?

8. 柱面装饰的清单计量规则有什么特殊规定?

9. 墙面镶贴块料的清单综合单价如何确定?

10. 天棚工程包括哪些子项? 每个子项的清单计量规则是什么?

11. 天棚抹灰和天棚吊顶的清单计量规则有无区别? 请指出具体差异。

12. 天棚抹灰的清单综合单价如何确定?

13. 天棚吊顶的清单综合单价如何确定?

14. 门窗工程包括哪些子项? 每个子项的清单计量规则是什么?

15. 金属窗的清单综合单价如何确定?

16. 油漆、涂料、裱糊工程包括哪些子项? 每个子项的清单计量规则是什么?

习　题

某经理室装修工程,分部分项工程量清单按《建设工程工程量清单计价规范》的计算规则编制,如表 10.67 所示。试根据表 10.67 所列经理室内装修做法,以及表 10.68 和表 10.69 中所列的消耗量、表 10.70 所列的预算价格,按《建设工程工程量清单计价规范》中综合单价的内容要求,编制分部分项工程量清单综合单价分析表(管理费按人工费的70%、利润按人工费的 50%计算,计算结果均保留两位小数)。

表 10.67　分部分项工程量清单

工程名称：　　　　　　　　标段：　　　　　　　　　　　　　第　页　共　页

序号	项目编码	项目名称	项目特征描述	计量单位	工程量
1	020102002001	块料楼地面	1. 找平层：素水泥浆一遍，25mm 厚 1：4 干硬性水泥浆 2. 面层：800mm×800mm 黄色抛光砖，优质品（东鹏牌） 3. 白水泥砂浆擦缝	m²	47.01
2	020105006001	木质踢脚线	1. 踢脚线高：120mm 2. 基层：9mm 厚胶合板 3. 面层：红榉装饰，上口钉木线，油漆	m²	3.27
3	020208001001	柱面装饰	1. 木龙骨饰面包方柱 2. 木龙骨 25mm×300mm，300mm×300mm 3. 基层：9mm 厚胶合板 4. 面层：红榉饰面板 5. 木结构基层，防火漆两遍 6. 饰面板清漆四遍	m²	9.71
4	020302001001	顶棚吊顶	1. 轻钢龙骨石膏板平面天棚 2. 轻钢龙骨中距：450mm×450mm 3. 面层：石膏板 4. 面层刮腻子刷白色乳胶漆	m²	47.07
5	020509001001	墙纸裱糊	1. 墙面裱糊墙纸 2. 满刮油性腻子 3. 面层：米色墙纸	m²	31.18

表 10.68　装饰工程消耗量定额节选表（一）

工作内容：

(1) 块料楼地面：清理基层、找平层、面层、灌缝擦缝、清理净面等过程。

(2) 木质踢脚线：清理基层、安装基层、面层、钉木线、打磨净面、油漆等过程。

(3) 柱(梁)饰面：木龙骨制安、粘钉基层、刷防火漆、钉面层等过程。

(4) 顶棚吊顶：吊件加工安装、轻钢龙骨安装、整体调整等过程。

单位：m²

定额编号			11-60	11-61	11-62	11-63
项　目		单位	地板砖楼地面 800mm×800mm 以内	木质踢脚线	柱(梁)饰面(木龙骨胶合板基层装饰板面)	轻钢龙骨顶棚(平面)
人工	综合工日	工日	0.302	0.390	0.570	0.170
材料	水泥 32.5	Kg	9.120			
	中砂	m³	0.016		0.010	
	地板砖(800mm×800mm)	m²	1.040			
	白水泥	kg	0.100			

定额编号		11-60	11-61	11-62	11-63
项 目	单位	地板砖楼地面 800mm×800mm 以内	木质踢脚线	柱(梁)饰面(木龙骨胶合板基层装饰板面)	轻钢龙骨顶棚(平面)
材料	装饰板	m²		1.050	1.050	
	9mm 厚胶合板	m²		1.050	1.050	
	装饰木条 6mm×19mm	m		8.750		
	一等木方	m³			1.050	
	装配式轻钢龙骨	m²				1.020
	油漆	元		30.000		
	其他材料费	元	0.550	2.000	8.500	3.000
机械	机械费		0.400	1.770	0.040	

表 10.69 装饰工程消耗量定额节选表(二)

工作内容:

(1) 石膏板顶棚:安装面层等过程。

(2) 木材面清漆:磨砂纸、润油粉、刮腻子、油色、清漆落四遍、磨退出亮等过程。

(3) 乳胶漆:填补裂缝、满刮腻子两遍、磨砂纸、刷乳胶漆等过程。

(4) 墙纸裱糊:刮腻子、打磨、刷胶、裱糊等过程。

单位:m²

定额编号		11-64	11-65	11-66	11-67
项目	单位	石膏板顶棚(轻钢龙骨上)	木材面清漆四遍	乳胶漆(满刮腻子)	墙纸(不对花)
人工	综合工日	工日	0.120	0.500	0.070	0.180
材料	石膏板	m²	1.020			
	墙纸	m²				1.100
	油漆、乳胶漆	元		5.830	6.000	
	其他材料费	元	0.130	0.340	0.280	2.830
机械	机械费					

表 10.70 预算价格

序 号	名 称	单 位	预算价格/元
1	综合人工	工日	35.00
2	水泥 32.5	t	25.00
3	中(粗)砂	m³	90.00
4	地板砖(800mm×800mm)质品(东鹏牌)	m²	120.00

续表

序　号	名　称	单　位	预算价格/元
5	白水泥	t	420.00
6	红榉装饰板	m²	22.50
7	胶合板(9mm)	m²	17.60
8	装饰木条 6mm×19mm	m	0.80
9	一等木方	m³	1250.00
10	装配式轻钢龙骨(综合)	m²	26.00
11	石膏板	m²	16.00
12	墙纸	m²	15.00

第 11 章 措 施 项 目

本章提示：

本章重点介绍可计量措施项目，内容包括排水降水工程、脚手架工程、模板工程和垂直运输工程。因为措施项目费用属于可竞争费（国家或省级、行业建设主管部门有特殊规定的除外），其计量与计价并无统一规定。本章参照某地方定额，重点讲述可以计算工程量的措施项目的计量与计价。结合某地方定额和工程实例，详细介绍排水降水工程、脚手架工程、模板工程和垂直运输工程的计量与计价方法。通过本章的学习，要求读者能够依据施工组织设计、工程量计算规则及相关费用定额、政策及《建设工程工程量清单计价规范》(GB50500—2008)计算出措施项目费用。

11.1 概 述

措施项目是为完成工程项目施工，发生于该工程施工准备和施工过程中的技术、生活、安全、环境保护等方面的非工程实体项目。虽然措施项目不是工程实体项目，但所发生的费用却贯穿整个工程的始终。根据《计价规范》规定，措施项目清单应根据拟建工程的实际情况列项。通用措施项目可按通用措施项目一览表（见 4.1.4 节表 4.2）选择列项，专业工程的措施项目可按附录中规定的项目选择列项。例如，建筑工程措施项目包括混凝土、钢筋混凝土模板及支架，脚手架，垂直运输机械；装饰装修工程措施项目包括脚手架，垂直运输机械，室内空气污染测试。编制工程量清单和投标报价时，均可根据工程实际情况补充。

措施项目中可以计算工程量的项目，宜采用分部分项工程量清单的方式编制清单；不能计算工程量的项目，以"项"为单位列项。措施项目清单计价，应根据拟建工程的施工组织设计进行。可以计算工程量的措施项目，应按分部分项工程量清单的方式，采用综合单价计价；其余的措施项目可以"项"为单位的方式计价，应包括除规费、税金外的全部费用。措施项目清单中的安全文明施工费应按照国家或省级、行业建设主管部门的规定计价，不得作为竞争性费用。

措施项目计量与计价并无统一规定。本章参照某地方定额，重点讲述可以计算工程量的措施项目的计量与计价。表 11.1 和表 11.2 列出了某省部分以"项"为单位计价的措施项目费的计算方法。

表 11.1　其他施工组织措施费

单位：%

计算基础		直接工程费＋施工技术措施项目直接工程费	人工费
综合费率		0.95	5.5
项 目	冬雨季施工增加费	0.2	1
	生产工具用具使用费	0.5	3.5
	夜间施工	0.1	0.5
	二次搬运	0.05	按施工组织设计
	工程定位、点交、场地清理费	0.1	0.5

表 11.2　安全防护费、文明施工与环境保护费费率表

工程类型 计费基础 费用名称	12 层以下 （≤40m）	12 层以上 （>40m）	工业厂房	市政工程
	详 见 工 程 价 格 计 算 程 序 表			
安全防护费/%	2	2	2	1
文明施工与环境保护费/%	1	0.65	0.85	1.35

11.2　排水降水工程

11.2.1　排水降水工程基础知识

在基坑开挖过程中，当基坑底面低于地下水位时，由于土壤的含水层被切断，地下水将不断渗入基坑。为防止基坑经水浸泡后会导致地基承载力的下降和边坡塌方，同时为了保证工程质量和施工安全，防止施工条件恶化，在基坑开挖前或开挖过程中，必须采取措施降低地下水位，使基坑在开挖中坑底始终保持干燥。对于地面水（雨水、生活污水），一般采取在基坑四周或流水的上游设排水沟、截水沟或挡水土堤等办法解决。对于地下水则常采用集水井明排降水和井点降水的方法，使地下水位降至所需开挖的深度以下。无论采用何种方法，降水工作都应持续到基础工程施工完毕并回填土后才可停止。

1. 集水井明排法

当基坑挖至接近地下水位时，在基坑的两侧或四周设置具有一定坡度的排水明沟，在基坑四角或每 30～40m 设置集水井，使地下水流入集水井内，然后用水泵抽出坑外。明沟集水井排降水是一种常用的最经济、最简单的方法，但仅适用于土质较好且地下水位不高的基坑开挖，当土为细砂或粉砂时，易发生流砂现象，此时可采用井点降水的方法。

集水井与排水明沟宜布置在拟建建筑基础边 0.4m 以外，沟边缘离开边坡坡脚不应小于 0.3m；排水明沟沟底宽一般不宜小于 0.3m，底面应比挖土面低 0.3～0.4m，排水纵

坡宜控制在 1‰～2‰ 内；集水井直径或宽度一般为 0.6～0.8m，其底面应比排水沟底低约 0.5m 以上，并随基坑的挖深而加深。当基坑挖至设计标高后，集水井应进一步加深至低于基坑底 1～2m，并铺填约 0.3m 厚的碎石滤水层，以免因抽水时间较长而挟带大量泥砂，并防止集水井的土被扰动。

集水明排水是用水泵从集水井中抽水，常用的水泵有潜水泵、离心水泵和泥浆泵。一般所选用水泵的抽水量为基坑涌水量的 1.5～2 倍。

2. 井点降水法

井点降水就是在基坑开挖前，预先在基坑周围埋设一定数量的滤水管（井），利用抽水设备不断抽出地下水，使地下水位降低到坑底以下，直至基础工程施工完毕，使所挖的土始终保持干燥状态。井点降水法改善了工作条件，防止了流砂发生；同时，使基底土层压密，提高了地基土的承载能力。

井点降水法按其系统的设置、吸水原理和方法的不同，可分为轻型（真空）井点、喷射井点、电渗井点、管井井点和深井井点。其中，轻型井点属于基本类型，应用最广泛。各种井点降水方法可根据基础规模、土的渗透性、降水深度、设备条件及经济性选用（表 11.3）。

表 11.3 降水类型及适用条件

降水类型 井点类型	土层渗透系数/(cm/s)	可能降低的水位深度/m
轻型井点 多级轻型井点	$10^{-2}～10^{-5}$	3～6 6～12
喷射井点	$10^{-3}～10^{-6}$	8～20
电渗井点	$<10^{-6}$	宜配合其他形式降水使用
深井井点	$\geqslant 10^{-5}$	>10

11.2.2 排水降水工程计量与计价

排水降水工程主要包括井点排水、抽水机降水和井点降水等计价项目。

1. 井点排水

井点排水的工作内容一般包括打拔井点管、设备安装拆卸、场内搬运、临时堆放、降水、填井点坑等操作过程。一般以井点数量（个）为计量单位，按施工组织设计确定其工程数量。

2. 抽水机降水

抽水机降水的工作内容一般包括设备安装拆卸、场内搬运、降排水、排水井点维护等操作过程。一般以槽底面积（m²）为计量单位，按施工组织设计确定其工程数量。

3. 井点降水

井点降水的一般划分为井管的安装、拆除和井管的使用两个计价项目,按施工组织设计确定其工程量。

1) 井管的安装、拆除

井管的安装和拆除均应区别不同类型井点,按不同的井管深度,以"根"为单位计量。

井管间距应根据地质条件和施工降水要求,按施工组织设计确定;施工组织设计没有规定时,可按轻型井点管距 0.8～1.6m,喷射井点管距 2～3m,大口径井点管距 10m确定。

2) 井管的使用

井管的使用按"套·天"计量。

(1) 使用天应以一昼夜 24h 为 1 天,使用天数应按施工组织设计规定的使用天数计算。

(2) 井点套组成如下:

轻型井点:　　　　　50 根为一套;

喷射井点:　　　　　30 根为一套;

大口径井点 φ400:　10 根为一套;

大口径井点 φ600:　45 根为一套;

电渗井点阳极:　　　30 根为一套;

水平井点:　　　　　10 根为一套。

11.2.3　实例分析

【例 11.1】　某工程基础外围尺寸为 46.2m×16.8m(矩形),采用轻型井点降水,井点间距为 1m,井点管中心至基坑中心的水平距离为 3 m,降水时间为 30 天,试计算降水工程的措施项目费。

解　(1) 工程量的计算。依据降水工程的已知条件和湖北省消耗量定额的规定,计算工程量,如表 11.4 所示。

表 11.4　单位工程工程量计算书

项目名称:

序号	定额编号	工程量		名称及工程量表达式
		单位	数量	
1	A9-10	10 根	15	轻型井点降水 井管深 7m 安装　(46.2＋3×2)×2/1＋(16.8＋3×2)×2/1
2	A9-11	10 根	15	轻型井点降水 井管深 7m 拆除　(46.2＋3×2)×2/1＋(16.8＋3×2)×2/1
3	A9-12	套天	90	轻型井点降水 井管深 7m 使用　[(46.2＋3×2)×2/1＋(16.8＋3×2)×2/1]/50×30

（2）措施项目费的计算。根据措施项目名称及工程量，计算措施项目费，如表 11.5 所示。

表 11.5　单位工程概预算表

项目文件：

序号	定额编号	子 目 名 称	工 程 量		价 值/元		其 中/元	
			单位	数 量	单价	合价	人工费	材料费
1	A9-10	轻型井点降水 井管深 7m 安装	10 根	15.00	1 261.34	18 920	5 693	6 090
2	A9-11	轻型井点降水 井管深 7m 拆除	10 根	15.00	156.39	2 346	1 355	36
3	A9-12	轻型井点降水 井管深 7m 使用	套天	90.00	752.27	67 704	8 100	6 906
5		合计				88 970	15 147	13 032

11.3　脚手架工程

11.3.1　脚手架工程基础知识

脚手架是在施工现场为安全防护、工人操作以及解决少量上料和堆料而搭设的临时结构架。土木施工脚手架按所用材料分为竹、木、钢脚手架；按平面搭设部位分为外脚手架、里脚手架。

定额一般将脚手架工程分为两大类，即综合脚手架和单项脚手架。凡计算建筑面积的工业与民用建筑单位工程，一般均执行综合脚手架定额；凡不能计算建筑面积而必须搭设脚手架的单位工程和其他工程项目，可执行单项脚手架定额。综合脚手架内容包括外墙砌筑及装饰、内墙砌筑用架。

11.3.2　脚手架工程计量

1. 建筑工程用脚手架

1）综合脚手架面积的计算方法

（1）建筑物的综合脚手架工程量，按建筑面积计算规范计算。

（2）单层建筑物的高度，应自室外地坪至檐口滴水的高度为准。多跨建筑物如高度不同时，应分别按照不同的高度计算。多层建筑物层高或单层建筑物高度超过 6m 者，每超过 1m 再计算一个超高增加层，超高增加层工程量等于该层建筑面积乘以增加层层数。超过高度大于 0.6m，按一个超高增加层计算。

（3）内浇外砌建筑物，按综合脚手架费用乘以 0.9 计算。大板、大模板建筑，按综合脚手架费用乘以 0.5 计算。

2）檐高 20m 以上外脚手架增加费

（1）凡建筑物檐高 20m 以上者，以建筑物檐高与 20m 之差，除以 3.3m（余数不计）为超高折算层层数[除本条款(5)、(6)外],乘以按本条款(3)计算的折算层面积,计算工程量。

(2) 当上层建筑面积小于下层建筑面积的 50% 时,应垂直分割为两部分计算。层数(或檐高)高的范围与层数(或檐高)低的范围分别按本条(1)款规则计算。

(3) 当上层建筑面积大于或等于下层建筑面积的 50% 时,则按本条款(1)规定计算超高折算层层数,以建筑物楼面距离室外设计地面 20m 及以上实际层数建筑面积的算术平均值为折算层面积,乘以超高折算层层数,计算工程量。

(4) 当建筑物檐高在 20m 以下,但层数在 6 层以上时,以 6 层以上建筑面积套用 7~8 层子目。

(5) 当建筑物檐高超过 20m,但未达到 23.3m,则无论层数多少,均以最高一层建筑面积(含屋面楼梯间、机房等)套用 7~8 层子目。

(6) 当建筑物檐高在 28m 以上,但未达到 29.9m 时,按 3 个折算超高层乘以折算层面积计算工程量,套用 9~12 层子目。

3) 单项脚手架

(1) 凡捣制独立梁(除圈梁、过梁)、柱、墙,按全部混凝土体积 $1m^3$ 计算 $13m^2$ 的 3.6m 以内钢管里脚手架;施工高度在 6~10m 时,应再按 6~10m 范围的混凝土体积 $1m^3$ 增加计算 $26m^2$ 的单排 9m 内钢管外脚手架;施工高度在 10m 以上按施工组织设计方案计算。

(2) 围墙脚手架,按相应的里脚手架定额计算。其高度应以自然地坪至围墙顶,如围墙顶上装金属网者,其高度应算至金属网顶,长度按围墙的中心线,以平方米计算。不扣除围墙门所占的面积,但独立门柱砌筑用的脚手架也不增加。

(3) 凡室外单独砌筑砖、石挡土墙和沟道墙,高度超过 1.2m 以上时,按单面垂直墙面面积套用相应的里脚手架定额。

(4) 室外单独砌砖、石独立柱、墩及突出屋面的砖烟囱,按外围周长另加 3.6m 乘以实砌高度计算相应的单排外脚手架费用。

(5) 砌二砖及二砖以上的砖墙,除按综合脚手架计算外,另按单面垂直砖墙面面积增计单排外脚手架。

(6) 砖、石砌基础,深度超过 1.5m 时(设计室外地面以下),应按相应的里脚手架定额计算脚手架,其面积为基础底至设计室外地面的垂直面积。

(7) 混凝土、钢筋混凝土带形基础同时满足底宽超过 1.2m(包括工作面的宽度)、深度超过 1.5m;满堂基础、独立柱基础同时满足底面积超过 $4m^2$、深度超过 1.5m,均按水平投影面积套用基础满堂脚手架计算。

(8) 高颈杯形钢筋混凝土基础,其基础底面至设计室外地面的高度超过 3m 时,应按基础底周边长度乘高度计算脚手架,套用相应的单排外脚手架定额。

(9) 储水(油)池及矩形储仓,按外围周长加 3.6m 乘以壁高套用相应的双排外脚手架定额。

(10) 砖砌、混凝土化粪池,深度超过 1.5m 时,按池内净空的水平投影面积套用基础满堂脚手架计算。其内外池壁脚手架按本条第(6)款规定计算。

(11) 室外管道脚手架,高度从自然地面算至管道下皮(多层排列管道时,以最上一层管道下皮为准),长度按管道的中心线,乘以垂直高度计算面积。

2. 装饰装修工程用脚手架

装饰装修工程用脚手架分为外脚手架、里脚手架、满堂脚手架、20m 以上外脚手架增加费及电动吊篮。外脚手架及电动吊篮,仅适用于单独承包装饰装修工作面高度在 1.2m 以上的需重新搭设脚手架的工程。

1) 满堂脚手架

凡天棚高度超过 3.6m 需抹灰或刷油者,应按室内净面积计算满堂脚手架,不扣除垛、柱、附墙烟囱所占面积。满堂脚手架高度,单层以设计室外地面至天棚底为准,楼层以室内地面或楼面至天棚底(斜天棚或斜屋面板以平均高度计算),其高度在 3.6~5.2m 时,计算基本层,超过 5.2m 时,每增加 1.2m 按增加一层计算,不足 0.6m 则舍去不计。

2) 悬空脚手架

凡室内净高超过 3.6m 的屋(楼)面板下的勾缝、刷(喷)浆,套用悬空脚手架费用。如不能搭设悬空脚手架者,则按满堂脚手架基本层取 0.5 计算。

3) 内墙面粉饰脚手架

内墙面粉饰脚手架均按内墙面垂直投影面积计算,不扣除门窗孔洞的面积。但已计算满堂脚手架者,不得再计算内墙抹灰用钢管里脚手架。搭设 3.6m 以上钢管里脚手架时,按 9m 以内钢管里脚手架计算。

4) 装饰装修外脚手架

装饰装修外脚手架按外墙的外边线乘墙高,单位以平方米计算。

5) 外墙电动吊篮

外墙电动吊篮按外墙装饰面尺寸,以垂直投影面积计算。

6) 20m 以上外脚手架增加费

(1) 凡建筑物在 6 层以上或檐高超过 20m 以上者,均可计取外脚手架增加费用。檐高超过 20m 以上时,以建筑物檐高与 20m 之差,除以 3.3m(余数不计)为层数[除本条款(5)、(6)外],累计建筑面积计算。

(2) 当上层建筑面积小于下层建筑面积的 50% 时,应垂直分割为两部分计算。层数(或檐高)高的范围与层数(或檐高)低的范围分别按本条款(1)规则计算。

　　(3) 当上层建筑面积大于或等于下层建筑面积的 50% 时,则按本条款(1)规定计算层数,乘以建筑物檐高 20m 以上实际层数建筑面积的算术平均值,计算工程量。

　　(4) 当建筑物檐高在 20m 以下时,层数在 6 层以上时,以 6 层以上建筑面积套用 7～8 层子目。

　　(5) 当建筑物檐高超过 20m,但未达到 23.3m,则无论层数多少,均以最高一层建筑面积套用 7～8 层子目。

　　(6) 当建筑物檐高在 28m 以上,但未达到 29.9m 时,按 3 个折算超高层计算建筑面积,套用 9～12 层子目。

11.3.3　脚手架工程计价

　　脚手架工程计价,应注意以下要点:

　　(1) 当建筑工程(主体结构)与装饰装修工程是一个施工单位施工时,建筑工程按综合脚手架子目全部计算,装饰装修工程不再计算;当建筑工程(主体结构)与装饰装修工程不是一个施工单位施工时,建筑工程按综合脚手架子目的 90% 计算,装饰装修工程另按实际使用外墙单项脚手架或其他脚手架计算。

　　(2) 不能以建筑面积计算脚手架,但又必须搭设的脚手架,均实行单项脚手架定额。

　　(3) 烟囱脚手架、水塔脚手架,按相应的烟囱脚手架定额执行。

　　(4) 金属结构及其他构件安装需要搭设脚手架时,根据施工方案按单项脚手架计算。

　　(5) 建筑物 7～60 层或檐高 20m 以上,均应计算外脚手架增加费。层数以设计室外地面以上自然层为准,含 2.2m 设备层。屋面有围护结构的楼梯间、机房等只计算建筑面积,不计算高度和层数。计算外脚手架增加费时,按檐高或层数所对应的较高一级子目套用 9 层或檐高 28m 及以上的建筑物外脚手架增加费,已包含了 7～8 层(20～28m)的外脚手架超高增加费。

11.3.4　实例分析

　　【例 11.2】　某建筑物 6 层,每层建筑面积均为 1000m²,底层层高 9m,顶层层高 6.6m,2～5 层层高 3m。试计算该工程综合脚手架直接费。

　　解　(1) 工程量的计算。依据该工程的已知条件和湖北省有关消耗量定额的规定,工程量计算如下:

　　① 综合脚手架:$S_1 = 1000 \times 6 = 6000(m^2)$。

　　② 单层 6m 以上综合脚手架增加费。

　　底层:$9 - 6 = 3(m)$,按 3 个增加层考虑:$S_2 = 1000 \times 3 = 3000(m^2)$;

　　顶层:$6.6 - 6 = 0.6(m)$,则舍去不计增加层。

　　(2) 综合脚手架措施项目费的计算。根据措施项目名称及工程量,计算措施项目费,如表 11.6 所示。

表 11.6　单位工程概预算

项目文件:

序号	定额编号	子目名称	工程量		价值/元		其中/元	
			单位	数量	单价	合价	人工费	材料费
1	A11-1	综合脚手架建筑面积	100m²	60.00	489.55	29 373	17 460	10 769
2	A11-2	综合脚手架 单层 6m 以上 每超高 1m	100m²	30.00	129.06	3 872	1 899	1 758
3		合计				33 245	19 359	12 527

11.4　模　板　工　程

11.4.1　模板工程基础知识

模板工程是指支撑新浇筑混凝土的整个系统,包括了模板和支撑。模板是使新浇筑混凝土成形并养护,使之达到一定强度以承受自重的临时性结构并能拆除的模型板。支撑是保证模板形状和位置并承受模板、钢筋、新浇筑混凝土的自重以及施工荷载的临时性结构。

模板工程材料的种类很多,木、钢、复合材、塑料、铝,甚至混凝土本身都可作为模板工程材料。木模板的主要优点是制作拼装随意,尤适用于浇筑外形复杂、数量不多的混凝土结构或构件。组合钢模板是施工企业拥有量最大的一种钢模板,由钢模板及配件两部分组成,配件包括支撑件和连接件。

按混凝土构件类型及施工方式的不同,定额中将模板分为现浇混凝土模板、预制钢筋混凝土模板和构筑物模板。

11.4.2　模板工程计量

1. 现浇模板

现浇混凝土及钢筋混凝土模板工程量,除另有规定者外,均应区别模板的不同材质,按混凝土与模板接触面的面积,单位以 m² 计算。具体计算方法如下:

(1)现浇钢筋混凝土柱、梁(不包括圈梁、过梁)、板、墙、支架、栈桥的支模高度(即室外设计地坪或板面至上一层板底之间的高度)以 3.6m 以内为准,高度超过 3.6m 以上部分,另按超高部分的总接触面积乘以超高米数(含不足 1m)计算支撑超高增加费工程量,套用相应构件每增加 1m 子目。

(2)现浇钢筋混凝土墙、板上单孔面积在 0.3m² 以内的孔洞,不予扣除,洞侧壁模板也不增加,但突出墙、板面的混凝土模板应相应增加;单孔面积在 0.3m² 以外时,应予扣除,洞侧壁模板并入墙、板模板工程量内计算。

(3)杯形基础的颈高大于 1.2m 时(基础扩大顶面至杯口底面),按柱模板定额执行,其杯口部分和基础合并按杯形基础模板计算。

　　（4）柱与梁、柱与墙、梁与梁等连接的重叠部分以及伸入墙内的梁头、板头部分,均不计算模板面积。

　　（5）构造柱,均按图示外露部分计算模板面积。留马牙槎的,按最宽面计算模板宽度。构造柱与墙接触面不计算模板面积。

　　（6）现浇钢筋混凝土阳台、雨篷,按图示外挑部分尺寸的水平投影面积计算。挑出墙外的悬臂梁及板边模板不另计算。雨篷翻边突出板面高度在 200mm 以内时,按翻边的外边线长度乘以突出板面高度,并入雨篷内计算;雨篷翻边突出板面高度在 600mm 以内时,翻边按天沟计算;雨篷翻边突出板面高度在 1200mm 以内时,翻边按栏板计算;雨篷翻边突出板面高度超过 1200mm 时,翻边按墙计算。

　　（7）楼梯包括楼梯间两端的休息平台、梯井斜梁、楼梯板及支承梁及斜梁的梯口梁或平台梁,以图示露明面尺寸的水平投影面积计算。不扣除宽度小于 500mm 的楼梯井,楼梯的踏步、踏步板、平台梁等侧面模板不另计算;当梯井宽度大于 500mm 时,应扣除梯井面积,以图示露明面尺寸的水平投影面积乘以 1.08 系数计算。圆弧形楼梯,按图示露明面尺寸的水平投影面积计算,不扣除小于 500mm 直径的梯井。

　　（8）混凝土台阶,按图示台阶尺寸的水平投影面积计算,台阶端头两侧不另计算模板面积。架空式混凝土台阶,按现浇楼梯计算。

　　2. 预制模板

　　预制钢筋混凝土构件模板工程量,按以下规定计算:

　　（1）预制钢筋混凝土模板工程量除另有规定外,均按预制钢筋混凝土工程量计算规则,单位以 m³ 计算。

　　（2）小型池槽,按外型体积,单位以 m³ 计算。

　　（3）钢筋混凝土构件灌缝模板工程量同构件灌缝工程量,单位以 m³ 计算。

　　3. 构筑物模板

　　构筑物钢筋混凝土模板工程量,按以下规定计算:

　　（1）烟囱、预制倒圆锥形水塔水箱、水塔、储水（油）池的模板工程量,按构筑物工程量计算规则分别计算。

　　（2）现浇大型池槽模板等,分别按基础、墙、板、梁、柱以接触面积计算。

　　（3）栈桥的柱、连系梁（包括斜梁）接触面积合并、肋梁与板的面积合并,均按图示尺寸以接触面积计算。

11.4.3　模板工程计价

　　模板工程计价时,应注意以下要点:

　　（1）现浇混凝土梁、板、柱、墙、支架、栈桥的支模高度以 3.6m 编制。超过 3.6m 时,以超过部分工程量另按超高的项目计算。

　　（2）整板基础、带形基础的反梁、基础梁、或地下室墙侧面的模板用砖侧模时,可按砖基础计算,同时不计算相应面积的模板费用。砖侧模需要粉刷时,可另行计算。

（3）捣制基础圈梁模板，套用模板工程定额中捣制圈梁模板的定额子目。箱式满堂基础模板拆开三个部分，分别套用相应的满堂基础、墙、板模板定额计算。

11.4.4　实例分析

【例 11.3】　某工程设有钢筋混凝土柱 20 根，柱下独立基础形式如图 11.1 所示，拟采用木模板、木支撑施工。试计算该工程独立基础模板工程量及措施项目费。

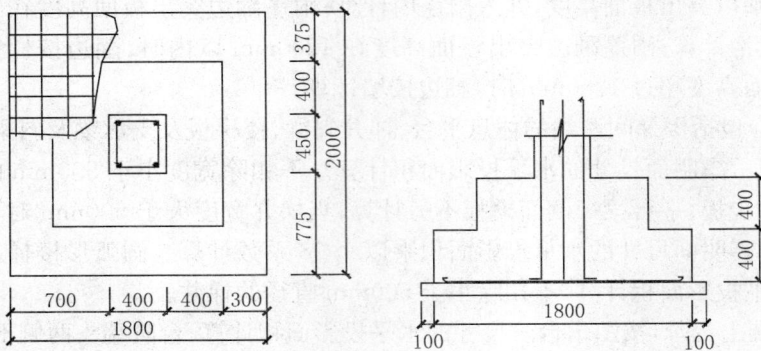

图 11.1　独立基础平面、剖面示意图

解　根据图 11.1 所示，该独立基础为阶梯形。

（1）模板工程量的计算。其模板接触面积应分阶计算为

$$S_{上}=(1.2m+1.25m)\times2\times0.4m=1.96m^2$$
$$S_{下}=(1.8m+2.0m)2\times0.4m=3.04m^2$$

独立基础模板工程量：$S=(1.96+3.04)m^2\times20=100m^2$。

（2）措施项目费的计算。依据模板类型，查找定额子目 A10－18（项目名称：独立基础 钢筋混凝土 木模板 木支撑），计算措施项目费为

$$C=100\times2581.37/100=2581.37（元）$$

【例 11.4】　某工程有 20 根现浇钢筋混凝土矩形单梁，其截面和配筋如图 11.2 所示，拟采用组合钢模板、钢支撑施工。试计算该工程现浇单梁模板的措施项目费。

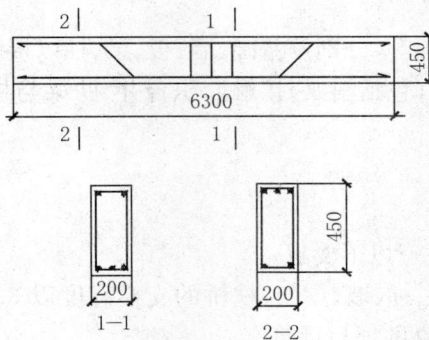

图 11.2　现浇混凝土梁平面、剖面示意图

解　（1）模板工程量的计算。

梁底模：$6.3m×0.2m＝1.26m^2$

梁侧模：$6.3m×0.45m×2＝5.67m^2$

模板工程量：$(1.26m＋5.67m)×20＝138.6m^2$

（2）措施项目费的计算。依据模板类型查找定额子目 A10-65（项目名称：单梁、连续梁 组合 钢模板 钢支撑），计算措施项目费为

$$C＝138.6×22822.62/100＝3923.44（元）$$

11.5　垂直运输工程

11.5.1　垂直运输工程基础知识

垂直运输也是工程施工中常用的施工技术措施，其发生费用的多少和建筑物的檐高与层数有关系。建筑物檐高系指建筑物自设计室外地面标高至檐口滴水标高。无组织排水的滴水标高为屋面板顶，有组织排水的滴水标高为天沟板底。层数指室外地面以上自然层（含 2.2m 设备管道层）。地下室和屋顶有围护结构的楼梯间、电梯间、水箱间、塔楼、望台等，只计算建筑面积，不计算高度和层数。

11.5.2　垂直运输工程计量与计价

1. 一般规则

（1）建筑物垂直运输工程量按建筑面积计算。

（2）烟囱、水塔、筒仓等构筑物垂直运输工程量以"座"计算。

2. 1～6 层建筑物垂直运输

凡建筑物层数在 6 层及以下，同时，檐高在 20m 以下，按 6 层及以下建筑面积计算，包括地下室和屋顶楼梯间等建筑面积。

3. 高层建筑垂直运输及增加费

凡建筑物在 6 层以上或檐高在 20m 以上者，均可计取垂直运输及增加费。计价时注意以下要点：

（1）檐高在 20m 以上时，以建筑物檐高与 20m 之差，除以 3.3m（余数不计）为超高折算层层数［除本条款（5）、（6）外］，乘以按本条款（3）计算的折算层面积，计算工程量。应注意的是，除以 3.3 所得的层数应为计算层数，不是建筑物实际层数。

（2）当上层建筑面积小于下层建筑面积的 50% 时，应垂直分割为两部分计算。层数（或檐高）高的范围与层数（或檐高）低的范围分别按本条款（1）规则计算。

（3）当上层建筑面积大于或等于下层建筑面积的 50% 时，则按本条款（1）规定计算超高折算层层数，以建筑物楼面高度 20m 及以上实际层数建筑面积的算术平均值为折算

层面积,乘以超高折算层层数计算工程量。

(4) 当建筑物檐高在 20m 以下,而层数在 6 层以上时,以 6 层以上建筑面积套用 7～8 层子目。

(5) 当建筑物檐高超过 20m,但未达到 23.3m,则无论实际层数多少,均以最高一层及以上建筑面积套用 7～8 层子目。

(6) 当建筑物檐高在 28m 以上,但未超过 29.9m 时,按 3 个超高折算层和本条款(3)折算层面积相乘,套用 9～12 层子目,余下建筑面积不计。

(7) 凡套用了 7～8 层子目者,余下建筑面积还应套用 6 层以内子目。

(8) 地下室及垂直分割后的高层范围外的 1～6 层(20m 以内)裙房面积,均套用 6 层以内子目。

11.5.3 实例分析

【例 11.5】 某建筑物 6 层,檐口高度 20.5m,每层建筑面积为 500m²,采用卷扬机施工。试计算该工程垂直运输费用。

解 (1) 20m 以内卷扬机垂直运输。

工程量:$S = 500 \times 5 = 2\,500(\text{m}^2)$

A12-1:$C = 25 \times 619.73 = 15\,493.25(\text{元})$

(2) 7～8 层卷扬机高层建筑垂直运输增加费。

工程量:$S = 500 \times 1 = 500(\text{m}^2)$

A12-3:$C = 5 \times 2\,494.02 = 12\,470.10(\text{元})$

(3) 垂直运输费用合计

$C = 15\,493.25 + 12\,470.10 = 27\,963.35(\text{元})$

【例 11.6】 某建筑物 20 层部分檐口高度为 63m,18 层部分檐口高度为 50m,15 层部分檐口高度为 36m;建筑面积分别为:7～15 层每层 1000m²,16～18 层每层 800m²,19～20层每层 300m²。试计算该工程垂直运输及增加费。

解 (1) 确定建筑物三个不同标高的建筑面积是否垂直分割

① 檐口高度 50～63m。

$300 \div 800 = 0.375 < 50\%$

应垂直分割成两个部分:

a. 7～20 层、檐高 63m、建筑面积 300m²;

b. 7～18 层、檐高 50m,建筑面积 16～18 层为 $800 - 300 = 500(\text{m}^2)$,7～15 层为 $1000 - 300 = 700(\text{m}^2)$。

② 檐口高度 36～50m。

$800 \div 1000 = 0.8 > 50\%$

不应垂直分割计算,应按 7～18 层,檐高 50m 计算。

(2) 超高增加费的计算。

① 7～20 层,檐高 63m。

折算层数 $= (63 - 20) \div 3.3 = 13.03$

因此折算层数取为 13 层，工程量为

$$S = 300 \times 13 = 3900(\text{m}^2)$$

② 7～18 层，檐高 50m。

　　　16～18 层共三层，每层 500m²；

　　　7～15 层共 9 层，每层 700m²。

折算层数：$(50-20) \div 3.3 = 9.09$，按 9 层建筑面积之和计算脚手架超高工程量计算式如下

$$S = \frac{\text{实际面积}}{\text{实际层数}} \times \text{折算层数} \qquad S = \frac{9 \times 700 + 3 \times 500}{3+9} \times 9 = 5\,850(\text{m}^2)$$

（3）查找相应定额子目，计算该措施项目的工程垂直运输及增加费

计算结果如表 11.7 所示。

表 11.7　单位工程概预算

项目文件：

序号	定额编号	子目名称	工程量		价值/元		其中/元	
			单位	数量	单价	合价	人工费	材料费
1	A12-6	高层建筑垂直运输及增加费 13～15 层,檐高(49.5m 以内)	100m²	58.50	6811.49	398 472.17	104 071.50	34 226.01
2	A12-8	高层建筑垂直运输及增加费 19～21 层,檐高(69.5m 以内)	100m²	39.00	7408.79	288 942.81	87 913.80	35 333.22
3								
4		合计				687 415	191 984.30	69 559.23

复习思考题

1. 现浇板的模板工程量怎样计算？
2. 现浇混凝土楼梯的模板工程量如何计算？装配式楼梯的模板工程量如何计算？
3. 挑板阳台和挑梁阳台的模板工程量如何计算？
4. 混凝土台阶的模板的工程量如何计算？
5. 构造柱的模板工程量怎样计算？

习　题

1. 某建筑物 9 层，檐口高度 38m，每层建筑面积为 600m²，试运用当地定额及相关资料计算该工程脚手架超高增加费。

2. 某建筑物 7 层，檐口高度 19m，每层建筑面积为 600m²，采用卷扬机施工，试运用当地定额及相关资料计算该工程垂直运输费用。

3. 某建筑物 8 层，檐口高度 28.5m，每层建筑面积为 500m²，试运用当地定额及相关资料计算该工程垂直运输费用。

4. 某工程设计基础梁断面为 250mm×400mm,每根长 6m,共 30 根,工厂预制。试运用当地定额及相关资料计算此预制混凝土梁的模板工程量及其措施费。

5. 某建筑物顶棚净长 5.76m,净宽 3.96m,室内地坪至板底 4.08m,有 20 个房间顶棚需装修,试运用当地定额及相关资料计算满堂脚手架工程量及费用。

6. 某钢筋混凝土单梁长度 6.24m,截面积 350mm×500mm,计算模板工程量。

附录 工程量清单计价表格①

计价表格组成

封面：

---

① 本附录所给出的表格均为教学中涉及的表格，未涉及的表格在此未列出，仅在"计价表格组成"中列出表格名称，以便读者了解。

9　现场签证表:表-12-8

规范、税金项目清单与计价表:表-13

工程款支付申请(核准)表:表-14

_____工　程

工程量清单

招标人：_____

（单位盖章）

工程造价
咨询人：_____

（单位资质专用章）

法定代表人
或其授权人：_____

（签字或盖章）

法定代表人
或其授权人：_____

（签字或盖章）

编制人：_____

（造价人员签字盖专用章）

复核人：_____

（造价工程师签字盖专用章）

编制时间：　年　月　日　　　复核时间：　年　月　日

_____工　程

招标控制价

招标控制价(小写)：_____

　　　　　(大写)：_____

招标人：_____　　　　工程造价
　　　(单位盖章)　　　　　　　咨　询　人：_____
　　　　　　　　　　　　　　　　　　　(单位资质专用章)

法定代表人　　　　　　　　　　法定代表人
或其授权人：_____　　或其授权人：_____
　　　(签字或盖章)　　　　　　　　　(签字或盖章)

编制人：_____　　　　复核人：_____
　(造价人员签字盖专用章)　　　　(造价工程师签字盖专用章)

编制时间：　年　月　日　　　　复核时间：　年　月　日

投 标 总 价

招　标　人：_____

工 程 名 称：_____

投标总价(小写)：_____

　　　　(大写)：_____

投　标　人：_____

　　　　　(单位盖章)

法定代表人

或其授权人：_____

　　　　　(签字或盖章)

编　制　人：_____

　　　　　(造价人员签字盖专用章)

编制时间：　　年　　月　　日

总 说 明

工程名称：　　　　　　　　　　　　　　　　　　　　　　第 页 共 页

| |
| |

表-01

工程项目招标控制价/投标报价汇总表

工程名称：　　　　　　　　　　　　　　　　　　　　　　第 页 共 页

序号	单 项 工 程 名 称	金额/元	其中/元		
			暂估价	安全文明施工费	规费
合　　计					

注：本表适用于工程项目招标控制价或投标报价的汇总。

表-02

单项工程招标控制价/投标报价汇总表

工程名称：　　　　　　　　　　　　　　　　　　　　　　第 页 共 页

序号	单 项 工 程 名 称	金额/元	其中/元		
			暂估价	安全文明施工费	规费
合　　计					

注：本表适用于单项工程招标控制价或投标报价的汇总。暂估价包括分部分项工程中的暂估价和专业工程暂估价。

表-03

单位工程招标控制价/投标报价汇总表

工程名称：　　　　　　　　　标段：　　　　　　　　第 页 共 页

序号	汇 总 内 容	金额(元)	其中:暂估价(元)
1	分部分项工程		
1.1			
2	措施项目		
2.1	安全文明施工费		
3	其他项目		
3.1	暂列金额		
3.2	专业工程暂估价		
3.3	计日工		
3.4	总承包服务费		
4	规费		
5	税金		
招标控制价合计＝1＋2＋3＋4＋5			

注:本表适用于单位工程招标控制价或投标报价的汇总,如无单位工程划分,单项工程也使用本表汇总。

表-04

分部分项工程量清单与计价表

工程名称：　　　　　　　　　标段：　　　　　　　　第 页 共 页

序号	项目编码	项目名称	项目特征描述	计量单位	工程量	金额(元)		
						综合单价	合价	其中:暂估价
本页小计								
合　　计								

注:根据建设部、财政部发布的《建筑安装工程费用组成》(建标〔2003〕206 号)的规定,为计取规费等的使用,可在表中增设"直接费"、"人工费"或"人工费＋机械费"。

表-08

工程量清单综合单价分析表

工程名称：　　　　　标段：　　　　　　　　　　　　　　　　　　第　页　共　页

项目编码				项目名称				计量单位			
清单综合单价组成明细											
定额编号	定额名称	定额单位	数量	单　价				合　价			
				人工费	材料费	机械费	管理费和利润	人工费	材料费	机械费	管理费和利润
人工单价				小　计							
元/工日				未计价材料费							
清单项目综合单价											

材料费明细	主要材料名称、规格、型号	单位	数量	单价/元	合价/元	暂估单价/元	暂估合价/元
	材料费小计			—		—	

注：1）如不使用省级或行业建设主管部门发布的计价依据，可不填定额项目、编号等。

　　2）招标文件提供了暂估单价的材料，按暂估的单价填入表内"暂估单价"栏及"暂估合价"栏。

表-09

措施项目清单与计价表（一）

工程名称：　　　　　　　标段：　　　　　　　　　　　　　　　　第　页　共　页

序号	项目名称	计算基础	费率(%)	金额(元)
1	安全文明施工费			
2	夜间施工费			
3	二次搬运费			
4	冬雨季施工			
5	大型机械设备进出场及安拆费			
6	施工排水			
7	施工降水			
8	地上、地下设施、建筑物的临时保护设施			
9	已完工程及设备保护			
10	各专业工程的措施项目			
11				
12				
	合　　　计			

注：1）本表适用于以"项"计价的措施项目。

　　2）根据建设部、财政部发布的《建筑安装工程费用组成》（建标［2003］206 号）的规定，"计算基础"可为"直接费"、"人工费"或"人工费＋机械费"。

表-10

措施项目清单与计价表(二)

工程名称：　　　　标段：　　　　　　　　　　　　　　　　第 页 共 页

序号	项目编码	项目名称	项目特征描述	计量单位	工程量	金额/元	
						综合单价	合 价
本页小计							
合　计							

注：本表适用于以综合单价形式计价的措施项目。

表-11

其他项目清单与计价汇总表

工程名称：　　　　标段：　　　　　　　　　　　　　　　　第 页 共 页

序号	项目名称	计量单位	金额/元	备注
1	暂列金额			明细详见表-12-1
2	暂估价			
2.1	材料暂估价		—	明细详见表-12-2
2.2	专业工程暂估价			明细详见表-12-3
3	计日工			明细详见表-12-4
4	总承包服务费			明细详见表-12-5
合　计				

注：材料暂估单价进入清单项目综合单价，此处不汇总。

表-12

暂列金额明细表

工程名称：　　　　标段：　　　　　　　　　　　　　　　　第　页　共　页

序号	项目名称	计量单位	暂定金额/元	备注
1				
2				
合　　计				—

注：此表由招标人填写，也可只列暂定金额总额，投标人应将上述暂列金额计入投标总价中。

表-12-1

材料暂估单价表

工程名称：　　　　标段：　　　　　　　　　　　　　　　　第　页　共　页

序号	材料名称、规格、型号	计量单位	单价/元	备注

注：1) 此表由招标人填写，并在备注栏说明暂估价的材料拟用在哪些清单项目上，投标人应将上述
　　　材料暂估单价计入工程量清单综合单价报价中。
　　2) 材料包括原材料、燃料、构配件以及按规定应计入建筑安装工程造价的设备。

表-12-2

专业工程暂估价表

工程名称：　　　　标段：　　　　　　　　　　　　　　　　第　页　共　页

序号	工　程　名　称	工程内容	金额/元	备注
合　　计				—

注：此表由招标人填写，投标人应将上述专业工程暂估价计入投标总价中。

表-12-3

计 日 工 表

工程名称： 　　　标段： 　　　　　　　　　　　　　　　　第　页　共　页

编号	项 目 名 称	单位	暂定数量	综合单价	合 价
一	人　　工				
1					
2					
人 工 小 计					
二	材　　料				
1					
2					
材 料 小 计					
三	施 工 机 械				
1					
2					
施工机械小计					
合　　计					

　　注：此表项目名称、数量由招标人填写，编制招标控制价时。单价由招标人按有关计价规定确定；投标时，单价由投标人自助报价，计入投标总价中。

表-12-4

主要参考文献

2000 年黑龙江省建设工程预算定额（土建）[S]. 2000. 哈尔滨：黑龙江科学技术出版社.

北京广联达软件技术有限公司. 2007. 透过案例学算量——建筑工程实例算量和软件应用[M]. 北京：中国建材工业出版社.

曹小琳，景星蓉. 2007. 建筑工程定额原理与概预算[M]. 北京：中国建筑工业出版社.

丁春静. 2008. 建筑工程计量与计价[M]. 北京：机械工业出版社.

郭婧娟. 2005. 工程造价管理[M]. 北京：清华大学出版社，北京交通大学出版社.

黑龙江省建筑安装工程消耗量定额（HLJD-TJ-2004）[S]. 2004. 哈尔滨：黑龙江科学技术出版社.

黑龙江省施工机械台班费用编制规则（HLJD-JX-2004）[S]. 2004. 哈尔滨：黑龙江科学技术出版社.

湖北省建筑安装工程费用定额[S]. 2003. 武汉：湖北科学技术出版社.

湖北省建筑工程消耗量定额及统一基价表[S]. 2003. 武汉：湖北科学技术出版社.

湖北省装饰装修工程消耗量定额及统一基价表[S]. 2003. 武汉：湖北科学技术出版社.

黄伟典. 2007. 建设工程计量与计价[M]. 北京：中国环境科学出版社.

建设工程工程量清单计价规范（GD50500－2008）[S]. 2008. 北京：中国计划出版社.

刘宝生. 2004. 建设工程概预算与造价控制[M]. 北京：中国建材工业出版社.

马楠，吴怀俊. 2007. 建筑工程计量与计价[M]. 北京：科学出版社.

马楠. 2007. 工程估价[M]. 北京：人民交通出版社.

马维珍. 2008. 工程计量与计价[M]. 北京：清华大学出版社，北京交通大学出版社.

全国统一建筑工程基础定额（GJD-101-95）[S]. 1995. 北京：中国计划出版社.

苏慧. 2007. 建筑工程估价[M]. 北京：高等教育出版社.

谭大璐. 2003. 工程估价[M]. 北京：中国建筑工业出版社.

唐明怡，石志峰. 2005. 建筑工程定额与预算[M]. 北京：中国水利水电出版社.

王雪青. 2006. 工程估价[M]. 北京：中国建筑工业出版社.

邢莉燕，陈起俊. 2008. 工程估价[M]. 北京：中国电力出版社.

邢莉燕，黄伟典. 2006. 工程估价学习指导[M]. 北京：中国电力出版社.

邢莉燕，王坚，梁振辉. 2004. 工程估价[M]. 北京：中国电力出版社.

严玲，尹贻林. 2007. 工程估价学[M]. 北京：人民交通出版社.

杨会云，高跃春. 2009. 土木工程概预算[M]. 北京：科学出版社.

袁建新，迟晓明. 2005. 工程量清单计价实务[M]. 北京：科学出版社.

张守建. 2009. 土木工程概预算[M]. 北京：高等教育出版社.

中国建设工程造价协会. 2007. 建设项目工程量清单案例操作实务[M]. 北京：机械工业出版社.

左新红，张国喜. 2008. 建筑工程工程量清单计价编制实例[M]. 郑州：黄河水利出版社.